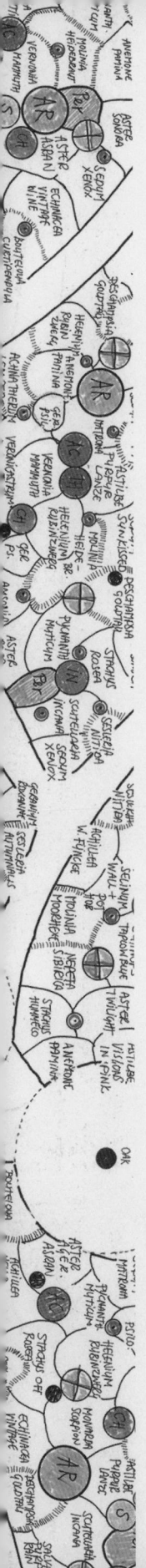

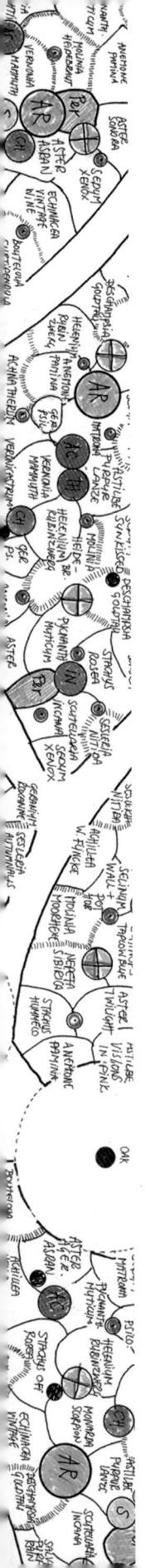

PLANTING
a new perspective

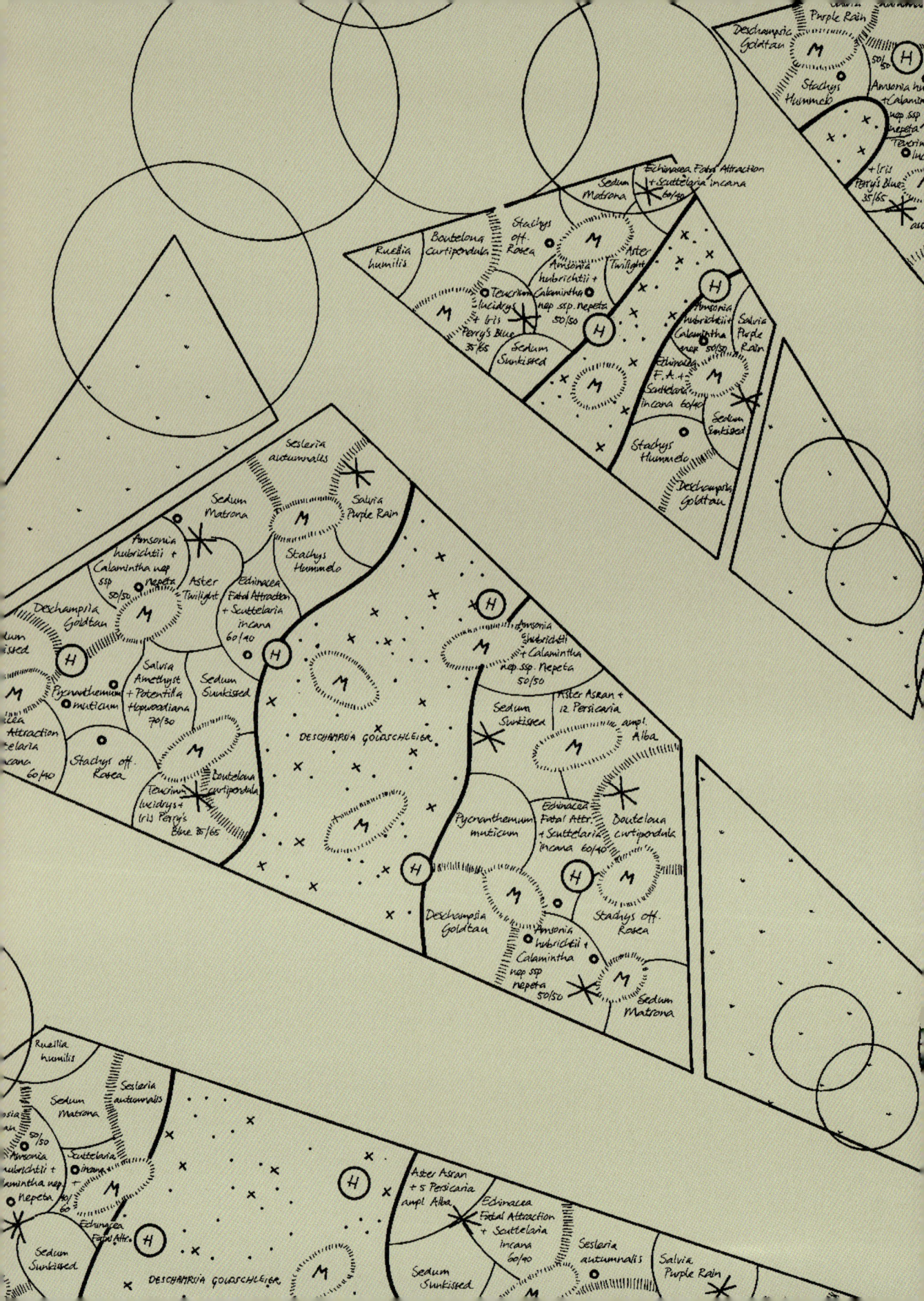

식재 디자인

새로운 정원을 꿈꾸며

PLANTING a new perspective

지은이 피트 아우돌프, 노엘 킹스버리
옮긴이 오세훈

목수책방
木水冊房

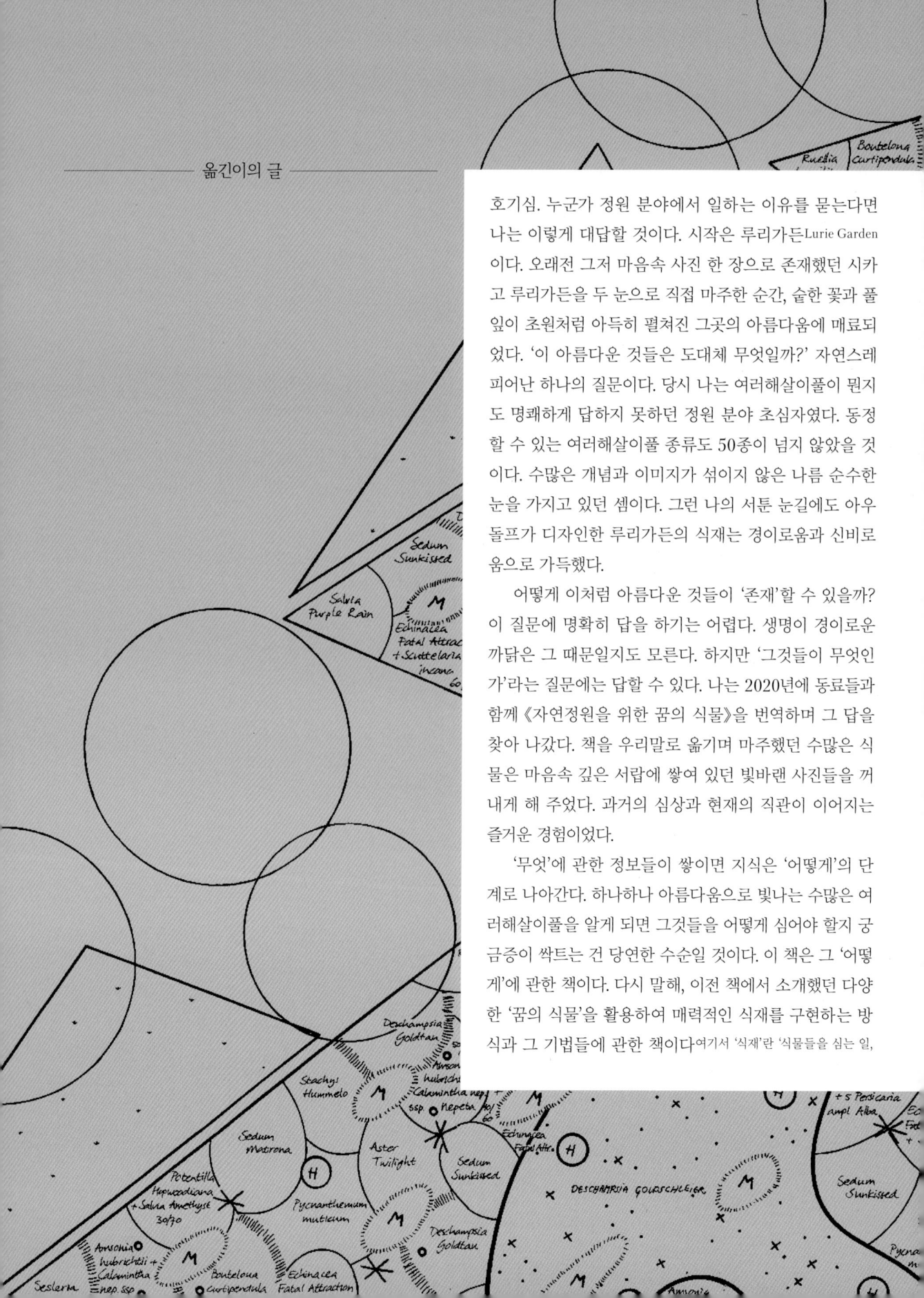

옮긴이의 글

호기심. 누군가 정원 분야에서 일하는 이유를 묻는다면 나는 이렇게 대답할 것이다. 시작은 루리가든Lurie Garden 이다. 오래전 그저 마음속 사진 한 장으로 존재했던 시카고 루리가든을 두 눈으로 직접 마주한 순간, 숱한 꽃과 풀잎이 초원처럼 아득히 펼쳐진 그곳의 아름다움에 매료되었다. '이 아름다운 것들은 도대체 무엇일까?' 자연스레 피어난 하나의 질문이다. 당시 나는 여러해살이풀이 뭔지도 명쾌하게 답하지 못하던 정원 분야 초심자였다. 동정할 수 있는 여러해살이풀 종류도 50종이 넘지 않았을 것이다. 수많은 개념과 이미지가 섞이지 않은 나름 순수한 눈을 가지고 있던 셈이다. 그런 나의 서툰 눈길에도 아우돌프가 디자인한 루리가든의 식재는 경이로움과 신비로움으로 가득했다.

어떻게 이처럼 아름다운 것들이 '존재'할 수 있을까? 이 질문에 명확히 답을 하기는 어렵다. 생명이 경이로운 까닭은 그 때문일지도 모른다. 하지만 '그것들이 무엇인가'라는 질문에는 답할 수 있다. 나는 2020년에 동료들과 함께 《자연정원을 위한 꿈의 식물》을 번역하며 그 답을 찾아 나갔다. 책을 우리말로 옮기며 마주했던 수많은 식물은 마음속 깊은 서랍에 쌓여 있던 빛바랜 사진들을 꺼내게 해 주었다. 과거의 심상과 현재의 직관이 이어지는 즐거운 경험이었다.

'무엇'에 관한 정보들이 쌓이면 지식은 '어떻게'의 단계로 나아간다. 하나하나 아름다움으로 빛나는 수많은 여러해살이풀을 알게 되면 그것들을 어떻게 심어야 할지 궁금증이 싹트는 건 당연한 수순일 것이다. 이 책은 그 '어떻게'에 관한 책이다. 다시 말해, 이전 책에서 소개했던 다양한 '꿈의 식물'을 활용하여 매력적인 식재를 구현하는 방식과 그 기법들에 관한 책이다여기서 '식재'란 '식물들을 심는 일,

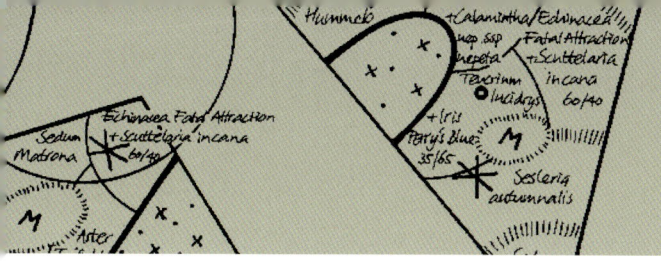

또는 그렇게 심어 이룬 결과물'을 의미한다.

　책 내용 구성에 관한 이야기는 저자 서문에 잘 정리되어 있기 때문에 이 글에서는 그것을 반복하기보다 옮긴이 관점에서 이 책이 지닌 가치와 의미를 간략히 짚어 보려 한다. 이 책은 개인정원뿐만 아니라 공공공간에서 여러해살이풀 중심의 식재와 정원 만들기를 대중화시킨 피트 아우돌프의 식재디자인 방법을 집중 조명한다. 공동 저자인 노엘 킹스버리가 아우돌프의 핵심 디자인 개념들을 명쾌하게 설명하고 있고, 아우돌프가 그동안 작업해 왔던 정원들의 도면과 사진이 풍성하게 실린 덕분에 독자들은 그의 식재디자인에 한층 더 가까워질 수 있다. 여러해살이풀을 어떤 방식으로 심으면 좋을지, 세부적으로는 어떻게 조합해야 할지, 사계절 아름다운 정원을 만들기 위해서는 어떤 점을 고려해야 하는지 등 식재디자인 과정에서 직면하는 여러 질문들에 관한 실마리를 제공할 것이다.

　아울러 이 책은 현대의 정원·조경 분야에서 주목받고 있는 자연형식재naturalistic planting에 관한 개론서 역할을 톡톡히 한다. 아우돌프의 정원이 많은 이에게 사랑받는 이유 중 하나가 그의 디자인이 자연의 모습과 분위기를 환기시켜 주기 때문인데, 이러한 방식은 오늘날의 식재·정원 디자이너들이 지향하는 접근법이기도 하다. 이 책에 소개되고 있는 영국의 나이절 더닛Nigel Dunnett과 제임스 히치모James Hitchmough, 독일의 혼합식재체계, 미국의 로이 디블릭Roy Diblik 등 자연형식재를 적용하는 다른 접근법들도 깊이 탐구한다면 식재디자인을 위한 개념적 도구들이 보다 풍성해질 것이다.

　정원 관련 세미나와 모임에 갔을 때 몇몇 분들이 이 책의 원서를 뒤적이며 주의 깊게 들여다보던 모습이 생각난다. 아마도 보다 아름다운 식재와 정원을 위한 영감의 조각들을 얻고자 했으리라. 호기심은 맹목적이다. 빈 땅에 저절로 풀이 돋아나는 것처럼 말이다. 하지만 때로는 그 '맹목적인 것'이 삶을 이끌기도 한다. 이 책이 정원과 식물을 향한, 더 나아가 자연을 향한 '동경'과 '궁금증'을 품고 있는 분들에게 커다란 영감의 씨앗이 되었으면 좋겠다. 식재와 여러해살이풀이 정원과 조경 분야의 전부는 아니겠지만, 이 책의 문장들이 식물을 매체로 작업하는 다양한 분야의 토양에 뿌리 내리길 기대해 본다. 늘 그렇듯 한 세계의 건강함은 차이와 다양성에서 비롯된다고 믿는다.

　끝으로 교정 과정에서 많은 힘을 보태 준 최경희 님께 고마운 마음을 전하며, 새로운 지식의 씨앗을 뿌리는 데 결코 주저함이 없는 목수책방에도 감사하다.

2021년 9월
'이듬해' 오세훈

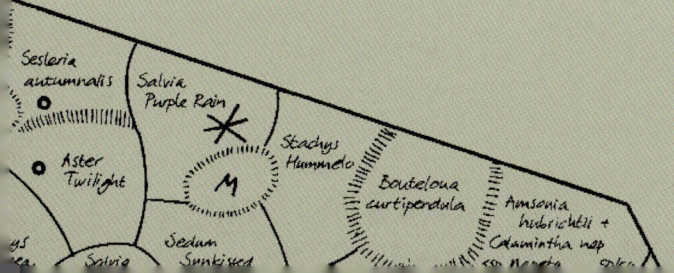

차례

옮긴이의 글	004
책을 읽기 전에	008
감사의 말	011
머리말 - 21세기를 위한 식재디자인	**015**

1장 식재의 큰 그림 — 031

- 블록이냐 혼합이냐? — 032
  - 모더니스트의 단일경작 - 20세기 식재 — 033
  - 혼합을 제대로 이해하기 - 혼합식재의 장단점 — 038
- 질서와 자생성 — 041
  - 창조적 긴장 - 질서와 무질서의 균형 — 041
  - 외형적 무질서 - 자생성을 디자인한다는 역설 — 042
  - 정적인 식재와 역동적인 식재 — 042
  -   - 자생성과 변화 관리하기
- 식재의 맥락 — 047
  - 인간과 디자인 맥락 — 047
  - 자연보다 통제? - 정형성과 집단식재 — 052
  - 통제보다 자연 - 야생적으로 보이는 식재 — 053
  - 시그니처 식재 – 정체성 만들기 — 057
  - 가까운 곳에서 먼 곳으로 - 복잡성과 규모 — 065
- 식재와 지속가능성 — 068
  - 생물다양성과 자연의 요구 — 068
  - 미래 예측 - 기후변화와 다양성 — 069
  - 자원 생각하기 - 지속가능성에 관한 질문 — 072
  - 자생종과 외래종 - 계속되는 논쟁 — 079

2장 식물 그룹 만들기 — 083

- 자연환경 — 083
- 정원 역사 속 식물 그룹 만들기 — 085
- 나무류 — 086
  - 갱신벌채 — 087
- 식재의 위계: 중점식물, 바탕식물, 분산식물 — 088
  - 중점식물 - 그룹 — 090
  - 중점식물 - 띠무리 — 096
  - 반복식물 — 101
- 바탕식재 — 107
  - 바탕식물과 반복식물 — 111
  - 바탕식재와 블록식재 조합하기 — 115
- 분산식물 — 121
- 식물 층위 구성 - 자연을 읽고 디자인에 쓰기 — 121
- 식물 개수 계산하기 — 129

3장 식물 조합하기   133

여러해살이풀의 형태구성   133

뿌리잎   134

줄기잎   135

떨기형   138

분지형   138

새풀   139

조합 만들기   142

색   143

구조   144

빛   149

사계절을 위한 식물   151

생명이 약동하는 봄   151
    - 알뿌리식물과 그 밖의 대안들

초여름 - 장미의 속박에서 벗어나기   158

한여름 - 더위 피하기   162

늦여름과 가을 - 두 번째 봄   162

겨울철 죽음과 쇠락   172

좋은 조합   174

봄   174

초여름   175

한여름   176

늦여름   178

가을   181

겨울   185

4장 식물의 장기 활동성   187

여러해살이풀은 얼마나 여러 해를 살까?   187

수명과 생존전략   188

식물의 장기 활동성 지표   190

고유수명   190

증식력   198

정착력   200

자연발아력   203

여러해살이풀 이해하기   208

5장 현대 식재디자인의 혼합 경향   211

무작위식재   213

댄 피어슨 - 모듈식재 실험   213

로이 디블릭 - 격자에 식재하기   218

혼합식재체계   219

하이너 루즈와 계절별 주제식물   230

그 밖의 혼합식재 접근법   234

'셰필드학파'   238

맺음말 - 새로운 식재   245

향상된 자연   249

식물 목록   253

식물명   288

더 읽을거리   289

사진 출처   291

찾아보기   292

책을 읽기 전에

※ 본문의 이해를 돕기 위해 책 속에 언급된 핵심 개념을 어떤 한글 용어로 옮겼는지, 단어는 어떤 기준으로 선택했는지 설명했고, 추가로 설명을 덧붙여야 할 부분에 관한 내용을 정리했다.

여러해살이풀 perennial 숙근초, 다년초

perennial은 3년 이상 사는 식물을 말한다국립수목원, 2010. 겨울에는 땅 위의 부분이 죽지만 '뿌리가 잠들어 있다가' 봄에 다시 움이 돋아난다는 뜻으로 '숙근초'라 부르기도 한다. 이 책에서는 국립수목원에서 제안하는 좀 더 쉬운 우리말인 '여러해살이풀'로 옮겼다. 이와 비슷한 관점에서 tree는 '큰키나무', shrub은 '떨기나무', annual은 '한해살이풀', biannual은 '두해살이풀', bulb는 '알뿌리식물'로 옮겼다.

새풀 grass 새, 그래스, 그라스

grass는 엄밀히 따지면 벼과Poaceae 식물만을 가리키지만, 일반적으로 벼과 식물처럼 잎이 좁고 긴 사초과Cyperaceae, 골풀과Juncaceae 식물 등도 포함해서 부르곤 한다Darke, 2007. 우리말에는 벼과 식물을 통틀어 이르는 말로 '새'라는 단어가 있다표준국어대사전. 새는 잎이 좁은 풀을 가리키는 동시에김종원, 2013, '해'의 의미를 품고 있기 때문에서정범, 2000 양지바른 초원지대에 주로 나는 grass와 어울리는 단어다. 산림청 '산림임업용어사전'에서도 grass planting works라는 용어에서 grass를 '새'와 '새풀' 두 가지 순화어로 옮기고 있다. 이 책에서는 좁은 의미의 grass벼과 식물, 새와 넓은 의미의 grass새와 비슷한 특성을 지닌 풀 종류를 아우르기 위해 grass를 '새풀'로 옮겼다. 중방울새풀, 바늘새풀, 좀새풀, 큰나래새, 가는잎나래새 등 이름에 새 또는 새풀이 들어간 식물이 어떤 특성을 가지고 있는지 약간의 힌트가 될 것이다.

씨송이 seedhead 열매

seedhead는 꽃과 그 꽃을 지지하는 줄기합하면 꽃차례가 꽃이 지고 씨앗으로 여문 뒤에 나타나는 구조를 뜻한다Kingsbury, 2006. 식물 형태와 구조적인 면을 강조하는 아우돌프 식재디자인의 핵심 개념 중 하나다. '열매'로 옮길 수도 있지만 약간의 문제가 있다. 절굿대속Echinops 식물의 경우, 열매 그 자체는 길쭉한 볍씨 형태지만 여러 열매가 모여서 이루는 seedhead는 공 모양이다. 이 책에서는 seed는 '씨', -head는 꼭지에 달린 한 덩이를 뜻하는 '송이'로 보고 이를 합한 '씨송이'라는 단어로 옮겼다. 송이라는 말은 목화송이, 잣송이, 포도송이 등에서 쓰이는 것처럼 복수의 의미를 가장 잘 담아낼 수 있는 단어라 생각한다. 이와 비슷한 관점에서 flowerhead는 '꽃송이', foliage는 문맥에 따라 '잎' 또는 '잎무리'로 옮겼다.

자연형식재 naturalistic planting 자연주의식재, 자연풍식재

naturalistic planting은 겉으로 보이는 모습이 자연식생과 비슷하게 느껴지는 식재를 뜻하고, 넓은 의미에서는 그 외형뿐만 아니라 생태적 기능성도 반영된 식재를 뜻한다. 아우돌프와 킹스버리는 이전 책에서 naturalistic은 '자연에서 영감을 받아 그 외형을 재현하는 것에 주안점을 두는 것'이라고 설명했다Oudolf & Kingsbury, 2005. 이들은 식재가 생태적으로 기능하는 부분은 '생태ecological' 범주로 구분했지만, 일반적으로 naturalistic planting은 식재의 생태적인 부분들도 포괄한 넓은 의미로 해석되는 경향이 있다. 몇몇 책에서 설명된 naturalistic planting의 주요 특성을 정리하면 9쪽 표의 내용과 같다.

구분	특성
외형	**야생종 특성을 지닌 식물 활용** • 겹꽃이나 화려한 색상의 꽃, 무늬종 지양 • 야생원종의 느낌과 비례감을 지닌 재배품종 사용
	자연에서 영감을 받은 식재 패턴 • 띠무리 drift, 혼합식재, 반복식재
	자생종 활용 • 시각적으로 매력적인 지역 자생종 사용
	정형성 지양 • 직선을 피하고 곡선이나 자유곡선 활용
생태성	**생물다양성** • 분류학적 다양성, 야생생물을 배려한 식재 기법
	생태적 적합성 • 식물의 생태적 요구사항 반영, 서식처에 기반한 식재
	역동성 • 생태적인 기능성, 시간에 따른 변화 허용 여부

자료 출처_
Oudolf & Kingsbury(2005), Robinson(2016), 오세훈(2021)

이 책에서는 이러한 내용을 바탕으로 naturalistic planting을 자연에서 영감을 받아 그 '형태'와 '형식즉 생태적 원리'을 예술적으로 표현하는 식재라는 의미에서 '자연형식재'로 옮겼다.

블록 block · 그룹 group

block과 group은 같은 종류의 식물을 모아 심어 놓은 식물 무리를 뜻한다. 비슷한 개념으로 볼 수 있지만 약간 의미 차이가 있다. block은 일정한 구획에 동일한 종을 모아 심어 놓았다는 느낌을 주는 단어다. 식재라는 하나의 그림을 완성하기 위한 퍼즐 조각들을 생각해 보면 이해가 쉬울 것이다. group은 그보다는 좀 더 느슨하고 규모가 작은 듯한 느낌을 준다. 예를 들어 식물을 5개, 7개, 9개씩 모아 심을 때는 구획 지어진 느낌의 block보다 group이 더 어울린다. 하지만 반드시 그런 것은 아니다. 책에서는 대부분의 경우 group과 block이 비슷한 의미로 사용되었다. 처음에는 보다 쉽게 이해할 수 있도록 두 단어 모두 '식물 무리'로 옮겼으나 원문을 최대한 살리기 위해 국립국어원 '표준국어대사전'을 참고하여 각각 '블록'과 '그룹'으로 옮겼다.

띠무리 drift

책에서도 정의되고 있는데, drift는 긴 형태의 식물 무리를 뜻한다 Jekyll, 1919. 이를 처음으로 선보인 지킬이 말했던 것처럼, 긴 무리 형태는 다양한 식물이 쉽게 중첩되기 때문에 회화적 연출 효과가 좋고 빈 부분도 잘 가려 줄 수 있다. 오늘날에는 흐름이 느껴지는 구불구불한 형태의 식물 무리까지도 drift로 부르곤 하지만 이 역시도 핵심은 '긴' 형태다. 이 책에서는 띠처럼 기다랗고 구불구불하게 흘러가는 '띠구름'에서 착안하여 drift를 '띠무리'로 옮겼다.

식물 형태구성 plant architecture

plant architecture는 잎·줄기·뿌리의 배열과 각 기관들 사이의 관계로 설명될 수 있는 식물의 생장 습성을 뜻한다 Norris, 2021. 다시 말해 식물체 전체적인 형태뿐만 아니

책을 읽기 전에

라 가지가 나는 순서, 각 기관의 크기·형태·위치 등을 모두 아우르는 종합적인 개념이다 Reinhardt & Kuhlemeier, 2002. 국내에서는 아직 명확히 정립된 번역어를 찾아볼 수 없었는데, 그렇다고 단순히 '식물 형태' 또는 '식물 구조'로 옮기면 그 의미가 제대로 담기지 않는다. 이 책에서는 '형태'라는 단어와 여러 요소들이 일정한 전체를 짜 이루거나 그 이룬 결과를 뜻하는 '구성'이라는 단어를 결합해 '식물 형태구성'으로 옮겼다.

활동성 performance

performance는 성과, 성능, 성취, 수행 등 다양한 사전적 의미를 지닌 단어다. 이 책에 사용된 performance는 식물이 살아가는 양상을 의미한다. 4장에서 plant performance로 다루어지는 식물의 고유수명, 증식력, 정착력, 자연발아력 모두 식물이 자신의 유전자를 남기기 위해 생존하고 번식하는 양상을 개념화시킨 것이다. 이러한 관점에서 performance를 '활동'이라는 단어와 연결하는 게 적합하다고 생각한다. '활동'은 사전적으로 식물이 생명 현상 유지를 위해 하는 행동이나 작용을 뜻하는데, 식물이 생존과 번식을 위해 하는 모든 일이 활동의 개념으로 묶일 수 있다. 이 책에서는 '활동'이라는 단어에 특성을 뜻하는 어미 '-성'을 붙인 '활동성'으로 옮겼다.

참고문헌

국립국어원 표준국어대사전 stdict.korean.go.kr

국립수목원, 〈알기 쉽게 정리한 식물 용어〉, 국립수목원, 2010

김종원, 《한국 식물 생태 보감 1》, 자연과생태, 2013

산림청 산림임업용어사전 www.forest.go.kr/kfsweb/kfi/kfs/mwd/selectMtstWordDictionaryList.do?mn=NKFS_04_07_01

서정범, 《국어어원사전》, 보고사, 2000

오세훈, 〈피트 아우돌프의 식재기법을 적용한 자연형식재 도입방안: 강동구 공동체정원을 대상으로〉, 가천대학교 일반대학원 석사학위논문, 2021

Darke, R., 《The Encyclopedia of Grasses for Livable Landscapes》, Timber Press, 2007

Jekyll, G., 《Colour Schemes for the Flower Garden》(4th ed.), Country Life, 1919

Kingsbury, N., 《Seedheads in the Garden》, Timber Press, 2006

Norris, K. D., 《New Naturalism: Designing and Planting a Resilient, Ecologically Vibrant Home Garden》, Cool Springs Press, 2021

Oudolf, P., Kingsbury, N., 《Planting Design: Gardens in Time and Space》, Timber Press, 2005

Reinhardt, D., Kuhlemeier, C., "Plant Architecture", 〈EMBO〉 Rep 3: 846~851, 2002

Robinson, N., 《The Planting Design Handbook》(3rd ed.), Routledge, 2016

일러두기

* 본문에 나오는 식물의 한글 이름은 국립수목원의 국가표준식물목록KPNI과 국가표준재배식물목록KGPNI을 참조했다.
* 한글 이름이 없거나 있어도 혼동의 여지가 있는 식물은 역자가 선택한 학명 발음 기준에 따라 한글 발음으로 표기했다.
* 품종명과 인명 등 외래어 표기는 외래어표기법을 참조했으며, 일부 단어는 널리 통용되는 발음으로 표기했다.
* 식물 용어 설명은 국립수목원 간행물 〈알기 쉽게 정리한 식물 용어〉와 산림청 국가생물종 지식정보 시스템의 식물용어사전을 참조했다.
* 본문의 작은 고딕체는 모두 역자주다.

감사의 말

이러한 책을 쓰려면 다른 동료들의 조언이 필요하다. 한 사람의 지식보다는 집단지성의 힘이 늘 더 크기 때문이다. 아우돌프와 나는 특히 독일의 카시안 슈미트Cassian Schmidt와 미국의 로이 디블릭에게 도움을 받았는데, 여러 해살이풀을 기르고 가꾸는 것에 관한 그들의 의견과 경험이 큰 도움이 되었다. 정원과 디자인된 경관을 생태적 맥락으로 더 넓게 바라보는 릭 다크Rick Darke의 관점에서도 영향을 받았다. 우리에게 영감을 주었던 이들에게 감사의 마음을 전하려 하는데, 이름 순서에 별다른 의미는 없다. 유코 다나베Yuko Tanabe, 트레이시 디사바토 오스트Tracy DiSabato Aust, 볼프람 키르허Wolfram Kircher, 닐 디볼Neil Diboll, 마틴 휴스존스Martin Hughes-Jones, 콜린 로코비치Colleen Lockovitch, 제니퍼 대빗Jennifer Davit, 닐 루카스Neil Lucas, 자클린 판데르클루트Jacqueline van der Kloet, 다그마르 힐로바Dagmar Hillova에게 감사하다.

5장에서 작품들에 관한 글을 쓸 수 있게 해 준 하이너 루츠Heiner Luz와 페트라 펠츠Petra Pelz, 나이절 더닛, 제임스 히치모, 댄 피어슨Dan Pearson에게도 감사의 말을 전한다.

이러한 책을 쓰는 일은 우리에게 하나의 도전과도 같았다. 많은 동료들이 초고를 검토해 준 덕분에 우리가 제대로 쓴 게 맞는지, 잘못된 부분은 없는지 검토할 수 있었다. 좋은 의견과 응원을 보내 준 다니엘라 코레이Daniela Coray, 존 마더John Marder, 엘리엇과 수전 포사이스Elliott and Susan Forsyth에게도 감사를 표한다. 표현을 다듬는 데 도움을 준 캐서린 루카스Catherine Lucas와 일부 도면에 관해 알기 쉽게 설명해 준 아말리아 로브레도Amalia Robredo에게도 고맙다고 말하고 싶다. 그림 작업팀의 세 번째 일원으로 참여해서 삽도를 그리고 우리 책들이 중국에서 출간될 수 있도록 도와준 예 항Ye Hang에게도 고맙다.

팀버 프레스의 애나 멈퍼드Anna Mumford와 다른 직원들에게도 감사의 마음을 전하며, 놀랄 정도로 열정적이고 능력 있는 우리의 에이전트 겸 조력자 헤일렌 레스허Hélène Lesger에게도 고마움을 표한다. 끝으로 책을 집필하는 과정뿐만 아니라 우리가 이 분야에서 활동하는 내내 사랑과 지지를 아끼지 않은 우리의 아내, 안야 아우돌프Anja Oudolf와 조 엘리엇Jo Eliot에게도 감사의 말을 전한다. 후멜로Hummelo에서 함께 일하는 동안 빵과 치즈, 커피를 계속 제공해 주었던 안야의 상냥함에 진심으로 고맙다.

아우돌프 부부의 개인정원. 늦은 계절 다채롭게 꽃을 피운 여러해살이풀들 사이에 참당귀 *Angelica gigas*의 씨송이가 마치 유령처럼 서 있다.

―― 머리말 ――

21세기를 위한 식재디자인

식물은 사치품이거나 마음에 들긴 해도 꼭 필요하지는 않은 장식품에서 도시와
주거환경의 필수요소로 점점 더 자리매김하고 있다. 창밖의 식물을 바라보기만 해도
사람의 마음에 이로운 영향을 미치고, 실내공간이나 건물이 가득 들어선 곳에서 식물이
공기를 정화하는 중요한 역할을 한다는 사실은 오랫동안 익히 알려져 왔다.

정원을 가꾸는 일은 아주 작은 개인정원부터 큰 규모의 공공정원까지, 어디에서나 자연을 즐기고 자연과 관계 맺는 일이다. 날씨 변화를 제외하면 많은 사람들에게 식물은 자연을 느낄 수 있는 유일한 접점일지도 모른다. 개인정원에서는 무엇을 심고 어떻게 가꿀지 정원사 마음대로 결정할 수 있지만, 도시경관을 다루는 디자이너는 대중의 눈높이에 맞추어 계획해야 한다. 하지만 두 경우 모두 정원사가 새롭게 고민해야 할 공통과제가 있다. 바로 지속가능성과 생물다양성에 관한 일이다. 지속가능성을 고려한다면 정원에서 재생불가능한 자원의 사용과 유해 물질의 배출을 줄여야 하고, 생물다양성 증진을 위해서는 야생생물을 배려한 식재 기법을 활용해야 한다.

수명이 긴 여러해살이풀과 나무를 함께 심으면 확실히 지속가능성을 높이고 생물다양성을 향상시킬 수 있다. 이는 아우돌프와 내가 늘 지지해 온 방식이다. 정기적으로 잔디를 깎거나 별다른 이유 없이 가지치기를 할 필요도 없다. 정원을 풍부한 서식처로 만들면 자연의 아름다움을 아주 가까이에서 만끽할 수 있다. 이는 야생생물에게 먹이와 삶터를 제공하는 일이기도 하며, 유지관리 면에서도 지속가능성을 높이는 일이다.

식재디자인은 어떤 식물을 쓰고 어떻게 배치할지에 관한 것이다. 식재디자인은 기술적인 지식과 예술가의 상상력이 함께 접목되는 분야다. 이 책에서는 식재디자인의 몇몇 최신 경향을 소개하는데, 우리는 개인정원사나 정원설계·관리 전문가, 조경가를 주된 독자층으로 생각했다. 건축가처럼 식물을 직접 쓰지는 않지만 작업물이 식물과 관련된 다른 분야 사람들에게도 도움이 될 것이다. 아울러 디자인과는 그다지 연관성이 없어 보이지만 식재 계획과 관리에 점점 더 영향력을 행사하는 생태학자들도 읽어 볼 것을 권한다.

주택정원의 경우 식재디자인이라는 말에서도 알 수 있듯 식물의 역할이 분명하다. 특히 미적이고 기능적인 정원을 만드는 데 식물의 역할은 필수적이다. 하지만 조경디자인에서는 그 정도로 인정받지 못해 왔다. 더 정확히 말하자면 도시경관디자인에서 식물의 역할은 미미했다. 역사적으로 보아도 도시에서는 수 세기 동안 오직 가

잉글랜드 요크셔주Yorkshire 로더럼Rotherham에 위치한 무어게이트 크로프츠Moorgate Crofts 건물 회의실 주변의
옥상정원. 셰필드대학교의 나이절 더닛 교수가 2005년에 디자인했다. 10~20센티미터 정도 되는 얕은 토양에
꽃을 최대한 오래 즐길 수 있도록 약 50여 종의 식물을 선정해 심었다. 혼합형 옥상정원의 한 예로, 이러한
유형은 기능성만큼이나 시각적 매력도 중요하다.

네덜란드 후멜로에 있는 아우돌프 부부의 개인정원 일부 공간. 과거에는 식물을 재배하던 육묘장이 있던 곳이었지만 이제는 씨앗을 뿌려 길러 낸 야생 목초와 저절로 난 식물들 사이로 튼튼한 여러해살이풀들이 자라는 실험 공간이 되었다. 정원이 어떻게 변화할지는 시간이 흐른 뒤에나 알게 될 것이다. 연한 청보라색 꽃은 아스테르 '리틀 칼로' *Aster* 'Little Carlow', 암적색 꽃은 점등골나물 '리젠쉬름' *Eupatorium maculatum* 'Riesenschirm'이다.

로수만 심었다. 19세기에 도시공원이 생기고 20세기 후반에 이르러서야 네덜란드의 새로운 방식을 따라 다채롭게 식물을 심기 시작했다. 여러해살이풀이나 관상용 새풀grass 같은 식물들을 더 많이 쓰게 되면서 이제는 식물을 심고 가꾸는 법에 관한 기술적 지식은 물론 시각적인 식물 활용법에 관한 아이디어도 더 많이 필요해졌다. 이러한 새로운 경향도 살펴볼 만한 가치가 있다.

옥상정원

옥상정원은 대중의 상상력을 사로잡은 동시에 그 시공 관련 기술이 다양한 곳에서 쓰이고 있다. 얼핏 봐서는 옥상 같아 보이지 않지만 실제로는 옥상정원인 곳도 많다. 고밀도 도시환경에서는 물이 스며들지 못하는 불투수층 위에 자연토나 그와 비슷한 인공토를 활용하여 인공적인 식재기반을 만드는 일이 더 빈번해지고 있다. 주차장 위 인공지반에 조성한 시카고 루리가든은 옥상처럼 보이지 않는 옥상정원의 대표적인 예다.

옥상정원은 사용 목적에 따라 세 가지 유형으로 나뉜다. 기능적인 면에 초점을 맞추어 깊지 않은 토양에 만드는 저관리 경량형이 있고, 보통의 방식으로 식재하는 관리 중량형이 있다. 혼합형은 시각적 매력과 기능성을 두루 갖춘 절충안이다. 저관리 경량형과 혼합형 옥상정원에서는 식물을 '군락' 형태로 심는다. 여기서 말하는 식물군락은 최소한의 관리로 서로 잘 어울려 살 수 있도록 환경 조건에 알맞게 선택한 식물들의 조합을 뜻하는데, 주로 건조한 초지 서식처에 자라는 식물을 심는다. 이러한 면에서 식물을 군락 형태로 심는 방식은 식물을 하나하나 배치하는 전통적인 방식과 큰 차이가 있다.

물관리

도시에서 발생하는 주요 환경문제들은 물관리와 관련이 있다. 특히 폭우가 내릴 때 빗물이 하천으로 과도하게 유입되면 홍수와 수질오염이 발생할 수 있다. 지속가능한 도시배수체계SUDS, Sustainable Urban Drainage Scheme에서는 물을 집수하여 저장하거나, 지하수층이나 하천으로 천천히 흘려보낸다. 또는 공기 중으로 증발시키기도 한다. 그래서 일부 도시에서는 가정에서 정원을 가꾸는 이들에게 빗물정원을 권장한다. 자기 땅 밖으로 물이 빠져나가는 것을 막고 관수용으로 쓰는 물을 최대한 줄이자는 것이다. 옥상정원은 비가 내릴 때 빗물을 얼마나 모아 둘 수 있는지에 따라 지속가능한 도시배수체계의 일부분으로 역할을 하기도 한다. 길게 파인 땅에 식물을 심는 식생수로 역시 지속가능한 도시배수체계에서 자주 활용된다. 식생수로는 자연배수체계로 물을 천천히 흘려보내기 전에 일시적으로 물을 가두어 두는 유수지 역할을 한다. 이런 곳에는 식물을 신중하게 선택해서 식생어떤 일정한 장소에 모여 사는 특유한 식물의 집단을 만드는데, 주로 주기적인 침수와 건조한 환경에서도 살아남을 수 있는 지역 자생종을 심는다. 하지만 더 볼거리가 풍부한 식재조합도 가능하다. 여기서 핵심은 다양한 식물을 섞어서 심는 것이다.

생물여과

생물여과는 식물을 이용해 환경오염을 유발하는 화합물을 줄이는 방식을 의미하는데, 가로수·옥상정원·벽면녹화가 대표적인 예다. 생물여과는 먼지를 걸러 내고 탄화수소화합물휘발성유기화합물(VOC)을 환경에 무해한 이산화탄소나 물로 분해하는 데 효과적이다. 식물마다 분해할 수 있는 휘발성유기화합물의 종류가 다르기 때문에 한 종류보다 여러 종을 섞어서 심는 게 좋다.

독일에서 발전한 자연수영장natural swimming pool에서는 보다 맞춤형으로 생물여과 기법을 적용한다. 식물은 이로운 박테리아와 함께 작용하여 질소나 인 화합물을 분해하거나 걸러 내서, 질병을 일으키는 박테리아에 양분이 공급되는 것을 막는다. 식물들은 여러 종이 뒤섞인 군락 형태로 자라고, 각자의 역할을 하면서 다양한 생화학적 반응을 일으키는 복합체를 이룬다.

자생식생

탈산업사회로 전환되면서 버려진 공업시설·철도·광산·군사훈련장 등 대규모 유휴지들이 생겼다. 이런 곳에서는 식물이 놀라운 속도로 퍼져 나가는데, 자연이 얼마나 빠르고 철저하게 버려진 땅을 회복시키며 오염되고 손상된 환경을 치유할 수 있는지를 깨닫게 한다. 보통 이런 장소에서는 지역 자생종과 잡초, 뜰에서 빠져나온 정원식물이 한데 어우러지면서 매력적이고 독특한 식물상을 이룬다. 따라서 '재개발'을 하게 되면 이처럼 독특한 식물군락이 훼손된다. 최근 몇 년간 이러한 곳들을 더욱 긍정적인 시선으로 바라보고 있다. 독일을 중심으로 몇몇 나라에서는 탈산업화가 진행되며 생겨난 유휴지들을 각각의 고유한 특성을 살릴 수 있도록 보다 세심하고 창의적인 방식으로 관리하고 있다.

버려진 땅을 식물이 뒤덮어 버린 가장 대표적 사례는 뉴욕의 하이라인The High Line이다. 1960년대까지 화물을 실어 나르던 고가철도였던 하이라인은 1980년대에 사용이 중단되었다. 하이라인을 공원으로 만들기 위해서는 전부 뜯어고쳐야 했는데, 그 과정에서 기존 식물상이 훼손될 수밖에 없었다. 하지만 피트 아우돌프는 조경회사 제임스 코너 필드 오퍼레이션스James Corner Field Operations와 협업하여 옛 하이라인의 야생적인 느낌을 디자인에 담아냈다. 하이라인의 눈부신 성공은 미국의 다른 프로젝트들에도 영감을 주고 있고 탈산업경관의 중요성을 일깨워 준다.

이처럼 새롭고 기술공학적 접근이 뚜렷한 식재의 대다수는 여러 종의 식물을 군락 형태로 심는다는 점이 두드러진 특징이다. 다시 말해 전체를 하나의 단위로 관리할 수 있는 비교적 안정된 식물 그룹을 활용하는 것이다. 이러한 접근법은 현대의 식재디자인에서 두드러지는 하나의 시대정신이다. 식물을 하나씩 정확하게 배치하는 방식에서 여러 종의 식물을 조합하여 부분의 합 그 이상의 전체를 디자인하고 식재하는 방식으로 서서히 나아가고 있다. 각각의 식물을 덩어리로 모아 심는 게 아니라 하나의 식생을 만드는 것이다.

식물조합에 관한 아이디어의 핵심은 블록이나 그

잉글랜드 워릭셔주Warwickshire 샌드빅 툴스Sandvik Tools에 2007년 나이절 더닛이 디자인해 식재한 공간으로, 다양한 여러해살이풀이 무작위로 섞여 자라고 있다. 폭우가 내릴 때 빗물을 가두어서 홍수를 예방하는 역할도 한다. 검보라색 꽃은 뉴욕아스터 '퍼플 돔'Aster novi-belgii 'Purple Dome'이다.

나이절 더닛이 디자인한 런던올림픽파크의 식생수로는 지속가능한 배수체계 개념을 잘 보여 준다. 물은 지대가 가장 낮은 곳에 모여 천천히 지하수층으로 스며들고 여분의 물만 공원 밖으로 빠져나간다. 다양한 영국 자생종을 군락 형태로 심었는데, 사진에서는 흰색 옥스아이데이지Leucanthemum vulgare와 분홍색 털부처꽃Lythrum salicaria이 눈에 띈다.

룹으로 모아 심는 게 아니라 여러 종을 섞어 심는 것이다. 이런 방식으로 심으면 시각적으로 더 복잡하고 자연스러운 느낌을 준다. 아울러 식물과 식물 간에도 더 많은 상호작용과 경쟁이 일어난다. 따라서 이런 접근법을 적용하려면 생태적 이슈에 관한 충분한 지식이 필요하고, 그게 아니라면 적어도 식물의 장기 활동성long-term performance에 관해서는 알아야 할 것이다.

이 책에서는 다양한 식물종을 섞어 조합하는 새로운 방식의 식재디자인을 살펴보고자 한다. 북유럽과 북미에서 개인정원부터 공공정원까지 모든 영역에서 활발하게 작업하고 있는 네덜란드의 조경디자이너 피트 아우돌프의 작품을 중심으로 다루었다. 아울러 현장에서 식물조합에 관련된 일을 하고 있는 여러 조경가·연구자·공공공간 담당자의 자료도 실었다. 글은 우리 둘을 대표해서 내가 쓰긴 했지만 책 내용의 대부분은 아우돌프와 함께 정리했다. 하지만 4장의 '식물의 장기 활동성'은 더 체계적인 연구를 진행했던 나의 셰필드대학교 박사학위 논문에서 연구 결과의 일부를 가져왔다. 따라서 4장은 온전히 내가 쓴 부분이다.

아우돌프와 내가 잘 통하는 이유는 우리 둘 다 식물을 향한 열정과 경험이 있기 때문이다. 도자기 장인이 진흙이나 유약에 정통하고 가구 장인이 온갖 종류의 목재를 훤히 꿰고 있는 것처럼 전문적인 식재디자이너는 자기가 즐겨 쓰는 식물들을 잘 알고 있다. 디자이너로서 아우돌프의 작업은 식물을 심어 본 경험뿐만 아니라 1982년부터 2010년까지 아내 안야와 함께 농장을 운영하며 35년간 직접 식물을 길러 본 경험에서 비롯된다. 나 역시도 아주 짧게나마 육묘 관련 일을 해 본 적이 있다. 식물이 어떻게 활동하는지, 언제 무엇을 하는지, 결정적으로 뿌리는 어떻게 활동하고 땅속에서는 무슨 일이 일어나는지 이해하기 위해 손수 길러 가꾸는 것보다 더 좋은 방법은 없다. 식물을 번식시키고 기르기 위해서는 이처럼 식물의 활동성에 관한 지식이 필요하다. 이런 경험은 시간이 지나면서 식물이 어떻게 변화하는지 이해하는 데 큰 도움이 될 것이다. 이는 아우돌프가 디자이너로 성공할 수 있었던 비결이기도 하다.

책 내용은 거시적인 것에서 미시적인 것으로, 질서에서 자생성으로, 이렇게 두 가지 방향으로 진행된다고 이해하면 도움이 될 것이다. 1장 '식재의 큰 그림'에서는 식재와 관련된 맥락 그리고 질서에서 자생성으로 이어지는 변화를 살펴본다. 2장 '식물 그룹 만들기'는 이러한 변화의 중간 단계로, 식물을 함께 심는 여러 방식들을 다룬다. 주로 아우돌프의 작품을 예로 들어 설명했다. 이 책에 소개된 일부 전문가들이 생태공학자에 가깝다면, 아우돌프는 디자인적인 면에 주안점을 두고 식물을 하나하나 세심하게 배치하는 진정한 디자이너기 때문이다. 따라서 2장에서는 아우돌프의 식재도면을 자세하게 살펴본다. 시간이 지나면 도면에 따라 심었던 식물들이 자리를 옮겨 다니기도 하지만 큰 문제는 아닐 뿐더러, 아우돌프는 처음 디자인 개념으로부터 그러한 변화가 최대한 천천히 진행되게 한다.

3장 '식물 조합하기'에서는 좀 더 세부적으로 식물을 조합하고 나란히 배치하는 법을 다룬다. 한 식물이 다른 식물 옆에서 왜 아름답게 느껴지는지, 한 해의 특정 시기에 아름답게 보이도록 연출하려면 식물을 어떻게 조합해야 하는지, 어떤 식물 그룹은 다른 그룹보다 왜 빠르게 변화하는지 등의 질문에 관한 답이 될 것이다. 특히 식물체의 형태와 구조에 관련된 식물 '형태구성plant architecture'에 주목했다. 초보 정원사나 디자이너, 소규모 공간을 다루는 이들에게는 3장이 가장 흥미롭고 도움이 될 것이다. 식물의 장기 활동성에 관해 다루는 4장에서는 시간이 지남에 따라 어떤 이슈들이 여러해살이풀의 생존과 번식, 아울러 죽음과 소멸을 결정짓는지에 관해 살펴본다. 이러한 이슈들은 식재의 지속적인 유지관리를 위해 꼭 이해해야 할 뿐만 아니라 초기 계획 단계부터 숙지해야 할 내용이다.

5장에서는 식재디자인에서 최신 자연형식재 기법을 선보이는 다른 이들의 작업을 소개한다. 자연서식처를 예술적으로 양식화하여 표현하는 아우돌프의 작업과는 달리 그 밖의 전문가 대부분은 연구를 진행해 신중하게 선택한 식물 개체들을 무작위로 심는 방식에 더 관심을 기울이고 있다. '생태공학자'라는 용어는 그러한 접근법을 잘 묘사하는 말이다. 그들은 식물 활동성에 관한 기술적 지식에 식물의 시각적 매력을 함께 접목하여 비교적 안정적이고 관상가치가 높은 식물군락을 만드는 일에 관심이 있다.

정원과 경관을 조성하는 일은 점점 더 세계적인 사업 분야로 거듭나고 있다. 예전에는 관상용이나 미관개선용 식물 대부분이 서늘한 기후의 북서유럽과 북미, 남부 지중해 연안, 일본에서 재배되었다. 그 밖의 나라들에서도 식재의 모습은 주로 '식민지풍'이었고, 그다지 새로울 게 없었다. 하지만 이제는 변화하고 있다. 새로이 등장하는 시장이 공공정원과 개인정원을 위한 소재를 풍부하게 제공하면서 새롭게 커다란 기회의 장이 열렸다. 그 가운데 하나는 문화적 위축이나 제국주의의 영향으로 침체되어 있던 정원 전통이 다시금 발전하기 시작한 것으로, 이슬람권과 중국, 태국이 대표적이다. 또 다른 변화로는 이전 디자인에서 볼 수 없었던 새로운 식물 팔레트가 활용된다는 점이다.

새로운 식물의 활용은 대단히 흥미롭다. 과거 미개발 국가나 개발도상국 시절에는 대부분 정원디자인에 사용한 식물 종류가 매우 제한적이었다. 알맞은 기후 조건과는 상관없이 전 세계적으로 비슷한 식물을 심었다. 열대 지방을 여행할 때 아주 지겹도록 볼 수 있는 부겐빌레아와 유카, 벤자민고무나무가 대표적인 예다. 하지만 이제는 정원·조경·육묘 업계가 전 세계 어디서나 볼 수 있는 식물이 아니라 자기 나라의 고유한 식물상에 더 관심을 갖기 시작했다. 이러한 변화는 지역의 다양성을 찬양하고 싶은 욕구, 애국심, 생물다양성을 옹호하는 마음, 지역의 혹독한 기후 조건에서도 살아남을 수 있는 식물종의 필요성 등에서 비롯된다.

미국 펜실베이니아주 피츠버그의 캐리 퍼니스Carrie Furnace 주변으로 펼쳐진 자생초지. 에키움 불가레*Echium vulgare*의 꽃이삭이 돋보인다. 이처럼 탈산업경관은 생물다양성이 놀라울 정도로 풍부하고 아름다울 수 있다. 이 방치된 산업부지를 재조명하는 일에는 조경전문가 릭 다크가 참여했다. 다크는 자신의 역할을 "기존 자생식생에서 쓸 만한 요소를 찾아내어 최종 디자인에 반영하는 것. 그래서 주거, 업무, 상업, 철도로 이루어진 복합용지 개발에서 역사적으로 가치가 있는 이 제철소를 중심 공간으로 만드는 것"이라고 설명했다.

독일 라인계곡Rhine Valley 근처 바인하임Weinheim에 위치한 헤르만스호프Hermannshof의 식재. 살비아속 *Salvia*과 톱풀속*Achillea* 식물을 조합한 식재로, 색과 구조를 고려하여 디자인했으며 건조한 알칼리성 토양에서도 잘 자란다. 청보라색 꽃은 살비아 네모로사 *Salvia nemorosa*와 살비아 수페르바*Salvia ×superba*의 품종이고 연한 청보라색은 긴산꼬리풀*Veronica longifolia*의 교잡종이다. 키가 큰 노란색 식물은 자연발아를 잘 하는 두해살이풀 베르바스쿰 스페시오숨*Verbascum speciosum*이다. 앞쪽의 새풀은 북서아프리카 아틀라스산맥Atlas Mountains에 자라는 페스투카 마이레이*Festuca mairei*다. 아틀라스산맥의 기후 조건은 유라시아 초원지대인 스텝steppe이나 키 작은 풀이 우세한 북미 초원지대인 쇼트그래스프레리short-grass prairie 서식처와 비슷하다.

아말리아 로브레도는 식물에 초점을 맞추어 작업하는 선도적인 디자이너들 중 한 사람으로, 우루과이에서는 처음으로 지역 자생종을 디자인에 활용했다. 우루과이 해안의 야생식물상에는 매력적인 식물들이 가득하다. 사진은 안드로포곤 린드마니이 *Andropogon lindmanii*가 은빛 아키롤리네 사투레오이데스 *Achyroline satureoides*와 나란히 자라고 있는 모습이다.

카리나 호그 Karina Hogg가 디자인하고 아말리아 로브레도가 식재한 우루과이 해안가의 한 옥상정원. 로브레도는 최근에 정원식물로 도입된 자생종과 외래종을 섞어서 심었다. 염분이 가득한 물보라가 심하게 들이치는 곳에 정원이 만들어졌으며, 토양의 깊이는 5~7센티미터 정도다. 은빛 식물은 해안 모래언덕에 자라는 세네시오 크라시플로루스 *Senecio crassiflorus*다. 데이지 모양의 노란색 꽃은 그 지역에 드물게 자라는 그린델리아 오리엔탈리스 *Grindelia orientalis*고, 청색 꽃은 플렉트란투스 네오킬루스 *Plectranthus neochilus*다. 앞쪽에 있는 새풀은 지역 자생종인 스티파 필리폴리아 *Stipa filifolia*다.

    이러한 과정이 어떻게 전개될 수 있는지 보여 주는 좋은 예가 있다. 아말리아 로브레도는 우루과이 해안지대에서 활동하고 있는 정원디자이너인데, 우루과이 해안은 매력적인 식물군락이 가득하지만 현재는 개발 때문에 심각한 위협을 받고 있는 곳이다. 로브레도는 최근 몇 년 동안 체계적으로 식물 표본을 만들어 이를 몬테비데오대학교의 식물학자들과 식별하는 작업을 해 왔다. 씨앗을 받아 자기 정원에서 시험적으로 길러 보기도 하고, 지역 육묘장에서도 재배하도록 설득해 자기 작업에 활용했다. 식물체를 마르게 하는 세찬 바람이 불고 모래땅으로 이루어진 해안지대에는 그러한 종류의 식물이 적합하다. 아울러 훼손된 서식처를 대신하여 지역 환경의 소중함을 일깨워 주는 역할도 한다. 다른 기후에서도 자랄 수 있는 새로운 식물들을 전 세계적으로 유통시킨다는 이점도 있다. 이러한 식물들은 과거와 달리 자연에서 그대로 도입하지 않고 지역 육묘장과 정원사들이 충분한 시험과 검증 작업을 한 후에 도입된다. 미국에 조성된 아우돌프의 작품들과 위스콘신주 노스윈드 퍼레니얼 팜 Northwind Perennial Farm의 로이 디블릭 같은 자생식물 전문가와 진행한 협업은 중유럽과 북유럽의 정원·조경업계에 북미 원산 여러해살이풀들을 널리 알리는 역할을 했다.

    이 분야에서 활동하는 사람들은 아이디어나 사진, 식

하이라인이 유명해지면서 이제는 다른 공동체에서도 버려진 철도부지를 공공공간이 될 잠재력이 있는 곳으로 바라보게 되었다. 철도부지는 방치된 여러 산업부지처럼 땅이 척박하고 때때로 오염되어 있어서 '토양'이라 부르기조차 어려운 곳이 많다. 하지만 다양한 식물들이 자라기에는 오히려 이러한 장소가 더 좋다. 우리의 직관적인 생각과는 달리 생태학적으로 보면 환경 스트레스가 많은 곳이 비옥한 곳보다 대개 종다양성이 더 풍부하다. 펜실베이니아주 레딩Reading에 위치한 이곳에는 정원에서 빠져나온 마클레아이아 코르다타*Macleaya cordata*와 우단담배풀속*Verbascum* 식물이 눈에 띈다. 또 다른 곳에서는 희귀한 자생종이 자기 삶터를 찾아서 자라고 있을지도 모른다.

물을 서로 공유하며 협력하곤 한다. 작업의 결과물은 크게 다를 수 있지만 기본적인 생각은 비슷하다. 전문가 비전문가 구분 없이 다른 분야의 사람들과 생각을 서로 나누는 일이 더 빈번해지고 있다. 우리 모두 야생식물과 야생식물군락을 향한 강한 열정을 지니고 있다. 아울러 생물다양성을 향상시키고 사람의 마음을 풍요롭게 할 수 있는 환경을 만드는 정원·조경 전문가의 필요성을 절실히 느끼고 있다. 많은 사람들이 이 분야에 동참할 수 있도록 이 책이 영감과 힘이 되어 줄 것이다.

우리는 식재디자인의 측면에서 흥미로운 시대에 살고 있다. 많은 곳에서 건축과 식물을 접목하고 있고 대규모 도시환경에서는 단순히 관상용이나 미관개선용을 넘어 다양한 용도로 식물을 활용하고 있다. 식재디자인은 오랫동안 조경 분야에서 그 진가를 인정받지 못했던 '신데렐라' 같은 존재였고, 심지어 빠르게 성장하는 정원 분야에서도 거의 주목받지 못했다. 이제는 조경가들이 식물에 더욱 관심을 보이고 있고, 점점 더 우리 삶에 깊게 관여하는 식물들의 필요성을 인식하고 있는 만큼, 이 책이 많은 이들에게 도움이 되기를 바란다.

뉴욕 하이라인은 오랫동안 방치된 철도에 자생적으로 자라던 식생의 모습이 느껴지도록 디자인했다. 9월에는 새풀 종류인 스포로볼루스 헤테롤레피스*Sporobolus heterolepis*와 점등골나물 '게이트웨이'*Eupatorium maculatum* 'Gateway'의 씨송이가 노란색 꽃의 잔털루드베키아*Rudbeckia subtomentosa*와 어우러진다.

밀레니엄파크 프로젝트의 일환으로 조성되어 2004년에 개장한 시카고 루리가든은 도시 속 공공정원의 새로운 모델을 보여 주는 한 예다. 주차장 건물 위에 만들어진 대규모 옥상정원이지만 마치 땅 위에 있는 것처럼 느껴진다. 미국 중서부 프레리 초원지대에서 영감을 받아 이를 디자인으로 재해석했다. 자생종과 외래종을 혼합하고 여러해살이풀과 새풀을 조합해 자연과 문화의 혼성을 상징적으로 표현했다. 이러한 혼합은 쉽게 이해할 수 있기 때문에 시민들이 더 야생화를 찾게 하고, 나아가 생물다양성과 보전이라는 이슈에 관해서도 더욱 관심을 갖게 해 준다.

1장

식재의 큰 그림

전통적으로 공원이나 정원에 식물을 심는 방식에는 자연을 질서정연한 모습으로 길들이고자 하는 문화가 반영되어 있다. 현대의 식재디자인은 형식에서 좀 더 자유로울 뿐만 아니라 자연을 더 반영하려 한다. 아울러 어떻게 자연과 협력하며 지속가능한 정원을 가꾸어 나갈 수 있을지 고민한다.

야생서식처나 그에 준하는 서식처를 잠깐만 보아도 다양한 식물종이 섞여 있다는 것을 알 수 있다. 야생생물에 전혀 관심이 없고 대부분의 시간을 도시에서 보내는 사람일지라도 봄이나 초여름에 보통의 들판가축을 여유롭게 놓아먹이는 옛 방식의 방목지나 사료용 말린 풀을 만드는 건초지을 마주하게 되면 여러 종류의 야생화가 완전히 뒤섞여 자라고 있음을 알게 된다. 풀도 좀 더 자세히 들여다보면 그 종류가 하나 이상이라는 사실을 바로 알 수 있다. 어떤 풀은 다발처럼 촘촘하게 모여서 자라고 있고, 또 어떤 풀은 맨땅으로 번져 나가는 것처럼 보이기도 한다. 이런 풀들은 특히 보기 좋다. 반면에 어떤 식물은 균일한 느낌으로 전체가 한 덩어리처럼 보인다. 꽃이 핀 식물들유럽에서는 주로 애기미나리아재비(*Ranunculus acris*)와 붉은토끼풀(*Trifolium pratense*)일 것이다은 들판 전역에 흩어져 자라지만 고르게 분포하지는 않는다. 어떤 곳은 확실히 다른 곳보다 꽃이 더 가득하다. 농사를 짓지 않고 놀리는 땅이나 그 밖의 장소도 이런 복잡한 식물의 삶을 이해하는 데 큰 도움이 된다. 북미 여러 지역에서 볼 수 있는 식물의 다양성은 시각적으로 매우 인상적이다. 특히 식물의 생장이 끝나갈 무렵 다양한 풀과 야생화, 야생화의 씨송이가 넓은 지역에 펼쳐지는 모습은 장관이다.

잉글랜드 노퍽주Norfolk 펜스소프 자연보호구역Pensthrope Nature Reserve 내 정원2000에 자연발아 해서 자라난 여러해살이풀.

이른 봄은 여러해살이풀 조합이 어떻게 구성되어 있는지 관찰하기에 좋은 시기다. 아래 왼쪽 사진에서는 식물들을 블록으로 모아 심었다. 뉴욕시 공원관리국에서 식재한 것인데 보통의 디자이너라면 이렇게 심지 않을 것이다. 아래 오른쪽 사진은 뉴욕 하이라인의 식재로, 좀 더 자연스럽게 여러 종이 섞여 자라고 있다. 여전히 각각의 종을 모아 심기는 했지만, 서로의 영역으로 번져 나갈 여지가 있고 일부는 더 흩어져 자라고 있다.

블록이냐 혼합이냐?

건초지나 방목지 같은 반자연초원 관찰은 자연식물군락의 시각적 특성을 살펴보기 위한 좋은 시작점이다. 숲에서도 비슷한 양상이 나타나지만 흔히 하는 말처럼 나무는 보되 숲은 볼 수가 없고 전체를 내려다볼 만한 곳을 찾기도 어렵다. 자연을 관찰할 때는 다음의 특성들을 염두에 두면 좋다.

- **혼성** - 야생화 초지에서 미나리아재비가 전부 한곳에 몰려 있고, 토끼풀은 다른 곳에, 엉겅퀴는 또 다른 곳에 몰려 있으면 분명 어색할 것이다. 식물군락은 여러 종이 아주 촘촘하게 뒤섞여 자란다.
- **다양성** - 식물의 종류는 군락별로 큰 차이가 나지만 대개 눈에 보이는 것 이상의 다양성을 지닌다. 좀 더 유심히 들여다보면 더 많은 종을 발견할 수 있다. 특히 초원 서식처가 그렇다.
- **복잡성** - 1제곱미터 들판에 자라는 식물의 총 개수까지는 아니더라도 종의 개수를 헤아린다고 가정해 보자. 여러 종이 너무 뒤섞여 자라기 때문에 계산하기가 쉽지 않을 것이다.
- **변화** - 복잡성은 고르게 분포하지 않는다. 북미 프레리 같은 초원지대를 거닐면 어떤 종이 나타났다 사라졌다 하면서 분포 양상이 계속 변화하는 것을 볼 수 있다.
- **통일성** - 식물 분포가 믿기 어려울 정도로 복잡해도 전체적으로 보면 통일성이 있다. 전체를 볼 수 있게 멀찌감치 뒤로 물러서면 수천 개의 식물 개체가 더 뚜렷한 무언가로 바뀌는 것을 볼 수 있다. 전체는 녹색의 한 덩어리로 읽히고 그 사이에 색색의 점들이 흩뿌려진 모습이다. 한 해가 끝나 갈 무렵에는 갈색 덩어리에 씨송이들이 흩뿌려진 모습일 것이다. 이처럼 복잡함 속에 내재된 단

꽃이 핀 프레리는 식물의 분포 양상을 볼 수 있는 좋은 장소다. 사진에서 몇몇 새풀 종류는 형태가 눈에 띄고 연보라색 꽃범의꼬리Physostegia virginiana와 크림색 파르테니움 인테그리폴리움Parthenium integrifolium은 색이 돋보인다. 회색빛 털족제비싸리Amorpha canescens는 색과 형태 모두 존재감을 드러낸다. 이처럼 다양한 종이 뒤섞이고 흩어져 자라는 양상은 야생식물군락에서 아주 흔하게 볼 수 있다. 사진은 일리노이주 시카고 오헤어공항 인근에 있는 슈 팩토리 로드 프레리Shoe Factory Road Prairie의 8월 풍경이다.

빙하에 밀려 쌓인 모래와 자갈층 위에 형성된 일리노이주 글레이셜파크Glacial Park 프레리의 9월 풍경. 씨송이를 보면 알 수 있듯이 에키나세아 팔리다Echinacea pallida가 느슨하게 무리 지어 자라고 있다. 이처럼 드문드문 흩어져 자라는 모습은 극적인 느낌을 줄 수 있고, 정원에서도 쉽게 적용해 볼 수 있다. 뒤쪽의 미국붉나무Rhus typhina 무리는 서서히 초원으로 자리를 넓혀 가는 것처럼 보인다. 미국붉나무는 뉴욕 하이라인에도 있는 식물로, 해마다 가지치기를 해서 지나치게 번지지 않도록 가꾸고 있다.

순성과 명료성이 통일감을 느끼게 해 준다. 야생식물군락에서 참된 아름다움을 느낄 수 있는 이유는 다른 특성들보다도 바로 이런 통일성 때문일 것이다.

• 차이 - 크게 덩어리를 이룬 식물들 위로 우뚝 솟아오른 식물은 통일감을 형성하는 데 특히 효과적이다. 말 그대로 우뚝 솟을 필요는 없고, 색·형태·높이·부피 면에서 대비되는 식물도 좋다. 유럽 초지에 자라는 미나리아재비는 순전히 규모만으로도 꽤 차분하게 그런 효과를 내지만, 다른 환경에서 자라는 종들은 더 극적인 방식으로 뚜렷한 대비를 보일지도 모른다. 가장 효과적인 방법은 형태나 높이에 색을 결합하는 것이다. 초여름 프레리에 수백여 개 밥티시아 알바Baptisia alba 꽃이삭이 새풀들 위로 솟아올라 장관을 이루는 모습이 그 예다.

모더니스트의 단일경작 - 20세기 식재

우리는 대부분의 재배식물이 반듯한 블록 형태로 자라는 모습에 익숙하다. 농경지에서는 그 블록의 규모가 아주 크다. 네덜란드의 풍경화가 브뤼헐Brueghel이 그린 중세 소작농의 밀 수확 장면처럼 시간과 장소에 따라 규모의 차이만 있을 뿐, 늘 그렇게 블록 형태로 재배해 왔다는 사실을 알 수 있다. 흔히 접하는 수많은 조경식재도 대개 떨기나무 블록들로 구성되고, 도시 근교에 조성되는 일반적인 규모의 정원에서도 주로 식물을 홀수로 모아 심으라고 조언한다. 이처럼 한 종류의 식물을 블록으로 모아 심는 단일종 블록식재 전통은 20세기에 주로 활용되었다.

공공조경이나 규모가 작은 개인정원에서 식재의 기본 단위로 단일종 블록을 선택하는 이유는 인건비 절감인 경우가 많다. 19세기 식재의 대부분은 구성이 너

2006년 아일랜드 서부에 조성된 이 정원에는 식물을 종별로 모아 심는 블록식재 방식이 적용되었다. 하지만 식물 그룹들이 정원 전반에 반복 배치되어 강한 리듬감과 통일감이 느껴진다. 사진은 7월의 모습으로, 가운데에 버지니아냉초Veronicastrum virginicum가 있고 오른쪽 아래에 자주꿩의비름 '레드 콜리'Sedum 'Red Cauli', 앞쪽에 몰리니아 '모어헥세'Molinia 'Moorhexe', 그 오른쪽으로 헬레니움 '무어하임 뷰티'Helenium 'Moerheim Beauty'가 자란다. 아울러 키가 아주 큰 새풀인 큰나래새Stipa gigantea가 다른 식물들 위로 솟아올라 전체 식재를 하나로 엮어 주는 역할을 한다.

무 복잡했기 때문에 디자인과 유지관리에 상당한 시간과 기술이 필요했다. 영국의 거트루드 지킬Gertrude Jekyll, 1843~1932 같은 디자이너가 발전시킨 비정형식재 방식에서는 띠무리drift 기법을 활용했다. 띠무리는 가장자리가 부드럽게 다듬어진 띠 모양 블록을 가리키는데, 다양한 시점에서 이웃한 여러 식물의 관계를 보고 즐길 수 있게 한다. 20세기 전반에 우세했던 비정형성과 단순성은 서로 연관된 식재의 두 경향으로 볼 수 있다. 제2차 세계대전 이후 독일 공공식재에서 여러해살이풀을 유기적인 형태의 블록으로 모아 심었던 것이나, 20세기 중반 추상미술과 분명한 연관성이 있는 대규모 블록 심기가 적용된 호베르투 부를리 마르스Roberto Burle Marx, 1909~1994의 작업 방식에서 모더니즘의 영향력을 엿볼 수 있다. 공공조경에서 떨기나무를 블록으로 모아 심는 방식은 1960년대 네덜란드에서 널리 쓰였고, 조경 분야에서 영향력이 대단했던 하나의 흐름이었다.

모더니즘의 영향으로 20세기 대부분의 식재디자인이 보다 단순해지고 정형적인 틀에서 벗어나게 되었다. 하지만 모두가 이러한 방향에 동의하지는 않았다. 1970년대부터는 생태적 측면을 중요하게 생각한 정원사들이 자생식물의 활용을 장려하고 정원이 생물다양성 보전을 위한 장소가 될 수 있음을 알리기 시작했다. 이를 추구했던 단체로는 네덜란드의 오아서Oase, 오아시스가 대표적이다. 같은 시기 독일에서는 보다 자연스럽고 야생생물 친화적인 방식으로 공공공간 식재를 해야 한다는 목소리가 커졌다. 정원서식처Lebensbereich로 알려진 이러한 독일의 방식은 시험정원과 연구소, 뮌헨공과대학교로 구성된 복합단지가 위치한 바이엔슈테판Weihenstephan에서 리하르트 한젠Richard Hansen, 1912~2001 교수의 주도로 전개되었다. 독일식 접근법의 근간에는 식물군락 연구에 초점을 둔 식물생태학이 있다. 최근에는 여러해살이풀 기반의 식재에서 식물을 무작위로 섞어 심는 방식도 볼 수 있는데, 이 내용은 책의 뒷부분에서 다룬다.

한 식물을 한곳에 - 단일종 블록의 장단점

단일종 블록은 구식인 감이 있지만 결코 간과해서는 안 된다. 단순한 구성이 시각적으로 돋보이기 때문에 특히 공공공간을 다루는 전문가들이 선호하는 방식일 수 있다. 개인정원이나 그 밖의 사적인 장소에서는 이러한 단순함이 복잡한 식재계획과 대비를 이룬다는 게 장점일

2010년에 조성된 독일 보트로프Bottrop의 베르네파크Berne Park. 좀새풀 '골트타우'*Deschampsia cespitosa* 'Goldtau'로 구성된 단일종 블록을 반복 배치하여 강한 인상을 준다. 앞쪽에 자주꿩의비름 '마트로나'*Sedum* 'Matrona'와 새풀 종류인 세슬레리아 아우툼날리스*Sesleria autumnalis*를 혼합한 것도 흥미롭다. 사진은 8월의 모습이다.

것이다. 사실 단일종 블록의 참된 가치는 이 책의 중심 주제인 혼합식재를 보완해 준다는 점에 있다. 다양한 종을 섞어 심는 혼합식재는 구조적으로 늘 탄탄하지는 않고 한 해의 특정 시기에는 빈약해 보이기도 한다. 이때 형태가 견고하게 유지되는 단일종 블록을 활용하면 혼합식재와 어우러지며 흥미로운 긴장감을 자아낼 수 있다.

시간과 기술 부족으로 유지관리가 제한되는 상황에서는 단일종 블록의 장점이 더욱 잘 드러난다. 생김새가 다른 식물은 모두 뽑아내면 되기 때문이다. 새풀의 경우 특히 도움이 된다. 수년에 걸쳐 자연형식재와 새풀의 가치를 부지런히 알린 많은 이들이 신중하게 선별한 표본을 경험이 부족하거나 잘못 교육받은 직원들이 잡초로 오인해 제거하거나 제초제를 뿌리는 모습을 보면 말문이 막혀 버리곤 한다. 애석하게도 한 해의 이른 시기에는 새풀류에 익숙한 많은 정원사들조차 어떤 게 새풀이고 어떤 게 잡초인지 구별하기 어려워한다. 하지만 새풀을 단일종 블록으로 모아 심으면 이러한 비극을 보다 쉽게 방지할 수 있다.

확실한 디자인 의도가 있거나 실용적이고 기능적인 목적이 아니라면 정원사와 디자이너가 이 고리타분하고 상상력이 결여된 블록식재 방식을 가급적 지양했으면 한다. 개인정원에서는 보다 창의적인 방식으로 식물을 심는 데 걸림돌이 될 뿐이고, 공공공간에서는 아주 오래전부터 식물을 그저 녹색 시멘트로 여겨 온 조경 분야 사람들이 의지하는 목발에 불과하기 때문이다. 워낙 규모가 커서 시각적으로 강한 효과를 주는 경우도 있지만 이는 다른 차원의 이야기다.

블록식재가 따분하고 낡은 방식이라는 점 이외에도 이러한 방식을 반대하는 더 중요하고 객관적인 여러 이유가 있다. 그중 하나는 공연을 마치고 술집에서 만취해 버리는 유명 배우처럼 한 종류의 식물로 이루어진 덩어리 전체는 절정기가 끝난 뒤에 아주 황량해 보일 수 있다는 점이다. 키가 작거나 중간 정도인 여러해살이풀 중에서 꽃이 진 뒤에도 괜찮게 보이는 식물 종류는 비교적 제한적이기 때문에 몇몇 종만이 계속 되풀이해서 보이는 경향이 있다. 거트루드 지킬이 즐겨 쓴 띠무리 기법의 주요 장점들 중 하나는 블록의 형태가 보다 쉽게 유지된다는 점이고, 다른 한편으로는 가늘고 긴 형태로 늘여 심기 때문에 절정기가 지난 식물을 잘 가려 줄 수 있다는 점이다.

블록식재와 비교했을 때 혼합식재가 지니는 장점은 식물들이 무작위로 뒤섞인다는 점이다. 가을에서 겨울로 접어들면 식물의 실루엣이나 질감, 형태적 요소들이 주된 볼거리가 된다. 사진은 독일 헤르만스호프의 건조한 프레리 식재 모습이다. 새풀 종류인 가는잎나래새 *Nassella tenuissima*가 에키나세아 팔리다*Echinacea pallida*와 에키나세아 파라독사*E. paradoxa*의 검은 씨송이와 대비를 이루고 있다. 오른쪽의 회색빛 씨송이는 반떨기나무 떨기나무와 풀의 중간에 있는 식물로, 줄기와 가지는 목질이고 끝부분은 초질인 식물인 털족제비싸리*Amorpha canescens*다.

정원디자인뿐만 아니라 공공조경에서도 우연히 일어나는 뜻밖의 일들을 경험할 수 있는 여지를 늘 남겨 두어야 한다. 사진은 아우돌프의 집 남쪽 테라스 부분인데, 시간이 지나면서 포장블록 사이로 풀들이 자라나 예기치 않은 '초지'가 생겼다. 수명은 짧지만 자연발아가 왕성한 가는잎나래새Nassella tenuissima는 청보라색과 분홍색 꽃이 피는 살비아 프라텐시스Salvia pratensis 옆에서 발아했고, 뿌리 뻗을 곳을 모색하던 유포르비아 시파리시아스Euphorbia cyparissias는 포장블록 사이에서 싹을 틔웠다.

혼합을 제대로 이해하기 - 혼합식재의 장단점

식물을 블록으로 모아 심는 방식에서 혼합으로 섞어 심는 방식으로 변화하는 것은 식재디자인 분야의 커다란 전환점이다. 여기서 '순수한' 혼합이란 한 구역에 사용된 모든 식물 개체가 완전히 뒤섞인 상태를 뜻한다. 식물에 관해 충분한 지식이 있는 정원사와 디자이너라면 이러한 혼합이 그다지 어렵게 느껴지지는 않을 것이다. '식물조합'이라는 개념은 지금까지 꽤 오랫동안 디자이너나 아마추어 정원사에게 창조적 영감을 주는 중요한 원천이었다. 정말 괜찮은 조합은 마치 식물들 사이에 전기가 통하는 것 같다는 느낌을 준다. 둘 이상의 식물이 색이나 형태 면에서 서로 보완해 주며 불꽃을 일으키는 것이다. 특히 차분한 느낌의 조합은 오래도록 괜찮아 보이기 때문에 쓰임새가 좋다. 좋은 식물조합을 구성하여 반복하는 것, 이것이 효과적인 혼합식재를 구현하기 위한 첫걸음이다. 두 종류의 식물로도 극적인 연출이 가능하지만 디자인 개념으로 보았을 때 깊이가 없고 1년 내내 괜찮아 보이기도 어렵다. 식물만 잘 선택한다면 4~5종으로 구성된 조합으로도 한 해의 대부분을 흥미롭게 연출할 수 있다.

본격적인 이야기에 앞서 혼합식재에 두 가지 아주 다른 접근법이 있다는 사실을 강조하고 싶다. 하나는 신중히 연구한 혼합을 대규모 면적에 적용하는 방식인데, 구성식물들을 무작위로 섞어 심거나 블록 형태로 디자인해서 반복한다. 마치 모자이크 기술자나 타일공이 일련의 작은 모듈을 반복하여 문양을 만드는 방식과 비슷하다. 차나 위스키를 만들 때 혼합하는 과정에 비유할 수도 있는데, 소량의 혼합물을 집중적으로 만들고 최종 선택한 혼합물을 대량으로 만들어 내기 때문이다. 이러한 혼합식재는 두 가지 방법으로 적용할 수 있다. 하나는 조건만 맞으면 어디서든 쓸 수 있는 혼합체를 그야말로 대량생산하는 것이다. 또 다른 방법은 하나의 프로젝트에서만 사용할 수 있는 장소맞춤형 혼합체다. 혼합식재의 다른 접근법으로는 식물을 무작위로 배치하거나 모듈을 반복하는 게 아니라 각각의 식물마다 전부 심을 위치를 정하고 장소별로 조합을 달리하여 혼합하는 방식이다. 이러한 방식은 작은 그룹들이 다양한 빈도로 반복되면서 미묘한 전이효과를 만들어 낸다.

혼합식재의 접근법은 다음의 세 가지로 요약할 수 있다.
- 직접 심거나 파종하는 무작위 혼합
- 모듈의 반복
- 디자인된 혼합

물론 블록식재에서 블록 가장자리를 모호하게 처리하거나 그 사이사이에 다른 종들을 무작위로 흩어지게 심는 절충적인 방식도 있다.

정원사라면 누구나 무작위로 식재 연출을 하고 싶을 때 여러 식물의 씨앗을 혼합해 파종하면 된다고 쉽게 생각할 것이다. 실제로 이러한 방식은 셰필드대학교의 제임스 히치모 교수가 즐겨 쓰는 방식이기도 하다. 독일과 스위스에서 발전한 '혼합식재체계Mixed Planting system'와 '통합식재체계Integrated Planting system'는 어린 식물체를 활용하여 비슷한 효과를 내는 것을 목표로 한다. 모듈의 반복도 기술적인 어려움이 있기는 하지만 충분히 실현가능한 방식이고 이론상으로는 식물들을 나란히 배치하는 데 아주 효과적이다.

혼합식재는 의심의 여지없이 아주 아름답고 시각적인 면에서 대단히 효과적이다. 이러한 이유만으로도 혼합식재는 충분히 활용할 만하다. 계절별로 꽃이 피거나 매력을 드러내는 시기가 다른 여러 종을 손쉽게 조합할 수 있다는 장점도 있다. 잡초가 자라더라도 그다지 문제가 되지 않는다. 일반적으로 식재가 질서정연할수록 잡초 때문에 생기는 문제가 커진다. 한해살이풀을 아주 기하학적인 형태로 심은 여름화단에서 나오는 잡초는 마치 신호등 불빛처럼 도드라져 보인다. 하지만 좀 더 자연스러워 보이는 식재에서는 가끔 올라오는 잡초도 그다지 눈에 띄지 않는다. 혼합식재에서는 원하지 않는 식물이 들어서도 포용할 수 있다. 실제로 실용적인 관점에서 저절로 자라난 일부 식물종을 그대로 두고 번져 나가도록 할 수도 있다.

끝으로 혼합식재 방식, 보다 정확히 말하자면 무작위로 심거나 파종을 해서 만드는 식재 방식의 비용적인 장점을 생각해 볼 필요가 있다. 독일과 스위스에서 식재 혼합체가 개발될 수 있었던 이유 중 하나는 지자체나 정원박람회, 그 밖의 공공부지에 대규모로 조성하는 식재에 들어가는 비용을 줄이기 위해서였다. 실용성과 심미성을 모두 고려하여 신중히 선택한 식물들로 혼합체를 만들어 내기만 하면 디자인 비용을 처음 한 번만 들이면 된다. 최초 디자인 팀에게 돌아가는 일정 사용료가 포함된 비용만 지불하면 누구라도 필요에 따라 수백 제곱미터만큼의 혼합체를 구입할 수 있다. 정원·조경디자이너는 어떤 혼합체를 쓸지만 결정하면 되기 때문에 최소 비용으로 디자인 문제 해결이 가능하다.

이제 혼합식재 방식이 지닌 단점을 이야기해 보자. 먼저 제한된 종류의 식재 혼합체만 널리 쓰이게 되면 옥상정원의 세덤류sedum 식재처럼 곧 식상해질 수 있다. 상업적인 육묘장에서 식재 혼합체 상품들을 판매하고 있기 때문에, 처음에 아주 혁신적이었더라도 너무 많이 쓰이게 되면 고리타분하고 흔해 빠진 것으로 전락하게 될 것이다. 생물다양성 측면에서는 가치가 있을 수 있지만, 경관의 인문적 요소를 고려했을 때 사람의 마음을 사로잡기 위해서는 식재에 시각적인 매력도 필요하다. 결국 디자인을 선택하고 비용을 지불하는 주체는 사람이기 때문이다. 새로운 조합들로 끊임없는 변화와 신선함을 제공할 수 있도록 무작위식재 분야가 보다 활발히 연구되고 발전하기를 기대해 본다. 상업적으로 개발된 무작위 식재 혼합체는 적용될 환경 조건에 대충 들어맞을 수 있을 뿐이지 결코 꼭 맞는 '장소맞춤형'은 아니다.

무작위 식재 혼합체의 경우는 또 다른 문제가 있다. 특히 파종 방식이 아닌 식물을 직접 심었을 때 문제가 더 크다. 식물종의 장기적 생장과 분포에 관한 문제다. 자연에서 식물군락은 결코 무작위로 자라지 않는다. 어떤 종이 먼저 자리를 잡고 나서 다른 종이 뒤따른다. 이처럼 식물군락의 형성은 전체가 단번에 이루어지지 않고 시간의 흐름에 따라 누적된다. 시간이 지나면서 토양과 미기후 조건의 미세한 차이에 따라 그곳에서 자랄 식물종이 선택되고, 결과적으로 장소마다 분포하는 종의 개수가 달라진다. 초지나 프레리에서 야생화가 어떻게 흩어져 자라는지 생각해 보라. 그러한 곳들을 바라볼 때 눈이 즐거운 까닭은 야생화가 넓은 지역에 흩어져 뒤섞여 있을 뿐만 아니라, 조합의 구성이 계속 변하고 특정한 종이 모습을 드러냈다 사라졌다 하면서 미묘한 변화가 나타나기 때문이다. 식물들이 파종으로 도입되는 경우에는 미소서식처microhabitat, 생물 개체 수준에서 그 서식 활동에 영향을 주는 국소 지역의 미세한 차이가 어린 식물체에 곧바로 반영되며, 주어진 환경에 맞게 혼합체가 형성된다. 그 결과 식물이 장소마다 다른 양상으로 자라날 것이다. 이는 시각적인 다양성을 제공하며, 특정한 조건에 적합한 생태적

여러해살이풀은 그 자체만으로도 자라나는 과정에서 혼합 효과를 줄 수 있다. 잔가지를 내거나 줄기를 뻗으면서 뒤얽히기도 하고 씨앗으로 섞이기도 한다. 사진은 네덜란드 후멜로의 8월 모습으로, 다양한 여러해살이풀의 작은 그룹들이 서로 맞물리듯 뒤섞여 자라고 있다. 대부분 꽃 색깔이 비슷하기 때문에 분위기를 고조시키는 효과가 있다. 연한 색 리트룸 비르가툼 *Lythrum virgatum*이 가운데에 자라고 짙은 색 스타키스 오피시날리스 *Stachys officinalis*가 오른쪽에 자란다. 뒤쪽과 앞쪽에는 리아트리스 스피카타 *Liatris spicata*의 길쭉한 꽃이삭이 보인다. 좀 더 연한 분홍색 꽃이삭은 멘지스오이풀 *Sanguisorba menziesii*이고 뒤쪽에 있는 연분홍색 꽃은 시달세아 오레가나 *Sidalcea oregana*다.

사진은 노퍽주 펜스소프 정원의 모습이다. 원래는 고산일본체꽃 *Scabiosa japonica* var. *alpina*과 진분홍색 카르투시아노룸패랭이꽃 *Dianthus carthusianorum*을 각각의 블록으로 모아 심었는데, 몇 해가 지나면서 초지처럼 뒤섞여 자라기 시작했다. 두 가지 식물종 모두 줄기가 가늘기 때문에 자연에서는 새풀들 사이로 줄기를 뻗으며 자란다. 또 자연발아도 잘 된다.

으로 좋은 환경으로 이어질 것이다. 무작위식재가 지닌 위험성은 이러한 과정들이 일어나지 않을 수 있다는 점이다. 특히 세력이 강한 종은 전체를 우점하려 할 것이고 반대로 세력이 약한 종은 쫓겨나게 될 것이다. 이같은 문제는 나무류를 무작위로 심은 식재에서도 발생하곤 한다.

모듈을 반복하거나 세심하게 디자인해서 식물을 혼합하면 이러한 문제를 해결할 수 있다. 피트 아우돌프는 의심의 여지 없이 아주 세심하고 철저하게 디자인된 혼합식재를 한다. 그의 식재조합을 수학적으로 분석해 보면 식물종이 나란히 배치되거나 어우러지는 조합의 개수가 거의 무한대에 가깝다는 사실을 알 수 있다. 이 때문에 아우돌프의 식재가 시간이 지나면서 변화하는 모습은 무작위식재보다 자연발생적인 식물군락과 더 비슷할지도 모른다. 게다가 아우돌프가 디자인할 때 사용하는 식물종의 개수는 무작위 혼합체에서 주로 쓰는 15~20종보다 훨씬 더 많다. 한편 아우돌프는 넓은 면적에 쓰일 혼합식재 디자인을 할 경우 전체 규모를 고려하여 각각의 종마다 5~11개의 개체로 그룹을 만들고 그렇게 만든 그룹들을 섞어서 심는다. 전체적으로 보면 작은 그룹들이 섞인 형태의 혼합체인 셈이다.

미래의 디자이너들은 보다 시각적으로 풍성하고 향후 성장 가능성이 높은 혼합식재를 구현하기 위한 방법을 찾아내리라 확신한다. 특히 무작위로 심을지, 작은 그룹들을 혼합하여 디자인할지, 작은 그룹과 개체를 함께 사용할지를 결정해야 할 것이다. 정원사와 디자이너는 실로 새롭고 한없이 펼쳐진 식재디자인 분야의 출발점에 서 있을 뿐이다. 이 책에서 전반적으로 다루는 내용이 식재디자인 분야의 발전에 촉매제 역할을 할 수 있기를 기원한다.

질서와 자생성

창조적 긴장 - 질서와 무질서의 균형

정원의 역사에서 정원과 경관을 관리하는 일은 대개 자연을 질서정연하게 만드는 것이었다. 자연이 전지전능하고 인간에게 늘 자애롭지는 않아 보이는 곳에서는 이렇게 생각했다는 것이 충분히 이해가 간다. 하지만 공격적인 인류 때문에 자연이 몹시 위축되어 있는 지금의 상황을 생각하면 이제는 자연을 질서정연하게 만드는 일이 반드시 적절하다고 보기는 어렵다. 이전 세대의 사람들은 지극히 인간중심적이었다. 인간이 세상의 중심이라 생각했기 때문에 사람의 눈에 아름답거나 유용하다고 여겨지는 것들을 자연에도 적용하는 게 당연시되었다. 이제는 인간이 지구라는 아주 작은 행성에서 최근에 진화한 하나의 종에 불과하다는 사실을 깨닫게 되었고, 환경을 과학적으로 이해하려는 시도는 인간을 세계의 중심에서 끌어내렸다. 사람들은 정원과 경관이 아름다움에 관한 자신들의 기준에 여전히 부합하기를 바라지만, 한편으로는 자연적으로 일어나는 일들도 시각적인 즐거움을 제공한다는 사실을 받아들일 준비가 잘 되어 있다. 실제로 일부 사람들은 자연에 미적인 질서를 강요하던 이전 형태들을 매력적으로 느끼지 않는다. 자연스러움이 미덕으로 높게 평가되자 부자연스럽다고 묘사되는 그 자체만으로도 바람직하지 않다는 의미가 되었다.

자연에서 멀어질수록 식재에서는 관리해야 할 것들이 더 많아진다. 식물을 다듬어 모양을 낸 토피어리와 생울타리는 해마다 가지치기를 해 주어야 하는데, 자라는 속도가 빠른 식물들은 두세 번 정도 잘라 주어야 한다. 과거 정원 일의 대부분이 가지치기에 관한 것이었다는 사실은 그다지 놀랄만한 일이 아니다. 예나 지금이나 정원 관리자를 고용한다는 것은 그만큼 부유함을 과시하는 일이기도 하다. 아울러 통제와도 관련이 깊다. 사람들은 자연을 제 마음대로 통제하길 바라는데, 정원이야말로 그것을 보여 줄 수 있는 적절한 장소이기 때문이다. 질서가 강조된 식재는 관리 비용이 많이 들고, 사람들도 점점 자연을 통제해야 할 대상이 아니라 있는 그대로의 모습으로 편안하게 받아들이고 있다. 이 두 가지 사실은 외형적으로 무질서해 보이는 자연을 점점 더 아름답다고 인식하는 큰 흐름이 생겨났다는 것을 알게 해 준다.

자연스러워 보이는 식재를 향한 관심은 여러 단계를 거치며 계속 높아졌다. 각 단계마다 어떤 것을 자연적이라 말할 수 있고 말할 수 없는지에 관한 생각들을 유산으로 남겼는데, 때로는 그 내용들이 상충되기도 한다. 예를 들어 18세기 영국 풍경정원English landscape garden에서는 직선이 불필요할 뿐만 아니라 바람직하지 않다는 당시 기준으로 보았을 때 대단히 혁신적인 생각을 도입했다. 자연적인 방식의 정원 가꾸기를 지향하는 많은 이들은 직선에 여전히 강한 거부감을 느낀다. 하지만 생태학자들은 새들의 입장에서는 둥지를 지을 나무가 줄지어 자라든 비정형적으로 모여 자라든 신경 쓰지 않는다고 지적할 것이다. 디자이너라면 직선 형태가 야생적으로 보이는 식재에 어떤 식으로 질서감과 의도를 담아낼 수 있는지 열정적으로 이야기할 것이다.

영국에서는 로런스 존스턴Lawrence Johnston의 히드코트Hidcote, 1907-, 해럴드 니컬슨Harold Nicolson과 비타 색빌웨스트Vita Sackville-West의 시싱허스트Sissinghurst, 1930-로 대변되는 미술공예운동Arts and Crafts movement의 정원 전통이 정원사들이 직면했던 핵심적인 모순을 해결해 주었다. 그들은 비정형식재주로 여러해살이풀을 향한 사랑와 이제는 생울타리나 토피어리, 정원 구조물로 국한된 정형정원formal garden의 요소들을 향한 계속된 갈망 사이에서 균형을 유지하는 방식을 보여 주었다. 네덜란드에서는 민 라위스Mien Ruys, 1904-1999가 모더니즘 양식을 접목하여 정형성과 자연주의 사이의 갈등을 해결하는 방법을 제시했다. 지금 이 시대에 정원을 만드는 이들에게는 자연의 야생성과 문화의 질서정연함 사이에서 균형을 유지할 수 있는, 잘 다듬어지고 풍부한 뉘앙스를 지닌 다양한 해법들이 존재한다.

외형적 무질서 - 자생성을 디자인한다는 역설

18세기 영국의 지주들과 그들의 조언자들은 나무를 구불구불한 형태의 무리로 배치하여 경관을 만들었다. 그들과 그들의 추종자들은 자신이 이룩한 성취가 보는 이들의 눈에는 자연스러워 보인다고 이해시키려 했다. 물론 현실은 그렇지 않다. 자연은 무성한 숲과 넓게 펼쳐진 초원 사이에 있는 뚜렷한 경계를 그리 오래 내버려 두지 않는다. 풀이 자라던 곳에는 결국 어린 큰키나무와 떨기나무, 덩굴식물로 채워지고 그 경계가 모호해지면서 나무로 가득 찰 것이다. 또한 무리를 이룬 나무들은 예술적인 관점의 개념에 부합하도록 호수와 들판과 함께 배치된다. 자연주의는 대개 이처럼 인위적 장치에 지나지 않는다.

자연스러워 보이게 하는 또 다른 시도로 1980년대부터 독일 정원박람회에서 사용되어 온 극적인 연출을 시도한 식재들이 있다. 1회성 행사를 위해 배치된 것임에도 불구하고 시민들이 계속 이용할 수 있도록 그 훌륭한 식재를 남겨 놓았다. 디자이너들은 자연스러워 보이는 식재를 하려고 노력했다. 자연의 모습을 본뜬다고는 결코 이야기하지 않았고, 대신 자연스러워 보일 수 있도록 식물들을 그룹으로 구성하는 방식을 시도했다. 그렇게 보는 이들에게 실제 자연과 같은 모습을 보고 있다는 확신을 주려고 했다. 하지만 최종 분석에서 어떤 식물들을 함께 그룹으로 만들지, 그 조합과 개수는 어느 정도로 할지 결정하는 것은 미적인 차원의 문제다. 코티지정원cottage garden, 자연스러운 형태와 전통 소재 활용이 특징인 영국식 시골정원이라 불리는 정원 양식을 만든 이들은 전혀 다른 경로로 비슷한 성취를 이루어 냈다. 마저리 피시Margery Fish, 1888-1969와 그 추종자들에게 '자연적'이거나 자연에 가까운 뭔가를 만들어 낸다는 환상은 전혀 없었다. 그들의 방식은 또 하나의 인위적 장치로, 시골 노동자와 그들의 가족처럼 소박한 오두막 주인들이 만들었을 법한 정원을 만드는 것이었다. 두 가지 전통 모두 식물조합에 별다른 예술적 측면을 고려하지 않았음에도 불구하고 많은 이들에게 사랑받았다. 하지만 그러한 자생성은 진짜가 아니라 만들어진 겉모습에 불과한 것이었다.

사실 대부분의 사람들이 자연을 사랑하지만 자기 정원이나 공원, 도시 속에서 자연을 자유롭게 내버려 두길 원하지는 않는다. 20세기 동안 발전되었던 다양한 식재 디자인 문화에서 자연을 표현하는 방식은 이런 문제를 해결하기 위한 가장 현실적인 방법이었다.

정적인 식재와 역동적인 식재 - 자생성과 변화 관리하기

살아 있는 생명의 복합체인 정원은 시간이 흐르면서 계속 변화한다. 전통적 개념의 정원은 정적인 경향을 띠는데, 대저택을 에워싼 식물의 대부분은 저택 건물의 구조를 연상시키는 모양으로 다듬어졌다. 나무는 몇 세대에 걸쳐 주기적으로 생겼다가 없어지거나 하지만, 수명이 짧은 한해살이풀이나 알뿌리식물은 몇 달간 즐길 목적으로 엄격하게 구획된 장식화단 안에 한 번에 식재되었다. 이처럼 많은 정원에서 두 가지 극단을 볼 수 있다. 반영구적인 건축물과 수명이 짧은 계절식재가 바로 그것인데, 둘 다 높은 수준의 관리가 요구된다. 20세기 정원들은 보다 자유롭게 가꿀 수 있는 떨기나무와 여러해살이풀을 이용해 관리 부담과 정형성을 줄였다. 몇 년 동안 거의 방치해도 가지치기와 풀뽑기, 포기나누기를 해서 정원을 정돈시키고 몇 가지 식물을 새로 심기만 하면 수년 동안 비교적 평범한 방식으로도 관리할 수 있다. 그 결과 그다지 가꾸지 않은 것처럼 보이는 떨기나무와 끊임없이 자리를 넓혀 나가는 튼튼한 여러해살이풀 무리들이 한데 어우러진 기능적이지만 활기 없는 정원이 되고 만다.

여러해살이풀 중심의 식재는 시간이 지나면서 노화된다. 노화의 과정은 주로 두 가지 양상으로 진행된다. 어떤 종은 사라질 것이고, 어떤 종은 번져 나갈 것이다. 개중에는 그저 원래 자라던 곳에서 주변으로 뻗어 나가는 종도 있고 일부는 자연발아로 번식할 것이다. 덜 숙련된 관리 방식을 적용하면 잡초만 제거할 뿐이고 앞서 언급한 두 가지 이슈를 크게 고려하지 않는다. 게다가 미역취 솔리다고 카나덴시스(Solidago canadensis)에서 유래한 옛 정원식물나 대

시간이 지나면서 식재의 종다양성이 줄어든다는 것이 늘 맞는 이야기는 아니다. 때로는 매력적이면서도 그다지 공격적이지 않은 야생종이 나타나서 화단에 자리를 잡기도 한다. 그중 하나가 이른 봄에 꽃이 피는 뻐꾹냉이Cardamine pratensis로, 습한 땅에서 특히 잘 자란다.

위로 솟아오른 베르바스쿰 레이크틀리니Verbascum leichtlinii는 현삼과Scrophulariaceae에 속한 대규모 식물속의 여러 종들 중 하나로, 현삼과 식물은 대부분 두해살이풀이거나 수명이 짧은 여러해살이풀이다. 견고한 씨송이 속 무수한 씨앗을 바람에 퍼뜨리는 방식으로 살아남는다. 정원사 입장에서 이 식물이 지닌 장점은 스스로 자리를 옮겨 가며 자라기 때문에 정원에 자생적인 느낌과 자연스러움을 더해 준다는 점이다. 이른 6월의 후멜로 정원에서는 크나우티아 마세도니카Knautia macedonica, 앞쪽에 진홍색으로 꽃이 핀 수명이 짧은 여러해살이풀와 함께 꽃이 피었다. 다듬어 모양을 낸 주목 생울타리와 자연발아 하는 식물의 조합은 창조적 긴장을 뚜렷하게 보여 준다.

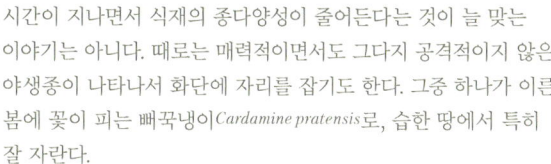

상화Anemone ×hybrida가 그러하듯 서서히 번져 나가다가 정원 주인이 미처 눈치채기도 전에 정원을 전부 차지해 버릴 수도 있다. 그 결과는 대부분 다양성의 손실로 이어진다. 영양번식과 자연발아, 식물의 죽음에 관한 이야기는 나중에 살펴볼 것이다.

여러해살이풀과 일부 떨기나무는 저마다 성장과 대체가 이루어지는 생활사가 있고, 정원의 다른 곳에서 자연발아 한다. 이러한 역동성은 20세기 대부분에 걸쳐 조심스럽게 다루어졌지만, 이제는 정원사나 디자이너가 식물 생태에 관한 더 나은 이해를 바탕으로 이전 세대가 '무질서'로 여기며 꺼리던 식물의 자생성을 적절히 활용할 수 있는 유리한 위치에 서게 되었다. 그럼에도 불구하고 한 가지 핵심 문제가 남는데, 시간이 지나면 식물종이 사라지고 그에 따라 시각적 다양성도 함께 줄어드는 경향이 있다는 점이다.

시간이 지나면서 어떤 식재에서 얼마나 많은 종이 사라지는가는 처음에 어떤 식물을 심었는가에 달려 있다. 특히 수명이 길고 튼튼한 종을 선택했는지 여부에 따라 차이가 난다. 20세기 초반에는 수명이 짧거나 한번 뿌리내린 곳에서 굳건히 자라지 못하는 여러해살이풀들을 주로 심었다. 20세기 후반에 이르러 보다 튼튼하고 타고난 수명이 길거나 제자리에서 굳건히 자라는 종으로 대체되었는데, 주로 지나친 교잡이 덜 이루어진 것들이었다. 이 책을 쓰는 시점을 기준으로 했을 때, 후멜로 아우돌프 정원의 오래된 구역 중에서 20~25년 전에 배치된 이래로 다시 식재된 곳은 거의 없다.

여러해살이풀식재가 얼마나 오래 지속될 수 있을까? 또한 복원이 필요한 시점에서는 무엇을 해야 할까? 두 가지 관리 방식을 생각해 볼 수 있다. 하나는 최소한의 노력만 투입하는 비교적 수동적인 방식이고, 보다 능동적

네덜란드 후멜로에 위치한 아우돌프 정원의 새로운 여러해살이풀 초지에서 야생 새풀과 저절로 난 식물들 사이로 여러해살이풀들이 자라난 모습이다. 앞쪽의 흰색 꽃은 야생 캐모마일이다. 다른 종들로는 노랑배초향*Agastache nepetoides*, 왼쪽의 씨송이, 아스테르 '리틀 칼로'*Aster* 'Little Carlow', 가운데, 아스테르 노베앙글리에 '비올레타'*Aster novae-angliae* 'Violetta', 오른쪽, 자줏빛 분홍색 꽃의 점등골나물 '리젠쉬름'*Eupatorium maculatum* 'Riesenschirm', 앞쪽이 있다.

가로수는 전통적인 조경식물 배치 방법이다. 로테르담 베스테르카더Westerkade에 줄지어 선 나무들은 새풀과 여러해살이풀로 이루어진 늦가을 화단의 무질서한 모습과 대비되는 효과적인 배경 역할을 하고 있다.

인 방식은 식재가 본래 지니고 있는 역동적 특성을 활용하는 것이다. 수동적인 접근 방식에는 다음의 방법들이 있다.
- 풀뽑기
- 자연발아가 가장 왕성한 종 없애기
- 해마다 죽은 식물체 잘라 주기
- 우세하는 식물 적정 비율로 조정하기

정말 잘 계획된 여러해살이풀식재라 해도 종다양성의 감소는 불가피하다. 제자리에서 굳건히 잘 자라거나 자연발아가 가장 왕성한 종들이 살아남게 될 것이다. 해마다 죽은 식물체를 잘라 그 부산물로 땅을 덮어 주거나 퇴비로 만들어 멀칭하면 양분 재순환이 이루어진다. 멀칭재를 걷어 내고 다시 되돌려 놓지 않아 양분이 서서히 줄어들어도 어떤 토양에서나 수년 동안은 생장이 양호하게 유지된다. 수명이 길고 제자리에서 굳건히 자라는 여러해살이풀은 많은 양분을 필요로 하지 않기 때문이다.

보다 적극적으로 식재에 관여하는 방법은 죽음과 재생이라는 자연의 과정, 다시 말해 생태적 과정들을 인식하는 것이다. 셰필드대학교 조경학과의 제임스 히치모와 나이절 더닛은 이러한 방식을 '역동적 식재'라 부른다. 변화와 자생성을 포용하는 것이다. 하지만 식재는 스스로를 돌보지 않는다. 역동적 식재에 관여한다는 것은 자연의 과정들에서 비롯된 결과를 제어하거나 조정하여 식재의 매력이 유지되고 나아가 더 향상될 수 있는 방향으

로 이끌어 간다는 의미다. 이를 어떻게 구현할 수 있을지는 뒤에서 자세히 다루도록 하겠다. 역동적 식재관리의 핵심은 여러해살이풀이 다양한 생활사를 지니고 있다는 사실을 이해하는 것이다.

하지만 제아무리 능숙하게 관리하더라도 어떤 식으로든 복원이 불가피해지는 때가 온다. 이를 예측하기는 대단히 어려운데, 식물과 환경 사이의 상호작용이 복잡하기 때문이기도 하고 식재를 바라보는 시선이 주관적일 수밖에 없기 때문이다. 사람들의 기대와 요구 수준이 높은 경우라면 10년 정도가 적당하다. 그렇다면 10년 뒤에는 어떤 일이 일어날까? '복원'은 아직도 많은 이들이 선호하는 방식이지만, 처음에 조성했던 그대로 다시 만드는 것이기 때문에 과거로 후퇴한다는 의미이기도 하다. 식재가 된 이후논의를 위해 설정했던 10년이 흐르면에는 다음과 같은 일들이 발생할 것이다.
- 어떤 종이 문제를 일으키는지 드러난다.
- 새로운 종과 품종을 구매할 수 있다.
- 식재디자인에 관한 생각들이 변한다.

이전과 동일한 상태로 복원한다는 것이 부적절하다는 사실은 거의 분명하다. 사실 그다지 바람직해 보이지도 않는다. 따라서 복원보다 개선이 더 적합한 단어일 것이다. 기존 식물들이 새로운 식물들과 함께 살아가고 식재에 시간의 흐름이 반영될 수 있도록 새로운 품종과 아이디어를 도입할 필요가 있다.

식재의 맥락

인간과 디자인 맥락

식재는 사람들에게 기쁨을 줄 수 있어야 한다. 앞서 언급했듯이 사람 역시도 생태계의 일부이기 때문이다. 자연환경이 인간에게 가치 있는 것으로 여겨지려면 우선 사람들의 마음을 사로잡아야 한다. 기능적인 면에 주안점을 둔 식재는 이용자에게 만족스럽지 않다면 지속가능성이나 생물다양성 같은 기술적 기준을 충족시키더라도 결국 사라지게 될 것이다. 이 과밀한 지구에서 땅을 다른 용도로 쓰고자 하는 사람은 여전히 많고, 단지 관심이 부족해 식재가 위협을 받는다 해도 그 누구도 캠페인을 벌이면서까지 돌보려 하지 않을 것이기 때문이다.

정원사나 디자이너의 역할은 분명하고 그 어느 때보다도 중요하다. 어떠한 목적을 충족시키는 동시에 보기에도 좋은 식재를 만들어야 한다는 의미다. 현업 실무자들이 환경에 기여하는 식물조합을 점점 더 많이 활용할수록, 의도를 드러내면서도 매력적으로 보이게 연출하는 일이 보다 중요해질 것이다.

단정함과 존재감은 보통 주관적으로 해석될 수 있지만 중요한 이슈다. 사옥 주변의 식재나 무언가를 기념하기 위한 식재에서는 계절에 따라 가끔 발생하는 지저분함도 용납되지 않는다. 식재를 일정 수준으로 관리할 수 있을 만큼 충분한 인력이 보장되지 않는다면 단정함을 무난하게 유지할 수 있도록 식물종을 제한해야 한다. 하지만 전체 경관이 유지될 정도로 구조가 탄탄한 대규모 혼합식재에서는 개화 이후의 모습이 매력적이지 않은 식물들도 포함시킬 수 있다. 좀 더 느슨한 환경에서는 덜 단정해 보이는 식물을 사용할 수 있는 여지가 더 많다. 이는 중요한 지점이다. 가장 인기가 많고 번식도 잘 되며 회복력이 뛰어난 여러해살이풀들 중 일부는 개화 이후에 볼품없어지기 때문이다. 그런 식물은 최대 30퍼센트를 넘기지 않는 편이 좋지만, 어떤 경우에는 대단히 잘 자라고 꽃도 오래 피기 때문에 정원사와 디자이너가 더 많이 심기를 바랄지도 모른다. 일부 쥐손이풀속 *Geranium* 식물이 좋은 예다. 수명이 매우 길고 땅을 잘 덮어 주기 때문에 관리 여건이 좋지 않은 곳에서도 대규모로 쓰일 수 있다. 구조가 독특하거나 꽃피는 시기가 다른 보통 나중에 꽃이 피는 식물을 몇 개만 추가해도 밋밋한 단일종 식재의 단

밝은 색상은 인기가 많아 자연형식재든 기능형식재든 어디에서나 활용할 수 있다. 사진은 7월에 꽃이 핀 한라노루오줌 '푸르푸를란체' *Astilbe chinensis* var. *taquetii* 'Purpurlanze'의 모습이다. 한라노루오줌은 튼튼하고 수명이 긴 여러해살이풀로 생태수로나 그 밖의 지속가능한 빗물정원에 아주 적합한 식물이다. 겨울철 씨송이가 대단히 매력적이다 48-49쪽 사진.

아우돌프는 2011년 런던 현대미술관 서펀타인갤러리 Serpentine Gallery의 의뢰를 받아 중정 공간 식재디자인을 했다. 사용된 대부분의 식물이 장기적으로 보았을 때는 알맞은 장소에 식재되었다고 볼 수 없지만, 여름에 한시적으로 전시되는 쇼가든이었기 때문에 전혀 문제되지 않았다. 영구적으로 존치하기 위한 식재와는 달리 정원박람회에 조성하는 정원들처럼 식물을 아주 높은 밀도로 심었다. 쇼가든을 만들어 본 디자이너라면 너무 잘 알겠지만, 이처럼 식물을 밀도 있게 심으면 실제 정원보다 시각적 경험이 훨씬 더 강렬하다는 장점이 있다. 특히 이곳처럼 관람객이 식물을 아주 가까이에서 감상하는 장소에서 보다 효과적이다.

한시적으로 전시되는 식재라고 해서 원색적인 한해살이풀로 채울 필요는 없다. 아우돌프는 2010년 베니스비엔날레에서 한해살이풀인 긴까락보리풀Hordeum jubatum과 다알리아로 구성한 이색적인 식재를 선보였다. 버려진 땅에 저절로 자라난 식물군락을 흥미로운 방식으로 재현했다.

점을 상당히 개선할 수 있다. 부분적으로 가려 주는 방법도 있다. 튼튼한 구조식물 주변에 띠무리로 식재하거나, 조망을 위한 중심축에 방해가 되지 않으면서도 절정기에 사람들이 즐길 수 있는 위치에 식물을 배치하는 것이다. 규모가 작은 공간에서는 시각적 질을 높이기 위해 이런 식물들을 보다 집중적으로 관리할 수 있는데, 특히 개인정원이라면 계절에 따라 줄기를 잘라 주는 등 다양한 방법을 적용해 볼 수 있다.

자연보다 통제? - 정형성과 집단식재

자연적이지 않은 형태를 구현하기 위해 기하학과 가지치기를 활용하는 정형식재는 전통적인 것으로 널리 인식된다. 하지만 더 현대적인 다른 접근법들도 있다. 요즘에는 나무를 비대칭으로 다듬거나 관상용 새풀을 블록으로 모아 심는 새로운 형태의 정형성이 대칭으로 다듬는 전통적인 정형성보다 대규모 환경에 더 적합하다고 여겨진다. 규모가 더 크거나 사람들의 눈길을 사로잡아야 하는 곳에서는 시각적으로 단순하게 연출할 필요가 있는데, 이는 일종의 단일종 식재로 구현될 수 있다. 주목이나 너도밤나무 같은 전통 소재는 모더니스트에게 영감을 받은 기하학적 형태로 새롭게 태어날 수 있다. 관상용 새풀 역시 단일종 블록으로 심기 매우 좋은 소재다. 비교적 오래도록 감상할 수 있고, 적응력이 좋으며, 수명이 긴 편이고, 형태가 단순하기 때문이다. 게다가 잎을 매번 다듬어 줄 필요가 없어서 더 가꾸기 쉽다는 장점도 있다. 단점으로는 가지치기한 나무류에 비해 연중 한결같은 존재감을 드러내지는 못한다.

이런 집단식재mass planting가 유용한 이유 중 하나는 복잡하고 다채로운 구성의 여러해살이풀식재와 효과적으로 대비시킬 수 있기 때문이다. 일부 환경에서는 시각적으로 너무 부드러운 질감을 지닌 식물들을 위한 구조나 뼈대 역할을 할 수 있다. 영국 미술공예운동 정원 양식의 전 세계적인 성공에 주목할 필요가 있다. 그러한 양식의 핵심은 질서와 외형적 무질서 사이에서 균형을 유지하는 것이다. 현대의 정원사와 디자이너는 동일한 구조

블록으로 모아 심은 몰리니아 세룰레아 '다우어슈트랄' *Molinia caerulea* 'Dauerstrahl'. 북유럽의 산성 토양에 자생하는 식물인데, 이곳 네덜란드에 자라는 모습은 지역 경관과 밀접한 관련이 있는 식물을 활용하는 새로운 방식의 정형식재 원리를 잘 보여 준다. 이전 세대였으면 자생종 나무의 가지를 정리해 생울타리를 만들었을 것이다. 이처럼 단순하고 차분하고 질서정연한 식재는 여러해살이풀이 가득한 활기 넘치는 화단 다음에 나와 분위기를 이완시키는 역할을 할 수 있다. 마치 고급 코스요리에 나오는 입가심용 빙과류처럼 말이다.

적 요소를 제공하기 위해 다듬은 나무라는 오래된 표현 방식에 의지하기보다 새풀 블록을 활용할지도 모른다.

사옥 주변이나 기념적 성격의 경관에서는 새풀과 함께 나무를 단순한 형태로 모아 심는 것만으로도 차분함·통제·질서 같은 분위기를 아주 효과적으로 연출할 수 있다. 하지만 일반 대중들과 관련된 장소에서는 이러한 단어들이 좀 더 부정적으로 해석될 수 있다. 많은 사람이 생명과 활력, 색이 가득한 식재를 기대하기 때문이다. 공원처럼 규모가 큰 곳에서는 색이 풍성하고 다채로운 구성의 식재로 큰 인상을 주기 어려울 수 있다. 달리 말하면, 아주 인상적인 식재를 구현할 만큼 자금이 충분한 경우가 거의 없다. 무작위 식재 혼합체나 파종으로 여러해살이풀 혼합체 프레리 같은를 만들어 낸 사람들은 그들의 조합이 비용과 인력을 적게 들이면서 관리될 수 있다고 주장한다. 주로 풀베기를 해서 모든 식물을 한꺼번에 관리하기 때문이다. 하지만 이러한 방식은 적어도 일부 기후대에서는 가능하겠지만, 유지관리의 장기적 그림이 명확하게 이해되기에는 여전히 너무 생소한 개념이다. 만약 최소한의 관리로도 충분히 유지될 수 있다면 이러한 식재는 대규모 환경에 활용할 수 있는 하나의 방안이 될 것이다.

통제보다 자연 - 야생적으로 보이는 식재

단정하고 질서정연한 식재를 하거나 그런 식재를 요구하는 이들은 활기 넘치는 자연을 인간의 시선에서 통제하고 조직하려는 정원 역사의 주된 흐름에 동참하는 사람들이다. 아우돌프와 내가 속한 최근의 전통은 그와는 대척점에 서 있는데, 주로 도시나 교외 지역에서 어떻게 자연의 느낌을 구현할 수 있을지 고민한다. 알다시피 이러한 방식은 자연의 과정이 인간의 통제를 넘어서게 내버려 두는 것을 뜻하지는 않는다. 사람들이 자연을 원한다고 할 때는 보통 자연의 특정한 모습을 기대한다는 의미다. 그러한 자연의 모습은 보기에도 좋을 뿐만 아니라 자연이 무엇이고 어떤 모습이어야 하는지와 같은 실로 인간 중심적인 생각들에도 부합한다. 생물다양성 역시 중요한 가을 단풍 때문에 형상적인 단순함이 더욱 돋보인다. 밑동 베기로 생장을 제한할 수 있고 뿌리에서 움이 잘 돋아나는 떨기나무인 미국붉나무 Rhus typhina가 바늘새 풀 '칼 푀르스터' Calamagrostis 'Karl Foerster'와 함께 자라 고 있다. 바늘새풀 '칼 푀르스터'는 초여름부터 늦겨울까 지 오랫동안 즐길 수 있고, 궂은 날씨에도 잘 견디며 곧 게 자라기 때문에 미니멀리스트를 위한 식재나 '신정형 neo-formal' 식재에서 쓰임새가 대단히 좋다.

주변보다 다소 높은 위치에 무리 지어 있는 참억새 '말레파르투스' *Miscanthus sinensis* 'Malepartus'는 후멜로 정원의 돋보이는 요소다. 새풀 종류인 몰리니아 '트랜스패어런트' *Molinia* 'Transparent'의 아스라한 씨송이 사이로 보인다. 참억새 블록은 전체 정원에서 무게 중심 역할을 하는데, 더 느슨한 형태의 여러해살이풀 화단이 뚜렷하게 둘로 나뉘는 그 중간 지점에 위치하기 때문이다.

늦은 여름의 하이라인은 야생적이고 무성하게 자란 새풀의 씨송이가 지배적인 풍경을 만들어 낸다. 도시 밀림의 어수선한 곳 옆에서는 단정한 풍경이 잘 어울리지 않는다. 주홍색 꽃은 이리스 풀바 *Iris fulva*다.

데, 물론 그 대상은 주로 지역의 자생식물모기나 뱀이 아니다!이다. 다시 말하자면 진정한 자연이 아닌 '자연의 아류'인 셈이다. 하지만 너무 냉소적일 필요는 없다. 얼마 전까지만 해도 '도시 속 자연'이라는 발상은 대부분의 사람들이 이해조차 못하거나 완전히 거부되었다. 정원사나 디자이너의 과제는 '향상된 자연enhanced nature' 나이절 더닛과 제임스 히치모가 만든 용어를 만드는 것이다. 향상된 자연은 적정 수준의 생물다양성을 유지하고 다소 야생적인 모습을 지닌다. 그렇다면 이를 어떻게 구현할 수 있을까?

• 지역 자생종이라는 것을 바로 알 수 있는 식물을 사용한다. 상업적으로 선발된 품종일 수도 있다.
• 지금까지 해 오던 방식보다 훨씬 더 촘촘하고 혼합된 형태의 식생을 활용한다. 특히 층위를 이룬 식생, 새풀류가 우세하고 여러해살이풀이 뒤섞인 들판, 다양한 종이 혼합된 숲 하부식재가 그렇다.
• 특정 서식처에 자란다는 사실을 바로 알 수 있는 식물을 사용한다. 넓게 펼쳐진 들판에 자라는 새풀이나 숲 바닥층에 자라는 고사리, 상록성 지피식물이 그 예다. 반드시 지역 자생종일 필요는 없다.
• 야생서식처를 떠오르게 하는 식물조합을 만든다. 예를 들어 물가에는 갈대가 우거지고 잎이 무성한 식생으로 연출하고, 숲 식재와 탁 트인 들판이 접하는 곳에는 작은 떨기나무와 덩굴식물을 심는다.
• 자생적 요소를 도입한다. 자연발아를 허용하는 등 어느 정도는 식물이 자기 마음대로 자랄 수 있도록 연출한다.
• 야생 또는 반자연적 식생을 식재 뒤쪽 배경으로 삼는다. 이러한 배경이 식재와 기존의 자연식생을 매끄럽게 연결해 주기 때문이다.

공공공간에서는 앞서 언급한 대부분의 내용이 사람들에게 잠재의식적으로 이해될 수 있어야 한다. 공공공간을 접하는 사람들은 대체로 자연식물군락에 관한 지식이나 경험이 부족하기 때문이다. 사람들이 무엇을 중요하게 생각하는지, 어떻게 사람들로 하여금 디자인된 식재를 일종의 '자연'으로 받아들이고 읽게 할 것인지는 도시나 교외 거주자들이 전원공원이나 자연보호지역, 국유림 등과 같이 자연을 경험하는 특정 장소를 어떻게 연상하고 있는가의 문제와 관련된다. 뉴욕 하이라인은 이러한 종류의 식재를 잘 보여 주는 최근의 예다. 전 세계적으로 가장 오래되고 규모가 큰 사례로는 네덜란드 암스텔베인Amstelveen의 공원들을 손꼽을 수 있다. 1930년대에 만들어졌고 거의 모든 식물이 자생종이지만 비교적 단정한 모습으로 잘 관리되고 있다.

단지 자기 자신과 가족, 손님만 이해시키려 한 집주인에게 가장 어려운 일은 자신의 식재가 자연의 축소판이라는 사실을 스스로에게 이해시키는 일일 것이다. 자연에 관심이 있고 야생화를 잘 아는 정원사나 그 밖의 사람들도 이해시키기가 쉽지는 않을 것이다. 식재를 해서 자연의 모습을 옮기는 데 가장 성공한 이들은 대개 자생종과 정원식물을 섞어 심을 줄 알고, 어느 정도로 내버려 두어도 괜찮은지 경험적으로 기술을 터득해 온 사람들이다.

시그니처 식재 - 정체성 만들기

예술가나 창작자의 고유한 표식을 의미하는 시그니처signature 개념은 예술계에서 매우 중요하다. 훌륭한 정원 디자이너들은 모두 자신만의 분명한 시그니처가 있다. 그래서 어느 정도 지식이 있는 사람이라면 자신이 전혀 보지 못했던 정원을 마주하게 되더라도 이내 누구의 정원인지 곧바로 알 수 있다. 정원도 일부 독특한 요소나 정원 전반에 흩어져 자라는 강렬한 주제식물을 이용해 방문객들의 마음속에 시그니처를 각인시킬 수 있다.

개인정원을 가꾸는 정원사라면 자기 정원의 주제를 발전시켜 방문객들로부터 끝없는 찬사와 카메라 셔터 세례를 받는 것을 자랑스러워해도 되겠지만, 디자이너의 경우는 한 정원에서 시그니처를 성공적으로 구현하고 나면 다른 정원에서 다시 쓰기가 대단히 어려워진다. 또 다른 문제는 모든 사람이 이를 모방할 때 나타난다. 제대로 표현하지도 못하면서 혁신적인 시그니처를 진부한 표현으로 전락시킬 수 있기 때문이다.

시그니처 식재는 정원이나 경관이 기억에 남도록 장소에 맞게 뚜렷한 개성을 가진 무언가를 만드는 일이다. 공공경관에서는 그 중요성이 분명한데, 주택정원사들도 시도해 볼 수 있다. 정원 전반에 흩어져 자라는 한 종류의 식물이 정원을 감상하는 순간뿐만 아니라 방문객의 기억 속에도 큰 인상을 남길 수 있다. 내게는 영양번식으로 키운 아주 키가 크고 가느다란 유파토리움 피스툴로숨Eupatorium fistulosum이 있는데, 이 식물은 매년 3.4미터까지 자란다. 늦여름부터 겨울까지 정원을 방문하는 사람들은 언제나 그 식물을 언급하곤 하는데, 심지어는 미국인 방문객들도 자기 나라의 자생종임에도 감동을 받는다. 수년 동안 내 정원에서 가장 많이 언급되는 식물이었기 때문에 사람들의 머릿속에도 가장 기억에 남았으리라 확신한다.

시그니처 식재는 다음과 같은 여러 원천에서 비롯될 수 있다.

- 역사. 어떤 식물은 특정 장소나 그와 연관된 특정 시기와 관련되어 있을 수 있다. 단지 정원에서 오랫동안 심어 온 식물일 수도 있는데, 대부분이 큰키나무 또는 전통적인 생울타리나 토피어리로 심는 종들과 같이 나무 종류다. 풀 종류로는 극동 지역에서 자라는 맥문동속Liriope과 맥문아재비속Ophiopogon을 예로 들 수 있다. 이러한 전통 식물비록 진부할지라도들을 완전히 새로운 방식으로 활용하면 강렬한 인상을 줄 수 있다.

- 지역 자생종. 지역의 특별함을 기리기 위해 지역 풍경을 구성하는 특정 식물종이나 식물군락을 활용하고 싶을 수도 있다.

- 생태적 적합성. 부지의 생태계와 확실한 관련성이 있는 독특한 종들을 풍부하게 심는다. 척박한 산성 토양에서 자라는 몰리니아 세룰레아Molinia caerulea와 극단적인 대륙성 기후에서 자라는 스포로볼루스 헤테롤레피스Sporobolus heterolepis처럼 스트레스가 심한 환경에서 띠 모양으로 크게 무리 지어 자라는 독특한 새풀 종이 그러한 예다.

- 과감한 혁신. 새로운 식물을 심거나 익숙한 식물을 새로운 방식으로 심는다. 영국을 대표하는 정원디자이너 톰 스튜어트스미스Tom Stuart-Smith는 2010년 런던 첼시플

식재에서 바탕 역할을 하는 식물로 새풀을 활용하는 아우돌프의 방식은 1996년 베리코트Bury Court에서 좀새풀 초지로 잘 알려진 새로운 요소를 도입하면서 시작되었다. 가장 최근의 모습은 후멜로의 옛 육묘장 자리에 새로 조성된 식재에서 볼 수 있다. 직접 심기도 하고 파종하기도 해서 만든 식물 혼합체는 해마다 변화를 거듭하게 될 것이다. 키가 큰 바늘새풀 '칼 푀르스터'*Calamagrostis* 'Karl Foerster'와 다홍색 헬레니움속 *Helenium* 품종은 거의 죽지 않고 계속 자라겠지만, 보라색 베르베나 하스타타*Verbena hastata*와 네덜란드 자생종인 흰색 옥스아이데이지*Leucanthemum vulgare*처럼 수명이 짧은 여러 식물종은 자연발아로 생을 이어 갈 것이다.

아우돌프는 2001년 영국왕립원예협회RHS 위슬리가든에 2개의 화단을 조성할 때 다양한 여러해살이풀을 혼합한 여러 종류의 식재 띠로 구성했다. 가까운 곳부터 먼 곳까지 다양한 시점에서 흥미롭게 느껴질 수 있는 조합들을 보여 주었다. 한여름부터 늦여름에는 왼쪽 사진처럼 페로브스키아 아트리플리시폴리아 *Perovskia atriplicifolia*가 우세하고 가우라 '시스키유 핑크'*Gaura lindheimeri* 'Siskiyou Pink'의 꽃과 뿌리속단 '아마존'*Phlomis tuberosa* 'Amazone'의 씨송이가 함께한다. 다른 식재 띠에서는 오른쪽 사진처럼 회백색 유카잎에린지움*Eryngium yuccifolium*이 다홍색 헬레니움 '루빈츠베르크'*Helenium* 'Rubinzwerg', 에키나세아*Echinacea purpurea*와 대비를 이룬다. 다른 것들보다 일찍 꽃이 핀 알리움 홀란디쿰*Allium hollandicum*의 씨송이도 일부 보인다.

라워쇼 쇼가든에서 새롭게 발굴한 산형과*Umbellifer* 식물 세놀로피움 데누다툼*Cenolophium denudatum*을 심어서 많은 이들의 호응을 이끌어 냈다. 사실 그 식물은 요즘 정원에 심는 다른 산형과 식물들과 크게 다르지는 않지만, 정원 전반에 가득 심는 대담한 방식을 적용해 시그니처 식재를 완벽하게 구현해 냈다.

다음에 소개하는 피트 아우돌프의 작품들은 정원과 조경 언론에서 강렬한 시그니처 식재로 인정받았거나, 내 기준에서 시그니처 식재로 주목할 만한 것들이다.

베리코트 영국 햄프셔주, 1996

자연의 모습을 양식화하여 표현한 이곳의 초지에는 원래 좀새풀*Deschampsia cespitosa*을 대규모로 심고 그 사이사이에 좀새풀과 대비되는 소수의 여러해살이풀들을 심었다. 당시에는 좋은 아이디어로 널리 인정받았지만 다른 여러 디자이너들이 대개 미숙한 방식으로 모방하기 시작했다. 이 식재에는 하나의 문제가 있었는데, 좀새풀이 비옥한 땅에서는 너무 일찍 죽어 버릴 수 있고, 일부 품종은 곰팡이병에 취약하고 심한 잎마름병에 시달리기도 한다는 점이다. 그래서 지금은 척박한 땅에 자라는 습성은 같지만 다양한 서식처에서 보다 오래 살 수 있는 몰리니아 세룰레아*Molinia caerulea* 품종으로 대체되었다. 이러한 개념은 디자인적인 면에서 영향력이 있었고, 관리적인 면에서도 의의가 있다. 다른 종류의 새풀을 써서 모방하면 다양한 기후대에서도 적용할 수 있다.

결론 - 시그니처는 아주 좋은 개념일 수 있지만, 오랫동안 잘 적응할 수 있어야 한다.

영국왕립원예협회 위슬리가든 영국 서리주, 2001

여러해살이풀과 새풀이 혼합된 33개의 식재 띠가 곧게 뻗은 잔디 산책로 양편에 나란히 배치되었다. 각각의 식재 띠는 동일한 크기로 디자인되었다. 도면으로 보면 아주 정형적이고 엄격한 느낌이 들지만 실제로는 전혀 그렇지 않다. 단순한 디자인 개념으로 전체 계획을 풀어낸 좋은 예지만, 그런 점이 잘 드러나지 않기 때문에 사람들이 이를 알아차리기가 쉽지 않다.

결론 - 강렬한 시그니처는 겉으로 잘 드러나지 않고 잠재의식적으로 전달되기도 한다.

드림파크 스웨덴 엔셰핑, 1996·2003

'살비아강Salvia River'은 유럽 원산의 살비아속Salvia 식물 중에서 청보라색 꽃이 피는 세 품종을 혼합하여 마치 강이 흐르듯 커다란 띠 모양으로 심은 것을 표현한 말이다. 사람들은 이 살비아강을 무척 좋아했다. 사진발이 좋고 탄성이 절로 나오게 하는 '감탄요소'는 프로젝트 담당자들이 늘 바라는 것이다. 이처럼 단순하고 극적인 요소는 다시 반복해서 쓰기가 아주 힘들지만 아우돌프는 시카고 루리가든에서 한 번 더 사용했다. 아우돌프는 "이전에 디자인했던 작품의 요소를 이례적으로 모방했는데, 강물이 흐르는 듯한 형상적 특성을 드러내고 싶었다. 주변의 고층건물에서 볼 수 있어야 했기 때문이다"라고 설명했다. 아직까지는 이를 모방하거나 다른 식물들을 활용해서 구현해 보고자 했던 사람은 없었다. 그렇게 하기에는 키가 작거나 중간 정도인 화려한 여러해살이풀들이 대개 개화 이후에는 구조가 빈약하다는 문제가 있다. 살비아는 개화 이후에 조금 단조로운 느낌이 들 뿐이다. 줄기를 잘라 주면 다시 꽃이 핀다.

결론 - 아주 강렬한 시그니처는 늘 누군가 따라할 우려가 있지만 시도해 볼 만한 가치가 있다.

카운티코크가든 아일랜드, 2006

큰나래새Stipa gigantea는 키가 크고 덩치가 있는 동시에 아주 가볍고 투명한 느낌을 주는 새풀이다. 아우돌프는 1980년대부터 1990년대 초반까지 큰나래새를 정원에 즐겨 심었지만 모두가 정원에 심기 시작하자 잘 쓰지 않게 되었다. 이곳에서는 극적인 연출을 위하여 제한적으로 심었다. 정원이 북위 51도에 위치하기 때문에 큰나래새가 이른 아침과 늦은 오후의 햇살을 머금고 밝게 빛나는 모습이 탁 트인 들판처럼 넓게 펼쳐진 정원에서 극적인 효과를 낸다.

결론 - 진부한 표현도 도전해 볼 만하다.

아우돌프 부부 개인정원 네덜란드 후멜로, 1982~

아우돌프 부부의 개인정원에서 메인 정원 뒤쪽에 여러 겹의 장막 형태로 식재된 주목 생울타리는 흔히 쓰는 표현을 빌리자면 아이콘 같은 것이었다. 하지만 침수 때문에 역병과 줄기마름병에 시달리다 결국 자연의 힘에 굴복했고, 2011년 초반 제거되어 나무파쇄기로 보내졌다. 아우돌프는 그것이 진부한 표현이 될 뻔했다며 무덤덤하게 넘겼다.

결론 - 우상은 때때로 우상파괴자를 필요로 한다.

하이라인 미국 뉴욕, 2009~

하이라인이 대단히 특색 있다고 여겨지는 이유는 아마도 새풀 덕분일 것이다. 새풀은 원래부터 버려진 고가철도에 자라고 있던 풍부한 식물종 혼합체의 일부였기 때문에, 이를 활용하여 기존 자생식재의 강렬한 분위기를 담아내는 것이 디자인 의도 중 일부였다. 새풀은 지금까지 아우돌프가 보여 준 식재 중에서 하이라인을 가장 자연스러워 보이는 작품으로 만들어 주었고, 하이라인의 고유한 특성을 부각시키는 데 확실한 기여를 했다. 하이라인이 매력적으로 느껴지는 이유에는 도시 속에 자연을 아주 성공적으로 들여왔다는 점도 있는데, 이 과정에서 새풀의 역할이 핵심적이었다.

결론 - 시그니처 식물은 보는 사람 대부분이 알아볼 수만 있다면 분위기 환기에 아주 효과적일 수 있다.

스캠프스턴홀 영국 요크셔주, 1999

비교적 키가 작은 식물들의 조합은 더 춥고 건조한 잉글랜드 지역의 척박한 토양을 최대한 활용한다. 이러한 종류의 식재는 에식스주Essex의 베스 채토Beth Chatto 정원처럼 서식처의 특성에 맞는 식물을 심은 것이다. 식물의 가냘픈 모습은 다채롭고 풍성한 질감으로 최대한 극복한다. 몰리니아속Molinia 품종을 대규모로 심어 마치 물결치는 듯한 극적인 모습으로 연출했는데, 이러한 활용법은 모더니스트가 좋아할 만한 단순하고 정형적인 방식이다.

결론 - 척박한 토양과 완벽하지 않은 환경 조건이 식재 정체성을 형성하는 데 도움이 될 수 있다.

잉글랜드 북부 요크셔주의 스캠프스턴홀Scampston Hall 에는 몰리니아 세룰레아 '포올 페테르센'*Molinia caerulea* 'Poul Petersen'을 커다란 띠 모양으로 모아 심었다. 1999년에 식재했지만 여전히 디자인적인 면에서 신선하게 느껴진다. 이러한 방식은 오늘날의 정형식재에서 구조 요소로 활용할 수 있는 새풀의 잠재력을 잘 보여 준다.

위 사진은 후멜로 정원 뒤쪽에 식재한 서양주목Taxus baccata 생울타리로 이 정원에서 가장 유명한 요소 중 하나다. 고전적인 소재와 표현법, 비대칭적인 가지치기와 모더니스트의 감각으로 빚어 낸 이 생울타리는 현대 정원디자인에서 하나의 상징이 되었다. 아래 사진처럼 서양주목 생울타리가 제거된 뒤에는 혼합 형태의 생울타리가 잘 보여 정원 경계가 분명히 드러나고 있다. 왼쪽에는 옛 농장에서 쓰이던 혼합형 생울타리가 자연스럽게 다듬어져 있고, 뒤쪽에는 더 정형적으로 다듬은 너도밤나무 생울타리가 살짝 보인다.

시카고 루리가든에 있는 살비아강 부분 사진으로 초여름에 꽃이 피는 살비아속 Salvia 품종들을 혼합하여 극적으로 연출했다. 식물종은 살비아 실베스트리스 '마이나흐트(메이나이트)'·'블라우휘겔(블루 힐)'·'뤼겐' S. ×sylvestris 'Mainacht(May Night)'·'Blauhügel(Blue Hill)'·'Rügen', 그리고 살비아 네모로사 '베수베' S. nemorosa 'Wesuwe'가 사용되었다. 새풀은 대부분이 스포로볼루스 헤테롤레피스 Sporobolus heterolepis다.

가까운 곳에서 먼 곳으로 - 복잡성과 규모

혼합식재 방식은 복잡성과 다양성을 지녔다. 하지만 보는 사람들이 이를 쉽게 읽어 낼 수 있을까? 그저 무질서하게 뒤섞인 곤죽처럼 느껴질 수도 있지 않을까? 보통 어떤 식물들로 조합했는지에 달려 있다는 것은 분명하다. 구조식물은 꼭 필요하다. 색에만 의존한 식재는 꽃이 지고 난 뒤에 형체가 없어져 버리기 때문이다. 하지만 더 근본적으로, 규모가 달라지면 우리 눈은 과연 무엇을 볼까? 이 지점에서 무작위한 복잡성과 디자인으로 구현한 복잡성이 다르다는 것을 강조할 필요가 있다.

규모가 큰 경우 나무가 아닌 숲을 보게 된다. 혼합식재를 식물 개체들이 아닌 하나의 식생이나 군락으로 보게 되는 것이다. 따라서 보는 이들은 그저 패턴을 읽어 낼 뿐이다. 실제로 아주 복잡하게 이루어진 혼합체는 부분의 합 그 이상의 통일된 전체로 이해된다. 이 전체에서는 각각의 식물 배치가 그다지 중요하지 않고 다른 방법들처럼 무작위한 배치도 효과가 있다. 오랫동안 효과를 낼 수 있다면 이러한 경향은 혼합식재 방식이 대규모 공간에서 큰 잠재력이 있음을 시사한다. 하지만 규모가 작은 곳이나 친밀한 공간에서는 혼합식재의 무작위성이 실망스러울 수 있다. 규모가 작아지면 눈에 보이는 제한된 핵심 공간들이 더 중요해지기 때문이다. 공간을 차지하는 요소들이 중요하기 때문에 우연에 내맡길 수는 없다. 품종들을 섞어 심을 수는 있지만 훨씬 더 신중하게 배치해야 한다. 각각의 식물 배치에 관해 말하자면, 식재 규모가 작아질수록 정확한 식물 위치를 통제하는 것이 더 중요해진다. 작은 규모에서는 층위 구성이 대규모 공간에서보다 더 중요하다. 식물의 생육형곧게 서는 식물, 무더기를 이루는 식물, 땅을 낮게 덮는 식물, 사방으로 뻗어 나가는 식물과 높이를 다채롭게 구성하면, 시각적 흥미요소가 풍부한 식재를 연출할 수 있는 다양한 가능성이 생긴다.

식재를 감상하는 지점과 식재 사이의 거리는 규모의 인식에 큰 영향을 미친다. 하늘 위에서 야생화 초지를 본 적이 있는가? 아마 없을 것이다. 그 정도 높이에서는 꽃의 형태가 모호해지면서 풀처럼 보이고 전체가 하나의 녹색으로 인식될 것이기 때문이다. 정원에서는 일부 식물이 일정한 거리에서 존재감이 사라지는데, 이는 식물 크기가 작기 때문이기도 하지만 돋보이는 색이나 형태가 없기 때문이다. 어떤 식물은 그룹으로 심어야만 멀리서도 인상적으로 느껴지지만 하나씩 개체로 심어도 돋보이는 식물도 있다.

큰나래새*Stipa gigantea*의 진가를 제대로 느끼기 위해서는 다른 새풀들보다 더 알맞은 위치에 심어야 한다. 단언컨대 측광이나 역광이 더욱 강하게 내리쬐는 고위도 지방으로 갈수록 보다 인상적일 것이다. 이 정원 역시 고위도 지방인 아일랜드 서부에 위치한다. 왼쪽에 자라는 진청색 식물은 배초향 '블루 포천'*Agastache* 'Blue Fortune'이다.

식재와 지속가능성

지속가능성은 식재를 위한 핵심 개념이 되었지만 남용되기도 한다. 너무 정치적인 문제가 되었기 때문이기도 하고, 다른 한편으로는 거의 진부한 표현으로 전락해 버렸기 때문이다. 일반적으로 지속가능성이란 재생불가능한 자원의 투입과 유해물질의 배출을 줄이는 것을 뜻한다. 다른 것들과 마찬가지로 지속가능성 또한 일련의 연속적 단계들의 부분으로 생각하는 것이 가장 좋다. 수동적 지속가능성은 오염물질이나 이산화탄소 배출, 지나친 자원 소비 때문에 발생하는 실질적인 피해를 주지 않는 것으로 이해할 수 있다.

능동적 지속가능성은 더 넓은 환경에 끼치는 피해를 최소화하고 아울러 앞서 머리말에서 언급했던 옥상정원과 빗물정원, 생물여과 같은 기법들을 적용해 환경을 적극적으로 관리하고 개선하는 일로 생각할 수 있다. 이러한 기법들은 모두 상당히 전문 분야이기는 하지만, 이 책에서 강조하는 다양한 풀 식생 유형을 아주 효과적으로 활용해 능동적 지속가능성을 추구할 수 있다. 정원사와 디자이너의 개입은 그러한 능동적 체계에 미적인 측면을 제공한다. 식물은 기본적으로 특정 기능을 수행할 수 있도록 선택하는데, 이 부분은 식물 생리에 관한 지식을 바탕으로 관련 전문가들이 가장 잘 이해할 수 있다. 하지만 기술자에게 식물 선택을 전적으로 맡겼을 때 미적으로 가장 만족스러운 결과를 내기는 어렵다. 정원사와 디자이너는 해당 전문가에게 제공 받은 식물 목록을 가지고 미적인 부분을 담당하는 역할을 맡아야 한다.

생물다양성과 자연의 요구

예전에는 야생생물의 요구에 관한 인식이 없었지만, 이제는 식재가 자연의 연결망을 구성하는 일부분으로 기여할 것이라 기대한다. 다행스러운 사실은 생물다양성을 제공하는 일이 어렵지 않다는 점이다. 실제로 많은 정원사들이 생물다양성이라는 단어가 만들어지기 훨씬 전부터 이미 그러한 일들을 해 오고 있었다. 이 이슈에 관한

도시 속 야생의 느낌을 주는 하이라인 일부 구역의 10월 모습. 다양한 씨송이는 새와 작은 포유동물의 먹이가 된다. 자생종 비율이 높기 때문에 특정 식물만 먹는 무척추동물이 잘 살아가는 데 도움이 된다. 오른쪽에 있는 갈색 새풀은 낚시귀리 *Chasmanthium latifolium*로, 비교적 그늘에서 잘 견디는 북미 자생종이다.

과학적 지식을 일부 요약하자면, 동물 다양성을 위한 식재디자인에서 가장 중요한 부분은 큰키나무와 떨기나무, 여러해살이풀, 지피식생의 조합으로 제공되는 서식처 다양성과 그러한 서식처들의 연결이다. 오래도록 유지되는 여러해살이풀 식생을 권장하는 것은 좋은 시작점이 될 수 있고, 나무와 수관층 역시 중요한 역할을 한다. 지역 자생식물을 쓰는 것도 도움이 될 수는 있지만 반드시 필요한 것은 아니다.

자연은 다양성을 토대로 번성한다. 때문에 혼합식재 접근법이 생물다양성 증진에 무궁무진한 잠재력을 지녔다는 것이 그다지 놀랄만한 일은 아니다. 이는 관행적인 블록식재가 반드시 좋지 않다는 게 아니라 다양한 혼합식재를 실행할 때 생물다양성을 위한 자원들이 보다 풍부해질 수 있음을 의미한다.

미래 예측 - 기후변화와 다양성

우리는 기후변화가 야기할 수 있는 영향들이 마치 위협적인 먹구름처럼 드리워진 시대를 살고 있다. 정원·조경 분야는 농업과 함께 부분적으로 기후변화에 대응할 뿐만 아니라 완화시키는 역할도 한다.

기후변화는 보통 '지구온난화'로 잘못 묘사되곤 한다. 북서유럽은 온화한 겨울이 40년간 이어졌는데, 사람들은 이 기간 동안 현실에 안주하여 더 따뜻한 기후에서 자라는 종들을 심었다. 심지어 몇몇 정원사는 올리브와 석류를 재배해 따 먹기도 하면서 새로운 양상의 따뜻한 기후를 즐기는 듯했다. 하지만 이 글을 쓰는 시점에서는 추운 겨울을 연속적으로 겪었고, 이제 전문가들은 기후변화 때문에 이곳의 겨울이 더 추워질 것이라 예상한다. 영국 중부 지방의 정원에는 죽어 버린 유칼립투스속 *Eucalyptus*, 코르딜리네속 *Cordyline*, 뉴질랜드삼속 *Phormium* 식물들이 가득하다. 기후변화와 관련하여 한 가지 확실한 사실은 기후가 더 불확실해지고 있다는 점이고, 기상이변도 잦아질 전망이다. 따라서 회복력이 강한 식물이 필요하다.

다행스럽게도 회복력이 강한 식물은 종류가 아주 많고, 이미 상당수를 정원에서 기르고 있다. 야생에서 새로운 종을 들여오거나 이미 재배되는 종의 유전자풀_{어떤 생물집단이 가지고 있는 유전자의 총량}을 더 많이 확보할 수 있는 여지가 있다. 믿을 만한 여러 식물이 단 하나의 도입종에서 유래되었기 때문에 그것이 해당 종 전체를 대표한다고 보기는 힘들다. 시각적인 면에서 특색이 있거나 극도의 여러 환경 스트레스에서도 살아남을 수 있는 식물들을 놓치고 있을 수도 있다. 아스트란티아 마요르 *Astrantia major*는 중유럽에서 흔히 볼 수 있는 종이다. 그래서 오스트리아에서는 도로변 정차구역에 잠깐 차를 세워 차창 밖으로 몸을 내밀기만 해도 새롭게 씨앗을 받고 재배하기 위한 새로운 유전물질을 얻을 수 있다. 놀랄 것도 없이 재배환경에서는 식물종의 색과 성장세가 아주 다양하게 나타난다. 터키세이지 *Phlomis russeliana*는 쓰임새가 대단히 좋고 특히 관리요구도가 아주 낮은 식재에서 활용가치가 높지만, 재배환경에서는 어떠한 변이도 볼 수 없는 여러해살이풀 중 하나다. 야생에서 새로운 유전물질을 들여오는 일은 충분한 계획과 많은 노력이 필요하고, 해당 식물이 가장 많이 쓰이고 있을 만한 곳으로 답사도 해야 한다. 아마도 결국에는 속단속 *Phlomis* 식물의 자생지인 터키의 전도유망한 재배자들이 수집을 하게 될 것이다. 우리는 자연의 풍부한 다양성을 더욱 효과적으로 활용하여 변화하는 날씨 패턴에도 잘 회복할 수 있는 식재를 해야 한다.

재배식물의 유전적 다양성이 중요하다는 것에는 한 가지 측면이 더 있다. 유전적 다양성은 자연발아로 자기복제를 하고 역동적으로 살아가는 식물개체군의 회복력을 높여 줄 수 있다는 점이다. 현재 전문적인 식재디자인에서는 사용된 식물이 영구적일 것이라 가정한다. 개인정원을 만드는 정원사들은 수명이 짧은 여러해살이풀이나 두해살이풀의 씨앗을 뿌리면 식재를 매력적으로 만드는 데 큰 역할을 할 수 있다는 사실을 알고 있다. 대규모 식재나 공공공간 식재에서 역동적 요소를 받아들인다는 것은 식물이 대체되는 자연적 과정과 자연발아를 받아들인다는 의미다. 이러한 측면은 특히 무작위 혼합식재에 바람직하다. 자연발아가 일어나는 식재는 유전자가

기후변화를 대비하는 일은 다양한 환경 스트레스를 받으면서도 살아남는 식물을 선정하는 것과 큰 관련이 있다. 참고할 만한 서식처로, 겨울은 춥고 여름은 건조한 동유럽과 중앙아시아의 초원지대인 스텝을 예로 들 수 있다. 스텝은 키 작은 풀이 우세한 쇼트그래스프레리나 야생화의 보고라 불리는 미국 서부 산쑥지대sagebrush country와 비슷하다. 스텝에 자라는 여러 종이나 건조에 강한 그 밖의 종들이 지닌 장점은 사진의 아르테미시아 폰티카*Artemisia pontica*처럼 매력적인 은회색 잎이다. 노란색 꽃은 유포르비아 세구이에리아나 니시시아나 *Euphorbia seguieriana* subsp. *niciciana*다. 연두색 새풀은 세슬레리아 아우툼날리스*Sesleria autumnalis*고, 엷은 색 이삭은 멜리카 실리아타*Melica ciliata*이며, 아주 길게 늘어진 은빛 이삭은 스티파 풀케리마*Stipa pulcherrima*다. 안타깝게도 이러한 마법 같은 효과가 오래 지속되지는 않는다. 사진은 초여름의 모습이다.

재편되면서 부모식물과는 아주 미세하게 다른 어린 식물체가 나타나게 된다. 어린 식물체 중에서 일부는 극한의 날씨에서도 부모식물보다 더 잘 살아남을 수 있을 것이고, 그렇게 역동적 특성을 갖춘 식재는 자연의 식물군락이 그러하듯이 시간이 지나면서 환경에 적응해 나갈 수 있다. 이론상으로는 이런 일이 가능하다! 실제로는 대부분의 요소들이 매우 수명이 긴 탓에 어떤 유의미한 변화가 일어나기에는 시간이 너무 오래 걸릴 것이다. 하지만 시간이 지나면서 이루어지는 이러한 적응 과정여담이지만 다윈의 진화론을 멋지게 보여 준다은 수명이 짧거나 자연발아가 왕성한 종에게는 실질적으로 영향을 미칠 수 있다.

다윈주의자가 말하는 자연선택이 정원에 유의미한 영향을 미친다는 사실을 보여 주는 좋은 예로, 붓꽃과 Iridaceae 식물 중에서도 특히 아름다운 남아프리카 자생 디에라마속Dierama을 들 수 있다. 이 식물은 보통 북서유럽 대서양 연안에 있는 정원에서 잘 자라고 왕성하게 자연발아 한다. 겨울이 건조한 기후대에서 자생하기는 하지만, 내한성이 일정하지 않고 추운 날씨에 대응하는 방식도 복잡하다. 추운 겨울이 계속되면 식물개체군 안에서 좋지 않은 식물을 걸러 낼 수 있다. 살아남은 식물은 잘 자라서 번식할 것이고, 살아남지 못한 식물과 그 유전자는 퇴비더미로 쌓이게 될 것이다. 그 결과 정원에는 아름답고 우아하면서도 내한성이 확실하고 회복력이 뛰어난 식물개체군이 남게 된다.

지금까지 많은 식재디자인은 유전적으로 동일한 식물, 즉 재배품종을 이용해 만들었다. 정원사와 디자이너는 품질이 한결같다는 이유로 재배품종을 선호하지만 단점도 있다. 영양번식을 하거나 좁은 유전자풀에서 대규모로 키워 낸 품종이 병해의 확산에 취약하다는 점은 농업에서 거의 기정사실로 받아들여지고 있다. 특히 미국에서는 1968년에 옥수수 수확량의 대부분이 손실된 뒤로 이 점을 깨닫게 되었다. 아울러 많은 여러해살이풀이 자연적으로 서로 다른 계통 간에 교배가 이루어지는 '이계교배'의 경향을 띠는 탓에 일부 품종은 자연발아를 하지 못할 것이다. 자연발아를 하려면 장래의 부모 사이에 유전적 차이가 필요하기 때문이다. 싹이 틀 수 있는 씨앗이 만들어지더라도 어린 식물개체군의 유전자풀은 제한적일 것이다. '자연적'으로 변이가 일어나는 식물개체군은 훨씬 더 넓은 유전자풀을 지닐 것이고, 이는 적응력이 뛰어나다는 것을 의미한다. 이 역시도 디에라마속Dierama 식물이 좋은 예인데, 디에라마는 몇몇 종이 재배되고 있고 아주 쉽게 교잡을 한다. 따라서 추운 겨울을 겪으면서 오래 살아남을 수 있는 종류들이 선택되고 폭넓은 유전적 다양성을 얻게 된다.

자원 생각하기 - 지속가능성에 관한 질문

또 다른 주요 지속가능성 이슈는 자원 사용에 관한 것이다. 이러한 이슈는 근본적으로 복잡하게 얽혀 있다. 비재생자원의 개발, 에너지 생산을 위한 자원 사용, 운송 과정에서 배출되는 이산화탄소와 그 밖의 오염물질, 정원·조경 공사와 관리 과정에서 이루어지는 기타 에너지 소비 활동 등이 관련된다. 물론 여러해살이풀식재는 오랫동안 유지될 수 있기 때문에 전통적인 계절화단에 비해 자원이 덜 필요하다. 따로 확인을 해 보지는 않았지만, 잔디를 짧게 유지하기 위해 기계를 계속 사용하는 것이 여러해살이풀이 식재된 곳을 관리하는 것보다 자원 소비와 이산화탄소 배출이 더 많을 것이다. 여러해살이풀식재에는 상당한 자원이 필요할 수 있는데, 바로 이 지점이 자세히 들여다보아야 할 지속가능성 이슈의 핵심이다. 이러한 이슈는 객관적 시각으로 명확한 근거의 토대 위에서 다루어야 한다. 잘 알다시피 지속가능성과 그 밖의 환경문제는 정치적 성격을 띠고, 개인이든 단체든 감정과 이념 때문에 생각이 흐려진 상태에서 의사결정을 하는 경향이 있다. 화분용 퇴비로 이탄peat, 습지에 자라는 식물의 유기물이 일부 분해되어 생긴 짙은 갈색이나 검은색 물질을 써도 되는지에 관한 영국의 논쟁이 좋은 예다.

재활용 되지 않는 플라스틱 화분이나 용기들은 물론이고, 열이나 빛을 이용하는 증식시설과 퇴비 제조 등 정원 산업은 모든 부분에서 에너지를 많이 필요로 하고 자원을 순식간에 써 버릴 수 있다. 생산뿐만 아니라 특히 운반할 때 많은 자재와 에너지가 필요하다. 하지만 최

하이라인에 심은 지역 자생종의 모습이 인상적이다. 중앙에는 가느다란 청회색 잎을 지닌 스키자키리움 스코파리움 '더 블루스'*Schizachyrium scoparium* 'The Blues' 가 보우텔로우아 쿠르티펜둘라*Bouteloua curtipendula*, 한쪽으로 치우친 촘촘한 씨송이를 지닌 새풀, 노란색 잔털루드베키아*Rudbeckia subtomentosa*와 함께 자라고 있다. 그 뒤쪽에는 베르노니아 노베보라센시스*Vernonia noveboracensis*가 있다. 이제는 이 식물들을 전부 정원식물로 즐겨 심는다.

가을에 생장이 끝나면 여러해살이풀의 죽은 부분을 잘라 내던 시절은 오래전에 지나갔다. 이제는 대부분의 정원사와 식물 관리자들은 씨송이가 새들에게 먹이를 제공하고 다양한 무척추동물이 머물 수 있는 거처가 되어 준다는 생각에 익숙하다. 도시가 하나의 서식처로 기능할 수 있다는 아이디어가 선진국 안에서는 널리 받아들여지고 있다. 로테르담 베스테르카더의 참당귀*Angelica gigas*처럼 키가 큰 여러해살이풀은 안개가 낀 날씨와 어우러져 극적인 느낌을 자아낸다는 점에도 주목할 만하다.

근 몇 년간 상당한 진전이 이루어졌다. 재사용이나 재활용이 가능한 용기가 나왔고, 화분 작업이나 토양을 개량할 때 퇴비로 만들어진 녹색폐기물이 널리 쓰이고 있으며, 낭비되는 양분을 줄일 수 있는 지효성비료퇴비, 두엄, 깻묵 등 오래도록 지속적인 효과를 주는 비료 등도 폭넓게 활용되고 있다.

하지만 여전히 한 가지 관행에 의문을 제기할 수 있는데, 새 프로젝트에 사용할 식물 규격에 관한 것이다. 보통 작은 식물이 큰 식물보다 더 빠르고 원활하게 자리 잡는 것으로 알려져 있다. 하지만 개인정원 공공공간 할 것 없이 대부분 새로운 식재계획을 할 때 전에 쓰던 것보다 훨씬 후멜로 정원의 초가을 모습으로, 매년 이 시기에는 무성히 자란 여러해살이풀과 독특한 개성을 지닌 새풀의 모습이 아주 돋보인다. 새풀 종류인 몰리니아 세룰레아 '트랜스패어런트'*Molinia caerulea* 'Transparent'가 분홍색 점등골나물 '리젠쉬름'*Eupatorium maculatum* 'Riesenschirm', 붉은색 작은 꽃송이가 매력적인 오이풀 '베리 코트'*Sanguisorba* 'Bury Court', 흰색 페르시카리아 암플렉시카울리스 '알바'*Persicaria amplexicaulis* 'Alba', 노란색 솔리다고 루테우스 '르모르'*Solidago* ×*luteus* 'Lemore'와 함께 어우러지고 있다.

지역 자생식물은 초가을 하이라인에서 자연과 그 식물이 원래 나고 자랐던 곳의 느낌을 자아낸다. 미국붉나무 *Rhus Typhina*는 이미 단풍이 들고 있고, 그 아래쪽에는 유파토리움 히소피폴리움*Eupatorium hyssopifolium*의 꽃송이가 반복적으로 나타난다. 아스테르 오블롱기폴리우스 '레이던스 페이버릿'*Aster oblongifolius* 'Raydon's Favorite'도 살짝 보이는데, 이 식물은 자생식물이 재배품종이 되어 가는 경향이 늘어나고 있음을 보여 주는 한 예다.

디자인된 경관의 식물들은 보전 역할을 할 수 있다. 사진은 펨프룩셔주Pembrokeshire 디프린 퍼넌트Dyffryn Fernant의 개인정원으로, 왕관고비*Osmunda regalis*의 형태적 특성이 돋보인다. 더 가느다란 잎 무더기 사이에서 시각적 무게감을 주는 역할을 한다. 이제는 야생에서 보기 매우 어려운 식물이지만 대단히 오래 살기 때문에 조경식물로 알맞다.

더 큰 용기에 길러 낸 식물을 구입하고 있다. 게다가 이런 식물들은 보통 육묘장에서 작업 현장까지 먼 거리를 이동한다. 이 두 가지 문제가 결합되어 상업적으로 재배된 많은 식물에 소모된 에너지량은 상당히 늘어난다. 2리터 포트에 기른 모든 여러해살이풀은 0.5리터 포트와 비교하면 무게가 4배 정도 더 나가고 화물트럭 공간도 4배나 더 차지한다. 400킬로미터 떨어진 육묘장에서 운반하는 에너지면 100킬로미터 떨어진 곳에서 운반을 4회나 더 할 수 있다. 단순한 계산으로도 알 수 있다!

여러해살이풀은 자라는 속도가 빠른 편이기 때문에 작은 규격의 식물을 쓰기 좋지만, 나무의 경우는 그렇게 쉽지만은 않다. 디자인 분야에서 일하는 많은 이들이 고객으로부터 빨리 완성된 모습을 보고 싶다는 압박을 받는데, 이에 저항하기 어려울 수 있다. 주로 개인 고객보다 공공자금을 쓰는 이들을 상대할 때 더욱 심하다. 논쟁을 종결지을 수 있는 방법은 작은 나무가 대개 몇 해만 지나면 더 큰 나무들을 따라잡는다는 점에 주목하는 것이다. 식물에게는 새로운 환경에 적응하고 대처하는 탁월한 능력이 있다. 아울러 큰그래서 비싼 식물은 위험성이 크다는 사실을 기억해야 한다. 바람 피해와 건조에 취약하기 때문에 초기에 많은 투자를 하면 적게 했을 때보다 손실이 클 것이다. 작은 식물은 더 지속가능할 뿐만 아니라 보다 안전한 투자 방식인 셈이다!

자생종과 외래종 - 계속되는 논쟁

자생종과 외래종도입종의 역할에 관한 오랜 논쟁은 여전히 계속되고 있다. 안타깝게도 미국처럼 깊이 뿌리박힌 입장을 따르거나 일본처럼 아무런 주목도 받지 못하기 일쑤다. 문제의 핵심은 정원과 디자인된 경관의 식물들이 곤충과 새, 그 밖의 야생생물을 위한 먹이사슬을 뒷받침하여 생물다양성에 기여할 수 있느냐는 것이다. 식재디자인 분야를 선도하는 전문가들의 입장에 주목할 필요가 있다. 주로 농촌 지역이나 지역 고유의 생물다양성 보전을 우선시하는 곳처럼 특정 환경에서는 오직 자생종만을 심는 것이 전적으로 옳다는 합의가 있는 듯하다. 그 밖의 여러 상황을 살펴보면, 예전에는 식재 대부분이나 전부를 자생종이 아닌 식물로 심었지만 지금은 자생종 비율이 더 늘어났다.

지역 자생종만 써야 한다고 믿는 엄격한 토착주의 로비 단체는 정원과 조경 공동체 안에서 형성되는 것이 아니라 정치 세력화된 환경주의자들처럼 밖에서 유입된다. 그곳에서 생태라는 단어의 의미는 근거를 기반으로 한 과학적 입장과 감정적이고 이념적인 입장 사이에서 위태롭게 뒤엉켜 있다. 안타깝게도 때로는 자생식물을 지지하는 로비 단체가 일부 공동체들로부터 충분한 정치적 지지를 받아 조경 프로젝트에 자생식물 사용이 강제되기도 한다. 이런 경우 식재의 시각적 효과가 감소하기 때문에 대중의 지지도 줄어들 수 있다.

피트 아우돌프가 작업한 시카고 루리가든과 뉴욕 하이라인은 업계의 많은 사람들이 동의하는 것처럼 통합의 예를 보여 준다. 아우돌프는 기능적이면서도 특정한 시각적 기준에도 맞는 식물을 선택한다. 두 프로젝트에 심은 식물의 절반 이상이 지역 자생종이다. 두 프로젝트의 추진위원회에서 동일하게 제시했던 기준들 중 하나가 지역의 자연환경을 식재에 반영해야 한다는 것이었다. 하이라인의 경우는 복원 이전의 고가철도에 자라고 있던 식물군락의 모습을 재현하고자 했다. 그래서 높은 비율의 자생종이 필수적이었다. 하지만 지역 식물상에 속하는 많은 식물들을 선택하는 것이 디자인 면에서 얼마나 좋은지를 잘 보여 준다는 점이 더 중요하다. 다수의 종이 여태껏 정원과 조경에서 그다지 주목받지 못했다는 의미도 된다. 아마도 이 점이 가장 중요할 것이다. 지금처럼 자생식물에 관심이 쏠리기 전에는 육묘 산업에서 쓰기에도 쉽고 번식도 쉬운 식물들을 기르고 팔아서 마치 전 세계가 하나의 식물상이 되어 가는 듯했다. 조경에서 쓰는 식물은 기후대는 서로 다를 수 있지만 효과는 같았다. 건축이든 식재든 어디서나 너무 흔하게 볼 수 있었다. 지역 자생식물을 일정 비율로 심으면 프로젝트에 뚜렷한 시그니처를 효과적으로 각인시킬 수 있다.

자생종·외래종 논쟁은 복잡한 문제이기 때문에, 여기에서 폭넓은 관점으로 다루어 볼 것이고 그중 일부는 다른 것들보다 특정 지역에 관련된 내용이다.

• 이 문제는 보통 장소에 따라 아주 큰 차이가 난다. 영국제도와 뉴질랜드 두 섬나라를 비교해 보자. 영국제도는 식물상이 매우 제한적인데, 본토로 이어지는 육로가 해수면 상승으로 잠기기 전 마지막 빙하기 이후에 가까스로 넘어온 식물들이다. 먹이사슬의 토대를 이루는 초식성 무척추동물상은 주로 다양한 먹이생물을 섭식하는 일반종generalist이었고, 상대적으로 자생종에 온전히 의존하는 것들은 거의 없었다. 지역의 새풀 식물상은 우점하려는 습성이 있기 때문에, 도입종이 번져 나가려는 힘은 크게 줄어든다. 뉴질랜드도 식물상과 동물상이 제한적이지만, 고립된 상황에서 진화가 이루어졌기 때문에 도입식물에 극도로 취약하다. 도입된 식물들 중 많은 것들이 급속도로 퍼져 생태계를 교란시키

매사추세츠주 낸터킷Nantucket에 있는 정원의 모습이다. 미국 자생 새풀인 스포로볼루스 헤테롤레피스 *Sporobolus heterolepis*로 이루어진 초지 안에 에키나세아*Echinacea purpurea*가 흩어져 자란다. 에키나세아는 자생식물을 장려하기 위한 식물의 전형이 되었다. 생물다양성을 고려한 식재계획에서 중요한 점은 야생 생물을 정말로 잘 부양할 수 있는 식물뿐만 아니라, '자생종' 범주 안에 속하지만 시각적으로 매력 있는 식물을 함께 심어야 한다는 것이다.

는 침입종이 되었다 지역만의 활기찬 개척종이 부족한 자생식물상일 것이다.

• 자생식물은 보통 디자인 소재로 충분히 활용되고 있지 못하다. 위에서 잠시 언급한 전 세계적으로 정원과 조경에서 쓰이는 식물상은 선택지가 제한적이다. 어떤 자연서식처를 거닐든 관상용이나 미관개선용으로 쓸 만한 식물들을 발견할 수 있지만, 재배환경으로 먼저 들여와서 시각적으로나 상업적으로 얼마나 잠재력이 있는지를 따져 볼 필요가 있다. 이는 시간과 노력이 필요한 일이다.

정원사와 육묘업자, 디자이너는 점점 더 이러한 일을 현실로 만들고 있고 이처럼 '익숙한 곳'에서 식물들을 수집하기 시작했다. 제한된 식물상과 오랜 정원 역사를 지닌 영국에서조차 야생화의 관상적인 가치를 활용하기 위해 여전히 배우고 있다. 예를 들어 스타키스 오피시날리스 *Stachys officinalis*는 20년 전까지만 해도 그 관상가치에 주목했던 이들이 거의 없었다.

• 자생식물은 지역만의 독특한 느낌을 잘 살려 준다. 어떤 문화권에서는 '문명화된' 식물을 써서 그들 문화의 우

수성을 알리고 싶어 하기도 한다. 호베르투 부를리 마르스가 1945년 브라질 헤시피Recife의 광장에 향토식물들을 심었던 것은 정원과 조경 역사에 기록된 단발성 사건들 중에서도 이례적이고 상징적인 일로 여겨진다. 최근의 주된 흐름은 지역 특수성을 기리고 차별화된 장소를 만들어 정체성을 살리는 쪽으로 나아가고 있다. 지역 자생식물은 바로 이러한 관점에서 중요한 역할을 한다.

• 외래종이 잠재적인 침입종이라는 생각에는 아무런 사실적 근거가 없다. 어떤 식물을 침입외래식물로 만드는 것은 이러한 이슈에 관해 논쟁을 계속하고 있는 생태학자들의 문제 제기다. 실제로는 한 나라에서 다른 나라로 도입된 식물 전체 중에서 겨우 몇 종만이 야생식물처럼 번져 나간다. 더 교조적인 식물토착주의자들은 모든 외래종을 싸잡아 나쁜 식물로 매도하는 경향이 있다. 그렇다 하더라도 육묘업계에서는 새로운 식물들이 얼마나 번져 나가는지 평가해야 할 책임이 있다.

• 일부 자생식물이 지역의 생물다양성 연결망에서 큰 역할을 하는 것은 맞지만, 이러한 사실이 외래종은 야생생물들의 삶에 아무런 가치도 없다는 것을 의미하지는 않는다. 더 큰 동물대개 조류들을 부양하는 먹이사슬은 주로 곤충처럼 무척추동물이 유지시킨다. 많은 지역에서 무척추동물들의 대부분은 특수종specialist이다. 무척추동물의 애벌레가 오직 특정 식물만 먹기 때문이다. 따라서 도입종들로 이루어진 정원은 무척추동물 중 극히 일부만을 먹여 살리기 때문에 먹이사슬이 아주 빈곤해질 것이다. 하지만 그 밖의 여러 동물들은 더 섭식 일반종이다. 벌처럼 꿀을 마시는 곤충들이나 열매를 먹는 새들은 자생식물만 고집하지 않는다. 어떤 장소에 자생하는 식물상에 벌들을 위한 밀원식물이 부족한 경우 식재를 할 때 꿀이 풍부한 식물종들을 추가해 주면 먹이사슬을 보다 풍부하게 만들 수 있다.

• 식재디자인은 적어도 선택한 종들만큼은 생물다양성을 증진시킨다는 점에서 중요하다. 영국의 벅스BUGS, Biodiversity in Urban Gardens, 도시정원의 생물다양성 프로젝트에서 진행한 연구에 따르면 생물다양성 증진을 위한 가장 중요한 요인은 사용된 식물이 아니라 서식처의 다양성으로 밝혀졌다. 큰키나무와 일부 떨기나무, 여러해살이풀, 지피식물을 함께 조합하고 다양한 식물 층위를 서로 연결하는 것이 가장 중요하다. 물론 종다양성도 중요하다.

• 식재디자인은 근본적으로 사람을 위한 것이다. 도시 속에서 개인정원이나 공공공간의 식재는 사람들을 위한 서식처를 제공해 준다. 사람들의 관심을 끌거나 기쁘게 해 줄 수 없는 공간은 지지를 받지 못할 것이다. 공원 안에 어수선한 '야생생물구역'을 조성한 지자체가 도대체 얼마나 비용을 들였는지 따져 보게 되는 것처럼 말이다. 독거미나 뱀을 흔하게 볼 수 있는 지역에서는 그러한 장소들을 무서워하는 것이 당연할지도 모른다! 자연을 위한 구역도 사람들에게 매력적으로 느껴지거나 어떠한 측면에서 가치 있다고 여겨져야 한다. 그래야만 정치적 지지를 받을 수 있다. 경관 이용자들의 흥미를 끌기 위하여 도입종을 심는 건 이를 위한 한 가지 방안이다. 정원을 가꿔 본 경험이 거의 없는 공공공간 이용자라도 그들에게 익숙한 식물이 자라고 있으면 식재를 보다 쉽게 '읽어내는' 일이 아주 빈번해진다.

• 자생종이든 외래종이든 심을 공간은 충분하다. 복잡한 지구라는 행성에서 정원과 공원, 또는 회사와 상가, 공항, 도로가에 딸려 있는 땅들은 많은 부분을 차지하고 있다. 현재 풀을 베어 놓은, 2센티미터 높이의 풀잔디를 의미한다이 사실상 필요하지 않은 땅들을 전부 더하면 그 합계는 어마어마해질 것이다. 전 세계적으로 보면 유럽에서 중간 크기 정도 되는 나라의 면적과 비슷할 것이다. 자생종 그리고 외래종 모두를 위한 공간은 충분하다.

2장

식물 그룹 만들기

식물을 어떻게 그룹으로 구성하는지에 따라 그것을 보고 감상하는 방식이 달라진다. 먼저 자연에서 어떤 일들이 벌어지는지 관찰한 뒤에, 역사적으로 정원에서 식물들을 어떻게 그룹으로 구성해 왔는지 살펴보면 좋겠다. 끝으로 피트 아우돌프가 2000년 중반 이후로 자신의 작업에 적용해 온 식물 그룹 구성법에 관해 다루어 볼 것이다.

자연환경

우리가 보는 자연환경은 한순간에 포착된 장면이다. 10년이 지난 뒤 다시 보게 된다면 아주 다른 모습일 수도 있다. 많은 자연환경이 변하지 않는 것처럼 느껴지지만 실제로 자연환경은 끊임없이 변화한다. 생태학에 따르면 자연에 균형이란 없고 단지 종들의 변화가 계속될 뿐이다. 이러한 모습은 특히 우리에게 익숙한 여러 환경에서 볼 수 있는데, 그런 곳들은 진정한 의미의 자연환경이라기보다는 사료용 풀을 얻기 위해 해마다 잘라 내느라 나무가 자라지 못하는 건초지나 과거 북미 원주민들이 불을 놓아 가꾸던 프레리처럼 반자연적 환경들이다. 이러한 환경들은 태생적으로 불안정하기 때문에 특정 범위의 식물들이 유지되려면 사람의 손길이 계속 필요하다.

먼저 관찰 실험으로부터 시작하는 게 좋겠다. 초지 또는 방목을 위해 관리되는 초원나 프레리를 관찰한 뒤에 이를 여러해살이풀로 이루어진 정원식재와 비교해 보자. 무엇이 다를까?

런던 포터스필즈파크 Potters Fields Park, 2007

정원식재	초지나 프레리
제곱미터당 보통 10개 미만의 식물	제곱미터당 수백 개의 식물
제곱미터당 보통 1개에서 5개의 종	제곱미터당 50개 이상의 종
종 개체들이 보통 그룹 지어 있다.	종 개체들이 보통 마구 뒤섞여 있다.
거의 모든 식물이 분명한 미적 가치 때문에 선택된다.	식물군락은 주로 새풀이나 그와 비슷한 식물이 우세하는 양상을 보인다. 바탕 역할을 하는 이러한 종들과 함께 더 작은 규모의 다른 종들이 어우러져 있다.
맨땅이거나 주로 멀칭재로 덮여 있다.	맨땅으로 노출된 부분이 거의 없다.

우선 초지와 프레리는 비용과 인력을 적게 들이는 조방적인 방식으로 관리된다는 점에 주목해야 한다. 모든 식물은 하나의 전체로 다루어지고 각각의 식물이 개별적으로 관리될 가능성은 없다. 이와 달리 정원과 조경의 관행적 식재에서는 식물 개체를 다른 방식으로 다루곤 한다. 순전히 디자인적인 면에서 이러한 차이를 따져 보았을 때 어떤 시사점이 있을까?

• 초지나 프레리는 질서감이 부족하고 대개 식물들이 무작위로 분포하는 것처럼 느껴진다.
• 초지는 형태와 구조가 뚜렷하지 않은 대신 고운 질감과 넓게 퍼져 있는 느낌을 준다. 물론 일부 프레리나 건조한 초지에서 뚜렷한 형태가 오래도록 유지되는 종이 개별적으로 자라기도 한다.
• 초지는 꽃이 진 뒤에 어수선해 보일 수 있는데, 이는 식물을 하나하나 관리하는 일이 거의 불가능하기 때문이다.
• 정원식재는 단위면적에 딱 맞추어 디자인하기 때문에 계절마다 흥미요소를 계속 제공하기 어려울 수 있다.
• 정원식재는 제한된 캔버스 안에서 이루어지기 때문에 구성요소를 반복할 수 있는 여지가 극히 적다.

초지나 프레리처럼 보이는 식재에는 분명 장단점이 있다. 전통적으로 정원식재에서는 초지를 정원의 구성요소로 여기는 경우가 거의 없었지만, 최근에는 많은 사람들이 초지가 지닌 미적인 장점에 주목하고 있다. 이러한 장점은 새 시대의 정원사와 디자이너가 초지와 그 밖의 초원에서 느낄 수 있는 은은한 아름다움의 가치를 다시 생각해 보게 만든다.

초지와 프레리는 한 가지 종이나 더 흔하게는 한 범주의 식물보통 새풀이나 그와 비슷한 식물이 우세하고 그 밖의 많은 종들은 작은 규모로 자라는 양상의 서식처 유형에 속한다. 전체는 하나의 풍부한 군락을 이루지만 대부분의 사람들이 그것을 볼 때는 바탕을 이루어 배경으로 읽히는 새풀보다 오히려 시각적으로 소수의 요소꽃이 핀 여러해살이풀이나 드문드문 흩어져 자라는 떨기나무에 눈길이 가는 경향이 있다. 이러한 서식처 유형은 정말 복잡하게 구성되어 있으며, 많은 종이 공간에 마구 뒤섞여 자란다.

이와는 다른 자연환경을 떠올려 본다면, 그곳에 자라는 식물들은 과연 어떠한 방식으로 그룹을 이룰까? 초지와 정반대 환경에서는 한 가지 종이 거의 우점하고 있는 양상을 볼 수 있다. 갈풀*Phalaris arundinacea*이나 큰잎부들*Typha latifolia*이 군락을 이루는 습지대가 좋은 예인데, 옥수수밭이나 밀밭처럼 한 종류의 식물이 대규모로 모여 자란다. 칼루나 불가리스*Calluna vulgaris* 같은 헤더heather 종과 유럽블루베리*Vaccinium myrtillus*가 자라는 황야지대처럼 식물들이 뚜렷한 조각 형태를 이루며 더 작은 종들과 섞여 자라는 곳도 있다.

중국노루오줌 '비전 인 핑크'Astilbe 'Vision in Pink'는 뉴욕 하이라인에 식재된 식물 혼합체의 일부다. 바탕을 이루는 다른 식물들 사이로 반복되는 모습이 마치 야생 서식처에서 식물들이 반복되는 모습을 떠오르게 한다.

정원 역사 속 식물 그룹 만들기

19세기 여름화단에서는 식물을 대개 기하학적이고 규칙적인 성격의 복잡한 패턴으로 심었다. 19세기에서 20세기로 접어들면서 이러한 양식은 여러해살이풀에도 적용되기 시작했고, 식물을 띠 모양으로 섞어 심고 각각의 띠를 일정한 간격으로 반복하는 방식으로 발전되었다. 요즘 여러해살이풀식재에서는 거의 찾아볼 수 없지만 프랑스와 독일에서는 한해살이풀 중심의 한시적 여름 식재에 다시 쓰이고 있다.

동일한 종이나 품종 개체들을 그룹으로 모아 심는 방식은 20세기의 지배적인 식재 방식이었다. 이러한 방식을 블록식재라 부르고자 한다. 영국의 디자이너 거트루드 지킬은 '띠무리'라 부르는 가늘고 긴 형태의 블록 활용을 널리 알렸는데, 이 기법은 정원을 걷는 사람들의 시선에 따라 보이는 방식이 달라지는 효과가 있었다. 예술가였던 호베르투 부를리 마르스는 마치 식물로 '그림을 그리듯' 어마어마한 규모로 심었고, 서로 강하게 대비되는 식물 블록들을 나란히 배치했다. 미국에서 파트너로 함께 일했던 제임스 밴스위든James van Sweden과 볼프강 외메Wolfgang Oehme도 그에게 어느 정도 영향을 받아 대규모 단일종 블록을 효과적으로 활용했다. 하지만 20세기 전반에 걸쳐 따분한 느낌의 블록식재가 수많은 조경 프로젝트에 맹목적으로 적용되었다. 여러해살이풀이든 떨기나무든 가리지 않고 식물들을 동일한 크기의 블록으로 모아 심었다. 심지어 개인정원에서도—물론 공간이 넉넉해야겠지만 블록식재 방식이 지배적이었다.

자연형식재를 향한 관심이 높아지면서 보다 세심한 방식으로 식물 그룹을 만드는 두 가지 접근법이 제시되었다. 하나는 무작위 접근법으로 씨앗을 뿌려 야생화 초지를 만들 때 나타나는 의도하지 않은 듯한 자연스러운 효과에서 비롯된다. 다른 하나는 독일의 연구자 리하르트 한젠과 프리드리히 슈탈Friedrich Stahl의 작업인데, 이들은 1960년대부터 줄곧 자연식물군락을 양식화하여 표현하기 위해 매우 체계적인 접근법을 발전시켜 왔다. 한젠과 슈탈은 식물들을 구조적인 흥미도와 무리 지어 자라는 정도에 따라 주제식물, 동반식물, 단독식물, 지피식물, 분산식물, 이렇게 다섯 가지 유형으로 구분했다.

아우돌프의 식재에 사용되는 식물 선택은 한젠과 슈탈의 방식과 비슷하다. 특히 그들 모두가 식재를 계획할 때 약 70퍼센트의 구조식물structural plant, 식물의 생장기 대부분에서 뚜렷한 시각적 구조가 유지되는 식물과 30퍼센트의 채움식물filler plant, 보통 형태감이 다소 부족하지만 주로 이른 계절에 색을 더하는 식물로 구성할 것을 권장한다. 한젠과 슈탈의 접근법은 대단히 유용하지만 정형화될 우려가 있다. 아우돌프의 디자인 방식이 차별화되는 까닭은 계속해서 진화를 거듭하기 때문인데, 현재 아우돌프 식재에서 가장 중요한 점은 다양한 식물 품종을 섞어 심는다는 것이다.

단일종 블록식재에 대한 반발은 20세기 끝 무렵에 시작되었다. 생물다양성을 고려한 식재로 나아가면서 파종해서 만드는 야생화 혼합체와 생태학에 관심을 갖는 사람들이 많아졌다. 영국에서는 식물들을 더 자연스럽게 보이게 하고 정교한 방식으로 조합하는 독일과 네덜란드의 접근법이 확실히 자리를 잡았다. 우리가 가장 먼저 깨뜨려야 할 기존의 규칙이 있다면 각각의 품종들을 블록으로 모아 심어야 한다는 규칙이다.

나무류

기존의 전통적인 식재는 지나치게 나무류에 의존하고 있다. 놀랄 일은 아니다. 나무가 경관에서 큰 영향력을 미치고 있으며, 대부분 아주 오래 살기 때문이다. 여러해살이풀과 함께 자라고 있는 나무들은 그 아래쪽 생육환경을 변화시키기 마련이라 그늘에서 잘 견디는 종에게 적합한 지피층위를 형성할 것이다. 영국의 아마추어 정원사들에게 사랑받는 혼합화단은 떨기나무와 여러해살이풀을 조합할 수 있는 소규모 식재의 예다실제로는 한해살이풀·알뿌리식물·덩굴식물도 자란다. 하지만 혼합화단은 주로 뒤에 어떤 배경이 있고 그 규모도 작기 때문에 시각적으로나 생태적으로나 떨기나무가 가장 두드러진다. 규모가 더 큰 공간에서 떨기나무와 작은큰키나무큰키나무 중에 비교적 높이 자라지 않는 나무를 시각적으로 좀 더 새롭게 보이도록 조합한다면 여러해살이풀을 위한 식재공간을 더 넉넉하게 확보할 수도 있다.

규모가 다른 곳이라도 손쉽게 큰 효과를 줄 수 있는 하나의 혁신적인 기법으로 생울타리를 다듬어 모양내기가 있다. 직선으로 다듬는 대신 생울타리를 이루는 각각의 식물을 곡선으로 다듬으면 식물 개체 하나하나가 더 돋보인다. 이러한 기법은 혼합형 생울타리에서 더욱 효과

	갱신력				
	없음 →	제한적임 →	점차 왕성해짐 →	뿌리움이 돋아남	
가문비나무속 Picea	참나무속 Quercus	버드나무속 Salix	유럽개암나무 Corylus avellana	병솔칠엽수 Aesculus parviflora	붉나무속 Rhus

나무를 잘라 냈을 때 움돋이풀이나 나무를 베어 낸 데서 새로운 싹이 돋아나옴로 갱신하는 정도는 그러데이션처럼 일련의 연속적 단계들을 이룬다. 한쪽 끝에 있는 식물은 밑동을 베어 냈을 때 전혀 재생하지 못하는 반면, 다른 쪽 끝의 식물은 원줄기를 자르지 않아도 뿌리움뿌리에서 새로 돋아나는 싹이 왕성하게 돋아나곤 한다.

비교적 큰 떨기나무는 이따금 밑동까지 바짝 잘라 주면 왜림작업 적당한 크기로 유지할 수 있다. 자주 잘라 주면 뿌리움이 더 돋아나기 때문에 보다 흥미로운 연출이 가능하다. 미국붉나무Rhus typhina나 사진 속 안개나무Cotinus coggygria처럼 익숙한 몇몇 식물의 키를 제한하고 뿌리움이 더 돋아나게 하는 기법을 적용해 볼 수 있다. 관리를 위해 쉽게 뽑아 낼 수 있고 다양한 크기의 식물 개체들로 구성된 작은 숲 형태로 유지하기도 쉽다. 하이라인에도 이러한 기법이 적용되었다. 안개나무는 북미 간선도로변처럼 반자연적인 숲가장자리 서식처에서 흔하게 볼 수 있는 식물이다. 때문에 심지어 2층 높이에 있는 하이라인에서도 '자연'을 아주 효과적으로 표현해 주고 있다.

적이다. 잘 다듬어진 특정 식물의 개성은 다른 식물과 상대적으로 다른 크기, 그리고 잎의 독특한 색·질감 등에 따라 더 강화된다. 잘 다듬어진 생울타리와 그것이 자라는 정원은 나무류가 더 넓은 경관의 일부를 차지하는 전원풍경 속에 녹아든다.

갱신벌채

큰키나무와 떨기나무는 움돋이를 하는 정도가 아주 다양하기 때문에 식물을 가꾸고 디자인에 활용하는 방식도 차이가 있다. 나무를 밑동까지 바짝 잘라 내더라도 죽지 않는 경우도 있는데, 침엽수는 거의 전부 죽어 버리겠지만 대부분의 낙엽수는 움이 많이 나와 다시 자란다. 왜림작업coppicing이라 일컫는 이러한 기법은 예로부터 숲 가꾸기에 활용되었다. 많은 떨기나무가 밑동 언저리에서 계속 움을 만들어 갱신한다. 오래된 줄기는 늙어서 상태가 나빠지지만 어린 가지가 많이 나와 곧게 자라 세대교체가 이루어진다. 그 결과 형체가 없고 헝클어진 덩어리처럼 되곤 하지만 밑동까지 바짝 잘라 주면 더 깔끔하고 곧게 자란 모습으로 연출할 수 있다.

일부 나무들은 수많은 여러해살이풀처럼 땅속에서 기는줄기를 통해 뻗어 나간다. 예를 들어 병솔칠엽수 Aesculus parviflora가 그런 방식으로 크게 무리를 이룬다. 붉나무속Rhus 종들도 정원사들 사이에서 뿌리움을 잘 만들기로 유명한데, 처음에는 잘 길들여진 홑줄기나무처럼 얌전히 자라다가 나중에 돌변하여 그렇게 된다. 해마다 또는 한 해 걸러 잘라 주면 붉나무속 식물을 비교적 작은 크기로 유지할 수 있고, 뿌리움에서 독특한 가지들이 나오는 걸 볼 수 있다. 아울러 어린나무들이 여러해살이풀, 지피식물과 어우러져 자라는 숲가장자리 서식처 같은 인상을 심어 줄 수 있다.

식재의 위계 : 중점식물, 바탕식물, 분산식물

초지 같은 야생식물군락을 잠깐만 봐도 실제로는 식물을 본 게 아니라는 사실을 곧 깨닫게 된다. 처음에는 밝은 색채의 꽃들에 눈길이 가고, 그 다음에는 구조가 뚜렷한 식물들이 보인다. 더 오래 보면 볼수록 미묘한 색이나 흥미로운 형태, 나란히 놓인 식물 배치와 조합 등 더 많은 것들이 보인다. 핵심요소를 반복하면 아주 효과적인데, 은은한 느낌의 요소들과 대비시켜 대규모로 반복하면 마음속에 더 깊이 각인될 것이다. 들판에 흰색 데이지꽃이 단 한 송이만 피어 있다면 누가 알아나 보겠는가? 십만 번 정도는 반복되어야 다른 것들보다 더 돋보일 수 있다. 식재에서 '즉각적 효과'를 발휘하는 종들이 중요하다는 말은 일리가 있다. 그런 종들은 눈에 잘 띄고 가장 효과가 좋은 식물들이다.

초여름에서 한여름 사이의 야생식물군락에서 가장 눈에 띄는 식물들을 빼고 나면 어떤 식물들이 남을까? 주로 크림색이나 담황색처럼 꽃 색깔이 은은한 종이 남아 있고, 새풀처럼 색과 구조가 강하지 않은 식물도 남아 있을 것이다. 끝으로 눈에 보이는 대부분이 평범한 배경을 이루는 녹색 잎이라는 사실을 인정할 수밖에 없다.

자연식물군락을 정원식재와 비교해 보자. 정원식재는 늘 그러하듯 시각적 효과에 주안점을 둘 것이다. 하지만 얼마나 더 시각적 효과에 집중해야 할까? 아울러 이러한 시각적 효과를 어떻게 분배하고 배경과는 어떻게 어우러지도록 해야 할까? 지금까지 정원디자인의 역사를 훑어 보면 공원이나 규모가 큰 조경공간을 제외하고 장기적으로는 높은 시각적 강도에서 낮은 강도로 나아가는 경향이 있고, 시각적 효과는 더 세분화되는 것처럼 보인다. 요즘 사람들이 빅토리아풍으로 만들어진 화단을 본다면 일부는 두통을 호소할지도 모른다. 색과 요소가 너무 많고 모든 게 돋보이기 때문에 머지않아 눈의 피로가 극에 달할 것이다. 뒤를 이어 등장한 20세기 초반의 여러해살이풀 화단도 색이 강렬했고 식물 배치가 너무 눈에 튀는 방식이었다. 20세기를 거치면서 일부 정원사들이 눈에 잘 띄지는 않지만 흥미로운 식물들에 주목하기 시작했다. 독일에서는 칼 푀르스터Karl Foerster, 1874-1970가 새풀과 고사리류를 쓰기 시작했고, 영국에서는 세드릭 모리스Cedric Morris, 1889-1982가 전에는 정원에서 쓰지 않던 식물을 다양하게 심어 사람들을 놀라게 했다. 모리스의 동료로 당시 젊은 여성이었던 베스 채토1923-2018가 있었다. 1960년대에 채토는 눈길을 끄는 색이 아니라 형태와 선이 매력적이고 자연의 우아함을 느낄 수 있는 식물들을 사용해 일부 보수적인 정원계 사람들을 어리둥절하게 만들었고 많은 이에게 영감을 주었다. 채토가 심었던 식물에는 크림색 아스트란티아속Astrantia과 녹색 대극속Euphorbia, 잎이 넓은 브루네라속Brunnera 등이 있다.

현대의 식재 취향이 잘 자리 잡을 수 있었던 이유는 대부분 채토 같은 선구자들 덕분이지만 아름답고 가치 있는 정원의 요소로 자연서식처나 반자연서식처를 만들어야 한다고 주장했던 이들 덕분이기도 하다. 이들은 야생화 초지나 프레리, 목가적인 비정형 생울타리 등의 도입을 제안했다. 야생화 애호가들로부터 많은 영향을 받은 정원사와 디자이너 들은 차분한 느낌의 식물 바탕에 시각적으로 효과가 좋은 식물을 배치하는 식재를 보다 쉽게 받아들이게 되었다. 초지에 자라는 야생화처럼 새풀 바탕에 실질적으로 돋보이는 식물을 높지 않은 비율로 심는 것이다.

시각적 효과 측면에서 위계를 구분해 식물을 생각하면 도움이 된다.

중점식물primary plant은 시각적 효과의 대부분을 이루는 식물이다. 기존 방식의 식재에서는 모든 식물이 중점식물로 여겨질 수 있지만, 그중에도 시각적 효과 측면에서 분명한 위계가 있다. 예를 들어 전통적인 영국 화단 양식에서는 시각적 효과가 높아 색과 구조가 돋보이는 식물들을 엷은 노란연두색 알케밀라 몰리스Alchemilla mollis처럼 시각적 효과가 낮은 식물과 서로 대비시킬 것이다. 새로운 양식의 식재에서는 시각적 효과가 낮은 식

노퍽주 펜스소프 정원의 8월 모습. 다양한 여러해살이풀이 그룹으로 모여 자라는 모습이 눈길을 사로잡는다. 빨간 꽃은 헬레니움 '루빈츠베르크'*Helenium* 'Rubinzwerg'다. 여러 곳에 흩어져 자라는 연분홍색 페르시카리아 암플렉시카울리스 '로세아'*Persicaria amplexicaulis* 'Rosea'도 매력적이다.

물 배경에 더 효과가 좋은 식물을 대비시키는데, 이 중에서 배경 역할을 하는 더 차분한 요소를 '바탕식물matrix plant'이라는 용어로 부르고자 한다.

바탕식재matrix planting는 한 가지 또는 제한된 종을 **집단으로**en masse 심고 그 안에 대개 시각적으로 더 돋보이는 다른 종들을 하나씩 개체로 심거나 중소규모의 그룹으로 심는 방식을 뜻한다.

빵 반죽 위에 견과류와 과일이 흩뿌려지는 과일케이크를 예로 들어 생각해 보면 중점식물과 바탕식물 사이의 관계를 더 쉽게 이해할 수 있을 것이다. 중점식물을 시각적 효과가 더 낮은 식물로 이루어진 바탕 전반에 나누어서 심으면 보다 자연스럽고 의도하지 않은 것처럼 보인다. 단지 심리적으로 연상되는 것일지라도, 시각적 효과가 낮은 식물이 커다란 집단을 이루고 그 안에 시각적 효과가 높은 식물이 무더기나 개체로 흩어져 자라는 야생서식처의 모습을 떠오르게 한다.

분산식물scatter plant은 대개 말 그대로 무작위로 흩어지게 심을 때 가장 효과적이다. 자연스럽고 자생적인 느낌을 더하는 역할을 하며 식재 전반에 흩어져 자라는 경우에는 시각적 통일감을 자아낸다.

그럼 이제 이렇게 구분된 식물들이 식재디자인에서 어떤 역할을 담당하고, 어떤 종을 쓸 수 있는지 더 자세히 살펴보도록 하자. 별다른 언급이 없는 한 전부 피트 아우돌프가 디자인한 식재다.

중점식물 - 그룹

소규모 가정 화단인 경우를 제외하고 식재디자인에서는 오랫동안 식물을 그룹으로 모아 심었다. 3개 정도로 작게 모아 심기도 하고 수백여 개를 블록으로 심기도 한다. 핵심은 한 가지 종이나 품종을 그룹으로 모아 심는다는 것이다. 개인정원보다는 더 큰 규모의 공공식재에 적합하긴 하지만, 여러해살이풀을 각각의 종마다 그룹으로 심는 방식은 여러 장점이 있다. 하나는 정원 관리직원들이 능숙하지 않거나 그들을 제대로 감독하기 어려운 경우 유지관리 업무를 간소화시킬 수 있다는 점이다. 더 분산된 형태의 식재에서는 잘 드러나지 않는 잎의 질감을 명확하게 표현할 수 있다는 장점도 있다.

공공공간에서 블록식재는 교육적인 역할도 한다. 대중들이 자기 정원에서 여러해살이풀을 더 대담하게 사용할 수 있도록 영감을 주는 것이 다양한 여러해살이풀이 자라는 공원과 공공정원의 역할이라는 사실은 의심의 여지가 없다. 여러해살이풀이 거의 쓰이지 않았던 지역에서 특히 그렇다. 사람들에게 영감을 주기 위해서는 식물이 어떻게 생겼는지를 제대로 보여 줄 수 있어야 하는데, 이때 한 가지 종을 그룹으로 모아 심으면 이 일을 가장 손쉽게 해낼 수 있다. 꽃이 어느 부분에 달리는지, 잎이 그 아래 땅과 어떤 관계를 맺고 있는지 알아보려 애쓸 필요 없이 식물의 색과 형태가 지닌 시각적 효과가 한눈에 들어오기 때문이다. 식물의 습성이나 잎 형태, 꽃 색깔 같은 복잡 미묘한 특성들은 대개 단일종 블록으로 심었을 때 제대로 인식될 수 있다. 그렇지만 어떤 식물이 절정기에 이르러도 줄기가 가늘거나 볼품없이 뻗어 나가는 경우라면 이웃한 식물과 서로 엮어서 자연스러워 보이도록 연출하는 편이 좋다. 전체적인 효과 면에서는 흠이 되겠지만 꽃이 지고 난 뒤, 병충해나 스트레스 때문에 식물이 헝클어지거나 볼품없어 보이는 모습도 교육적일 수는 있다. 그룹식재는 식물의 개성을 집중적으로 조명하고 그 결점들도 보여 줄 수 있다.

그룹 기반의 식재는 몇 가지 방법으로 보다 흥미롭게 연출할 수 있다.

- 그룹의 크기를 달리한다.
- 핵심 그룹을 반복하여 리듬감을 더한다.
- 띠무리 개념처럼 그룹 형태에 변화를 준다.
- 규모가 큰 그룹 안에 식물 개체나 소그룹을 반복적으로 드문드문 흩어지게 심는다.
- 두 가지 이상의 종으로 그룹을 구성하되, 서로 잘 어우러지는 식물들을 다양한 비율로 심거나 그룹을 이루는 대다수 식물보다 꽃이 더 빠르게 피거나 늦게 피는 식물을 낮은 비율로 더한다.

가장 마지막 방법은 단일종 블록이라는 기존 관행에 반하는 것이기 때문에 급진적인 성격을 띤다. 조심스럽게

후멜로에 아우돌프가 조성한 정원 일부가 육묘장으로 쓰이던 시절의 모습인데, 구조식재의 두 접근법을 아주 명확하게 보여 준다. 하나는 기하학적 형태로 다듬은 요소들을 일정한 형식에 따라 배치하는 것이다. 은빛 버들잎배나무 '펜둘라'*Pyrus salicifolia* 'Pendula'가 그러한 예다. 다른 하나는 바늘새풀 '칼 푀르스터'*Calamagrostis* 'Karl Foerster'처럼 식물을 흩어지게 심는 것이다. 새풀은 오랫동안 즐길 수 있기 때문에 어떤 방식으로 심어도 전부 매력적이다. 사진 속 새풀은 무작위 분산요소로 간주할 수 있다. 앞쪽에 있는 작은 큰키나무는 미국붉나무*Rhus typhina*인데, 식물 크기를 제한하기 위해 몇 년에 한 번 밑동까지 바짝 잘라 준다.

작게 무더기를 이룬 스타키스 오피시날리스 '후멜로'Stachys officinalis 'Hummelo'는 연녹색 세슬레리아 아우툼날리스Sesleria autumnalis와 극적인 대비를 이룬다. 세슬레리아 아우툼날리스는 7월의 뉴욕 하이라인 식재에서 바탕식물 역할을 한다. 스타키스가 어떻게 반복되고 있는지 주목해 보자.

이야기하자면 혼합식재라는 아이디어를 구현하기 위한 첫 단계라고 볼 수 있다.

아주 작은 규모의 주택정원을 제외한 모든 정원에서 반복으로 리듬감과 통일감을 만들어 내듯이, 식물을 비슷한 크기의 그룹으로 모아 심는 대규모 식재에도 반복은 분명 필요하다. 반복이 없는 그룹 기반 식재는 통일감이 떨어진다. 그러한 형태의 대규모 식재는 모든 식물을 하나씩 수집하는 주택정원영국에서는 대중에게 개방된 이러한 정원들을 '식물애호가의 정원'이라 에둘러 표현한다처럼 그저 이질적인 식물들의 무더기만을 보여 줄 뿐이다. 반복하여 심는 그룹은 오랫동안 구조가 유지되거나, 꽃이 오래 피지만 개화 이후에도 그럭저럭 볼만한 종들로 구성했을 때 가장 효과적이다. 93쪽에 있는 트렌텀 식재로 예를 들자면, 정신없을 정도로 많은 종이 자라는 것 같아도약 120종이 자란다, 대다수가 서로 밀접한 관계가 있기 때문에 실제로는 약 70종 정도가 눈에 띈다.

93쪽의 표는 트렌텀의 '꽃미로'에서 가장 많이 쓰인 식물 11종을 소개하고 있는데, 오랫동안 흥미가 유지되는 종들을 반복하는 게 중요하다는 것과 식물의 주요 볼거리가 꽃이라는 생각에서 벗어날 필요가 있다는 사실을 잘 보여 준다.

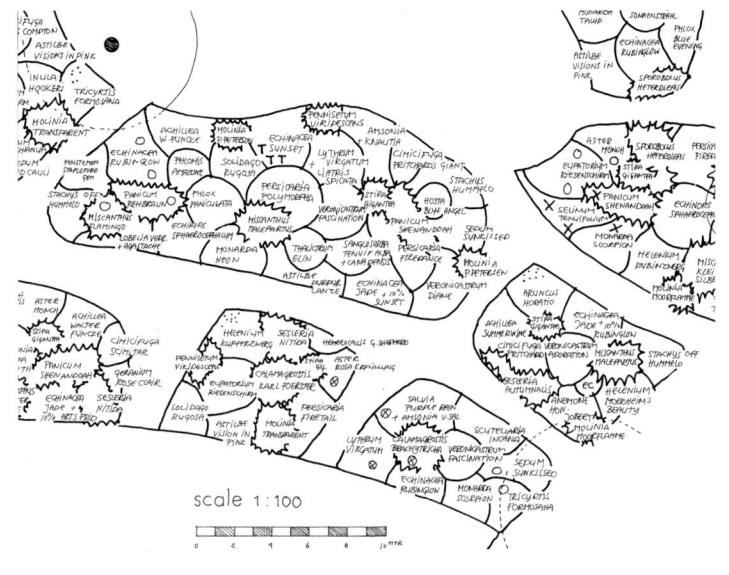

scale 1:100

잉글랜드 스태퍼드셔주Staffordshire 트렌텀Trentham에 있는 '꽃미로Floral Labyrinth', 2004~2007. 시골에 있는 주요 대저택 정원부지에 조성된 이곳은 이제 영국 중부 지방의 명소가 되었다. 길이 120미터, 폭 50미터 정도의 공간에 잔디 산책로가 넓게 나 있으며, 두 곳의 잔디 마당이 있다. 이곳은 아우돌프 식재의 발전 과정에서 흥미로운 부분을 차지한다. 노퍼주 펜스소프 자연보호구역 정원이나 스웨덴 엔셰핑Enköping의 드림파크Dream Park, 2003 같은 이전의 대규모 프로젝트들처럼 주로 각각의 종을 동일한 크기의 그룹으로 모아 심었지만 이후 프로젝트들에서 나타나는 식재의 복잡성이 증가하는 모습도 부분적으로 엿볼 수 있기 때문이다.

왼쪽 도면에서 볼 수 있듯 리트룸 비르가툼Lythrum virgatum과 리아트리스 스피카타Liatris spicata, 두 식물 모두 진분홍색 긴 꽃이삭이 특징이다처럼 일부 종을 섞어 심어 여러해살이풀 그룹들의 압도적인 느낌을 다소 누그러뜨렸다. 도면이 작아서 잘 보이지는 않지만, 밥티시아 '퍼플 스모크'Baptisia 'Purple Smoke', 5월부터 10월까지 덤불 같은 구조가 대단히 매력적이다와 아스트란티아 마요르 '로마'Astrantia major 'Roma', 분홍색 꽃이 오래 지속된다 같은 일부 식물도 작은 그룹으로 흩어져 전체 공간에서 반복되고 있다.

트렌텀 '꽃미로'의 계절별 흥미요소

꽃

잎 흥미요소

구조적 흥미요소 : 씨송이, 줄기, 새풀이삭

	초여름	한여름	늦여름	초가을	늦가을	겨울
아스트란티아 '로마'Astrantia 'Roma'	■		■	■		
밥티시아 '퍼플 스모크'Baptisia 'Purple Smoke'		■	■	■	■	
에키나세아 '루빈글로'Echinacea 'Rubinglow'		■	■	■	■	■
점등골나물 '리젠쉬름'Eupatorium 'Riesenschirm'		■	■	■	■	■
리트룸 비르가툼Lythrum virgatum		■	■	■	■	
몰리니아 '트랜스패어런트'Molinia 'Transparent'			■	■	■	
페르시카리아 '파이어댄스'Persicaria 'Firedance'		■	■	■	첫서리	
뿌리속단 '아마존'Phlomis 'Amazone'	■	■	■	■	■	■
세슬레리아 니티다Sesleria nitida	■				■	
큰나래새Stipa gigantea		■	■	■	■	■
버지니아냉초 '패시네이션'Veronicastrum 'Fascination'	■	■	■	■	■	

식물 그룹 만들기

역사경관의 성격을 띤 장소에 적용된 트렌텀의 블록 식재레바논시다(*Cedrus libani*)는 18세기나 19세기 초반에 식재된 것으로 보인다. 사진은 9월 풍경으로, 식물 그룹의 형태가 다소 모호해지면서 야생적인 모습을 드러내고 있다. 주황색 꽃은 헬레니움 '루빈츠베르크'*Helenium* 'Rubinzwerg'고, 오른쪽 새풀은 몰리니아 '트랜스패어런트'*Molinia* 'Transparent'다. 오른쪽 앞에 '레게머리'처럼 특이한 검은 씨송이는 버지니아냉초 '패시네이션' *Veronicastrum virginicum* 'Fascination'이다.

블록식재의 반복

트렌텀에서는 여러해살이풀 블록들을 큰 규모 화단들에 유기적인 형태로 배치해 화단 사이를 이리저리 거닐 수 있게 연출했다. 이런 모습의 대형공원은 식물을 각각의 개체나 작은 그룹으로 모아 심는 주택정원의 방식과 확실히 비슷한 점이 있다. 만드는 원리가 동일하기 때문이다. 사람들이 거닐 때 다양성여러 종류의 식물뿐만 아니라 식물이 반복될 때 익숙함이 느껴지도록 마치 물 흐르듯 이어지게 식재를 연출해야 한다. 규칙적으로 반복할 수도 있지만 식재가 비정형적인 경우는 무작위로 반복하는 편이 더 좋다. 무작위 반복은 잠재의식적으로 전달되기 때문에, 정원을 거닐면서 같은 종이 여러 번 반복되고 있다는 사실을 명확하지는 않아도 어렴풋하게 느끼게 된다.

식물을 개체로 반복하든 블록으로 반복하든, 반복은 1년의 시간 동안 다양한 양상으로 펼쳐진다. 50센티미터 이상 자란 여러해살이풀을 거의 찾아볼 수 없는 봄이나 초여름에는 모든 식물이 한눈에 보이기 때문에 반복의 효과가 확실하다. 실제로 정원을 이질적이거나 지저분해 보이지 않게 연출하려면 반복이 핵심이다. 여름과 그 이후에는 여러해살이풀이 더 높게 자라 반복의 명료함이 줄어든다. 그렇게 높이 자라면 식재를 감상하는 시점은 위에서 내려다보는 방식이 아니라 그 사이로 들여다보는 방식으로 바뀌게 되는데, 바로 옆에 자라는 식물이 시야를 가려 주기 때문에 아주 색다른 경험을 할 수 있다. 반복은 동일한 식물을 볼 때, 어쩌면 동일한 조합을 볼 때 느껴질 수 있다. 달리 말하자면, **공간상**이 아닌 **시간상**으로 반복될 때 인식되는 것이고 아울러 잠재의식적으로 인지될 가능성이 높다.

중점식물 - 띠무리

거트루드 지킬이 선호했던 띠무리는 블록식재에 너무 의존할 때 생길 수 있는 단조로움을 쉽게 해결해 준다. 띠무리는 길고 가늘며 구불구불한 형태이기 때문에 다양한 식물을 서로 가깝게 붙여 심을 수 있다. 많은 여러해살이풀들이 제멋대로 퍼지거나 서로 엮이는 습성이 있기 때문에 자연스럽게 섞여 자라는 듯한 인상을 줄 것이다. 하지만 무엇보다 띠무리 형태를 활용하면 식물 그룹을 정면에서 볼 때와 측면에서 볼 때가 달라지기 때문에 보는 이들이 걸어가면서 '변화'를 느낄 수 있다. 지킬의 띠무리는 20세기 초반 영국 정원디자이너들이 선호했던 장방형 가장자리화단을 위해 디자인된 것이다.

몰리니아 세룰레아 *Molinia caerulea* 품종들을 띠무리로 심은 트렌텀의 9월 풍경.

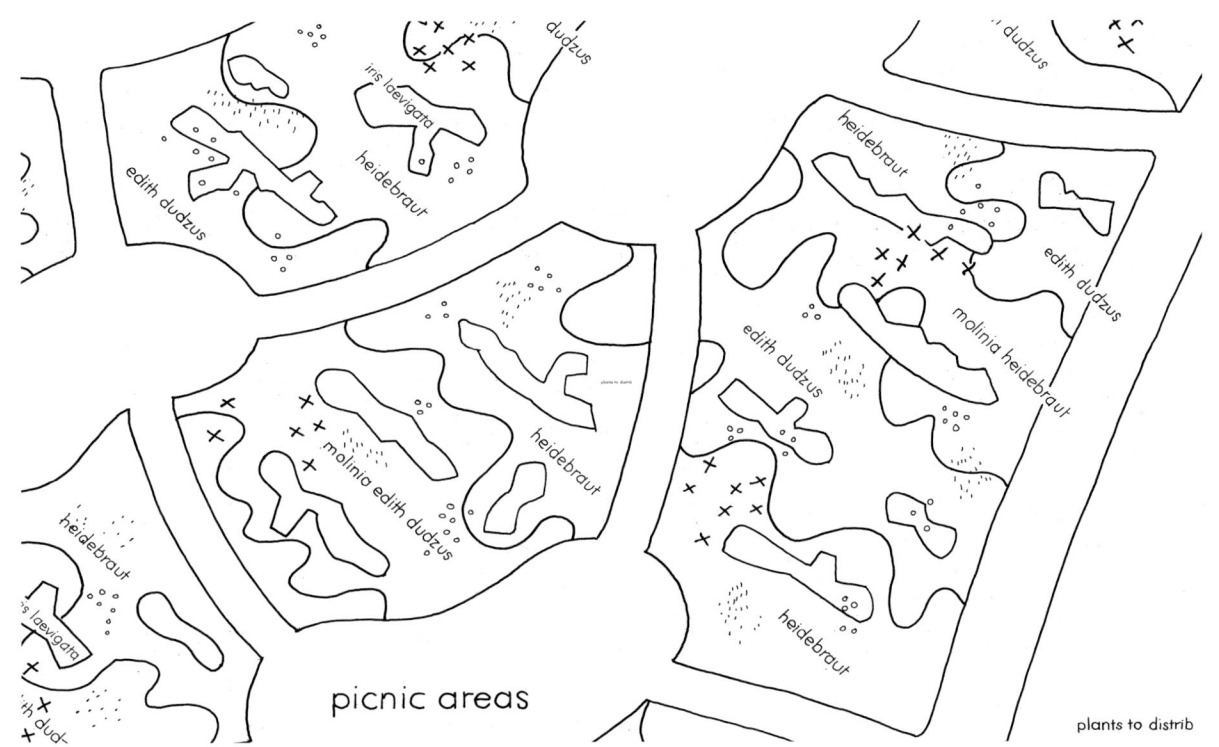

트렌텀에서는 새풀 종류인 몰리니아 세룰레아*Molinia caerulea* 두 가지 품종이 기본 바탕 역할을 하고, 그 사이사이에 여러해살이풀과 몇몇 떨기나무가 식재되었다. 새풀이 지배적이기는 하지만 전체적으로는 양식화해서 표현한 초지 모습이다. 여기서 주목해야 할 점은 몰리니아 두 품종 '하이데브라우트Heidebraut'와 '에디트 두추스Edith Dudszus' 모두 단일종 블록으로 심었지만 복잡한 띠무리 형태를 이룬다는 것이다. 단순히 섞어 심기만 했다면 두 품종이 너무 비슷하기 때문에 구분이 모호해졌을 것이다. 서로 분리된 띠무리 형태로 심었기 때문에 두 품종의 차이를 느낄 수 있다. 띠무리는 자연의 초원지대에 자라는 새풀의 미묘한 패턴을 떠오르게 하는 방식으로 식물들을 서로 섞고 엮어 주기도 한다.

6월 초 트렌텀의 '새풀강the rivers of grass'에 몰리니아 세룰레아 '하이데브라우트'*Molinia caerulea* '*Heidebraut*'와 '에디트 두추스' *M.c.*subsp.*caerulea* '*Edith Dudszus*' 사이로 시베리아붓꽃*Iris sibirica* 품종들이 꽃을 피웠다. 노란색 유럽금매화*Trollius europaeus*와 연분홍색 페르시카리아 비스토르타*Persicaria bistorta*도 일부 보인다. 모두가 이 지역에 이따금 발생하는 침수에도 잘 견디는 종이다.

서리주Surrey에 있는 영국왕립원예협회 위슬리가든은 네다섯 가지 품종을 조합한 식재 띠들로 장방형 부지에 띠무리식재를 적용했다. 관람객이 중앙의 잔디 통로를 거닐 때 식재의 긴 쪽이 보이도록 심었다. 식재도면의 기하학적 형태는 식물이 무성하게 자라며 뒤섞이기 때문에 실제로는 보이지 않는다. 사진으로 보았을 때 짙은 청색 꽃이삭이 매력적인 배초향 '블루 포천'*Agastache* 'Blue Fortune'과 흰색 유카잎에린지움*Eryngium yuccifolium*이 한데 뒤섞여 자라고 있다. 뒤쪽에는 또 다른 식재 띠를 이루는 보라색 버지니아냉초 '패시네이션'*Veronicastrum virginicum* 'Fascination'이 보인다. 오른쪽에 있는 떨기나무는 독특한 씨송이가 돋보이는 안개나무*Cotinus coggygria*다.

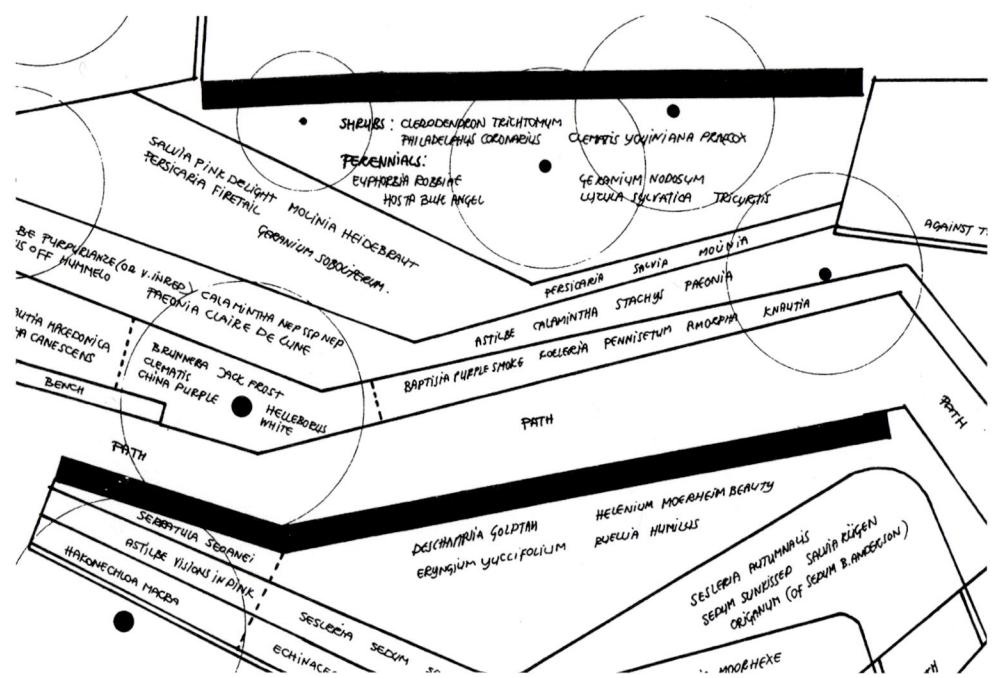

런던 포터스필즈파크의 도면 일부. 이처럼 들쭉날쭉한 형태의 띠무리를 활용하는 방식은 단순한 혼합식재 조합들을 만들 때 효과적이다.

런던 포터스필즈파크에서는 새풀과 여러해살이풀이 조합된 띠무리들이 단정하면서도 극적인 효과를 보여 준다. 앞쪽에는 에키나세아*Echinacea purpurea*와 흰색 꽃이 피고 제멋대로 번지는 습성이 있는 칼라민타 네페타 네페타*Calamintha nepeta* subsp. *nepeta*가 뒤섞여 자라고 있다. 뒤쪽 배경에 있는 식물은 좀새풀 '골트타우'*Deschampsia cespitosa* 'Goldtau'다.

앞쪽에는 세슬레리아 아우툼날리스*Sesleria autumnalis*의 띠무리가 있고, 그 뒤쪽으로 헬레니움 '무어하임 뷰티'*Helenium* 'Moerheim Beauty'와 좀새풀이 자란다. 다른 여러해살이풀들도 각각 띠무리를 이루지만 사진에서는 보이지 않는다. 이 공원에서 띠무리 기법은 강한 운동감을 자아낸다. 비교적 단순하고 관리하기 쉬우면서도 시각적으로도 풍부한 최선의 절충안을 선택했다고 할 수 있다.

더 발전된 형태의 띠무리는 대여섯 품종의 간단한 조합으로 커다란 띠무리를 구성하는 방식이다. 이 방식은 2001년 서리주에 있는 영국왕립원예협회 위슬리가든의 화단 두 곳에 대규모로 적용되었다. 각각의 띠무리는 크기는 동일하고 형태는 아주 기하학적이었다. 하지만 실제로는 식물들의 잎이 직선의 경계를 벗어나고 다양한 식물이 섞인 혼합체이기 때문에 엄격히 통제된 느낌은 들지 않는다.

띠무리는 전통적인 블록식재에서 벗어나고 싶지만 경험이 없어 복잡한 혼합식재를 쓰기는 부담스러운 정원사와 디자이너에게 적합한 절충안이다. 식물이 서로 뒤섞이는 듯한 착시 현상을 일으킬 수 있고 혼합식재보다 식재를 지속적으로 관리하는 데 많은 장점이 있다. 중간에 한 번 정리하거나 다듬어야 할 식물이 있을 때 더 접근하기 쉬울 뿐만 아니라 식물을 추가로 심기에도 편하다. 예를 들어 기존의 여러해살이풀식재에 추가로 심는 것이 어렵다고 알려진 알뿌리식물도 손쉽게 심을 수 있다. 가장 중요한 점은 아마도 식재를 덜 복잡하고 예측 가능하게 만들어 주기 때문에 식물에 관한 지식이 부족한 관리직원들이 잡초를 제거하고 식재를 관리하기가 더 쉬워진다는 것이다.

반복식물

블록식재에 리듬감과 변화감을 더하거나 그 덩어리진 느낌을 풀어 주기 위해 흔히 식물 개체나 소그룹을 일정한 간격으로 반복하여 심는다. 반복식물이 통일감을 자아낸다는 점이 가장 중요하다. 개인정원이든 큰 규모의 공공 공간이든 오랫동안 돋보이는 일부 식물을 반복하면 '여기는 하나의 디자인과 비전이 있는 곳'이라는 생각이 들게 한다. 반복식물은 보는 이의 시선을 이끄는 역할을 할 수 있다.

더 작은 규모에서는 특정한 하나의 공간에 반복식물로 통일감을 줄 수 있는데, 이런 경우 정원의 나머지 부분과 차별화될 수 있는 뚜렷한 개성을 부여할 것이다. 반복식물의 이 두 가지 사용법 모두 네덜란드 로테르담의 뢰버호프트Leuvehoofd에서 볼 수 있다117~119쪽 참조.

네덜란드 판페헐가든van Veggel garden, 2011의 그늘식재 부분. 연필로 그려진 곡선은 나무의 수관을 나타낸다. 전체 도면에서 일부를 가져온 이 부분은 그늘에서 잘 견디는 식물들로 이루어진 그룹식재에 반복식물들이 흩뿌려진 듯한 배치를 보여 준다. 그림 아래쪽에는 주요 반복식물이 표기되어 있다. 반복식물의 개수는 기호로 알 수 있고, 중국금꿩의다리 '알붐'Thalictrum delavayi 'Album'은 무작위로 흩어지게 심으라는 추가 설명이 있다. 금꿩의다리를 제외한 모든 반복식물은 촘촘한 무더기를 이루며 자란다. 금꿩의다리는 긴 줄기와 솜털 같은 꽃송이가 잘 두드러지지 않는 탓에 시각적 효과를 높이려면 작은 그룹으로 반복해서 심어야 한다. 블록 가장자리 형태에 주목해 보자. 이처럼 물결 모양으로 디자인하면 식물 그룹들 사이 경계를 모호하게 연출할 수 있다.

기호	한국명 / 학명
M	접시목련꽃 '솔리테어' *Magnolia ×soulangeana* 'Solitair'
Co	산딸나무 *Cornus kousa*
AG	중국복자기 *Acer griseum*
Hᵖ	인테르메디아풍년화 '팔리다' *Hamamelis ×intermedia* 'Pallida'
Hᴼᴿ	인테르메디아풍년화 '오렌지 필' *Hamamelis ×intermedia* 'Orange Peel'
VA	좀우단아왜나무 '앨러게이니' *Viburnum ×rhytidophylloides* 'Alleghany'
Q	떡갈잎수국 '플레미게아' *Hydrangea quercifolia* 'Flemygea'

- 시베리아붓꽃 '페리스 블루' *Iris sibirica* 'Perry's Blue'
- 점등골나물 '퍼플 부시' *Eupatorium maculatum* 'Purple Bush'
- 아스테르 프리카르티이 '묀히' *Aster ×frikartii* 'Mönch'
- 대상화 '파미나' *Anemone ×hybrida* 'Pamina'
- 퓨세다눔 베르티실라레 *Peucedanum verticillare*
- 빈 공간을 채우는 식물:
  몰리니아 세룰레아 세룰레아 '에디트 두추스'
  Molinia caerulea subsp. *caerulea* 'Edith Dudszus'

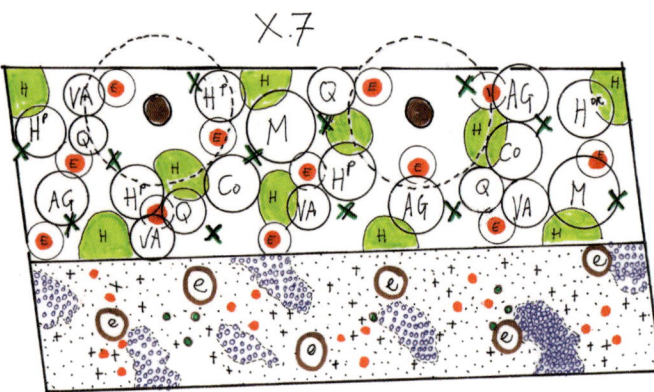

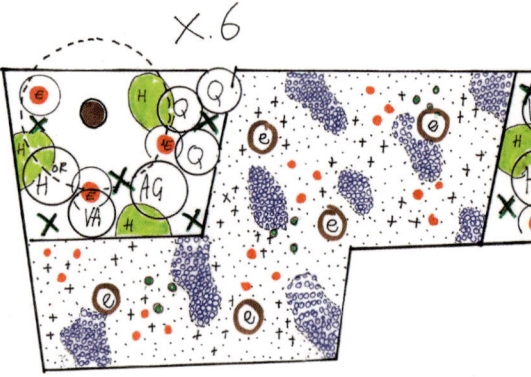

Client: DS+V Gemeente Rotterdam
Planting Design Westerkade
Scale: 1:100
Date: 30 January 2010
Design: Piet Oudolf, Hummelo

- 풍지초 *Hakonechloa macra*
- 페랄키쿰삼지구엽초 '프뢴라이텐'
  Epimedium ×perralchicum 'Fröhnleiten' 구역 X.5, X.6, X.7
  큰꽃삼지구엽초 '릴라페' *E. grandiflorum* 'Lilafee' 구역 X.4
- 폴리스티쿰 세티페룸 '헤렌하우젠'
  Polystichum setiferum 'Herrenhausen'
- 빈 공간을 채우는 식물:
  게라니움 옥소니아눔 '클래리지 드루스'
  Geranium ×oxonianum 'Claridge Druce' 60%
  털휴케라 '브라우니스'
  Heuchera villosa 'Brownies' 30%
  선갈퀴 *Asperula odorata* 10%

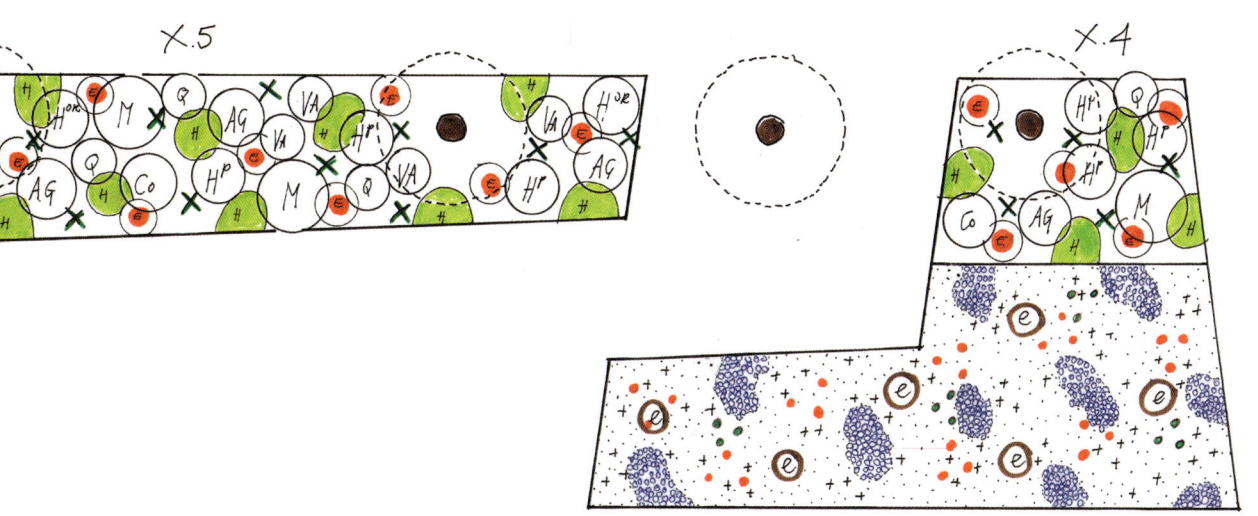

로테르담 마스강Maas river의 오래된 부둣가 베스테르카더의 공공식재. 다양한 크기의 화단들이 수백 미터 정도로 길게 이어진다. 식재는 두 가지 조합으로 이루어져 있다. 하나는 기존 느릅나무의 수관 아래에 관상가치가 있는 작은큰키나무, 산분꽃나무속Viburnum이나 수국속Hydrangea 같은 떨기나무, 잎이 매력적인 여러해살이풀을 심었다. 나무 그늘을 벗어난 탁 트인 곳에는 새풀 종류인 몰리니아속Molinia 식물을 바탕으로 심고 그 안에 한정된 종류의 여러해살이풀들을 심었다. 그중에서 키가 크고 자연발아를 잘하는 산형과 식물 퓨세다눔 베르티실라레Peucedanum verticillare는 뜻밖의 즐거움을 제공하는 동시에 인상적인 겨울 장면을 연출한다. 하지만 퓨세다눔만으로는 충분하지 않아 키가 더 작고 짙은 색 꽃이 피는 참당귀Angelica gigas도 심었다.

독일 함Hamm에 위치한 막시밀리안파크Maximilianpark, 2009~2010 도면 일부

앞에서 본 판폐헐가든 도면에서처럼 좋은 반복식물은 개성이 뚜렷하고 오래도록 흥미가 유지되어야 한다. 그게 아니라면 적어도 단정하게 사라지거나 표나지 않게 죽어야 한다. 판폐헐가든에는 다음과 같은 반복식물을 심었다.

• 비비추 (타르디아나 그룹) '핼시언'*Hosta* (Tardiana Group) 'Halcyon' - 봄부터 가을까지 보기 좋다.
• 아스테르 오블롱기폴리아 '옥토버 스카이스'*Aster oblongifolius* 'October Skies' - 단정한 반구형이며, 꽃은 늦게 핀다.
• 폴리스티쿰 세티페룸 '헤렌하우젠'*Polystichum setiferum* 'Herrenhausen' - 봄부터 가을까지 보기 좋다.
• 폴리고나툼 히브리둠 '바이엔슈테판'*Polygonatum* ×*hybridum* 'Weihenstephan' - 봄에 꽃과 구조가 매력적이다. 빠르게 휴면에 들어갈 수 있지만 단정한 느낌으로 사라진다.
• 대만뻐꾹나리*Tricyrtis formosana* - 비교적 눈에 띄지 않다가 늦게 꽃이 핀다.
• 살비아 프라텐시스 '핑크 딜라이트'*Salvia pratensis* 'Pink Delight' - 색과 구조 둘 다 좋고, 꽃이 진 뒤에도 단정해 보인다.
• 중국금꿩의다리 '알붐'*Thalictrum delavayi* 'Album' - 꽃이 있든 없든 비교적 눈에 잘 띄지 않는다. 뒤에 있는 식물들의 모습을 드러내 주기 때문에 이웃한 식물 그룹들이 주는 단단하고 견고한 느낌에서 벗어나 시각적인 여유를 선사한다.

독일 막시밀리안파크에서는 비슷한 크기의 그룹들을 반복식물과 섞어 심었다. 반복식물로는 색이나 구조적 흥미가 오래도록 유지되거나, 그렇지 않으면 먼저 나오는 잎이 매력을 발산하다가 늦은 시기에 흥미를 더하는 식물을 선택했다. 게라니움 프실로스테몬Geranium psilostemon은 그 예외인데, 쥐눈이풀속Geranium 종류는 꽃이 진 뒤에 구조가 빈약해지거나 지저분한 모습으로 변하기 때문이다. 하지만 이곳에서는 좀 더 키가 큰 식물 사이에 심어 식물이 사라졌을 때 나타나는 모습을 고려했다. 하지만 초여름에는 사람들의 눈을 사로잡고 식재에 통일감을 주기 위해 활기 있는 색채의 꽃들이 중요하다. 도면에서 반복식물이 몇 종류나 있는지 살펴보면 흥미롭다. 가장 많이 쓰인 일부 종 그룹이 나머지 종들 그룹보다 두 배 정도로 많다. 특정 식물들이 시각적으로 지배적이라는 의미다. 이러한 식물들에는 구조상 흥미롭지만 동시에 비교적 은은한 느낌의 새풀 두 종류몰리니아 '트랜스패어런트'(Molinia 'Transparent'), 큰개기장 '셰넌도어'(Panicum 'Shenandoah'), 그리고 밝은색 꽃이 늦은 시기에 피고 위로 곧게 자라면서도 아스테르속Aster 중에서는 드물게 구조가 단정한 개미취 '진다이'Aster tataricus 'Jindai'가 있다. 출현 빈도가 가장 낮은 식물들 중에는 페르시카리아 암플렉시카울리스 '오렌지 필드'Persicaria amplexicaulis 'Orange Field'와 대왕금불초 '조넨슈트랄'Inula magnifica 'Sonnenstrahl'이 있다. 이들은 크기가 크고 부피감이 있기 때문에 조금만 심어도 시각적 효과가 좋다.

아래 표에 기재된 반복식물의 개수는 다음과 같다.

- 원형 기호당 3개 : 서양등골나물 '초콜릿'Eupatorium 'Chocolate', 게라니움 프실로스테몬Geranium psilostemon, 대왕금불초 '조넨슈트랄'Inula magnifica 'Sonnenstrahl', 몰리니아 '트랜스패어런트'Molinia 'Transparent', 큰개기장 '셰넌도어'Panicum 'Shenandoah', 가는오이풀 '알바'Sanguisorba tenuifolia 'Alba'

- 원형 기호당 3개에서 5개 : 눈개승마 '호라티오'Aruncus 'Horatio', 페르시카리아 암플렉시카울리스 '오렌지 필드'Persicaria amplexicaulis 'Orange Field', 버지니아냉초 '알붐'Veronicastrum virginicum 'Album'

- 원형 기호당 7개에서 9개 : 아코니툼 '스파크스 버라이어티'Aconitum 'Spark's Variety', 개미취 '진다이'Aster tataricus 'Jindai', 금꿩의다리Thalictrum rochebrunnianum

독일 막시밀리안파크의 계절별 흥미요소

	초여름	한여름	늦여름	초가을	늦가을	겨울
아코니툼 '스파크스 버라이어티'Aconitum 'Spark's Variety'						
눈개승마 '호라티오'Aruncus 'Horatio'						
개미취 '진다이'Aster tataricus 'Jindai'						
서양등골나물 '초콜릿'Eupatorium 'Chocolate'						
게라니움 프실로스테몬Geranium psilostemon						
대왕금불초 '조넨슈트랄'Inula magnifica 'Sonnenstrahl'						
몰리니아 '트랜스패어런트'Molinia 'Transparent'						
큰개기장 '셰넌도어'Panicum 'Shenandoah'						
페르시카리아 암플렉시카울리스 '오렌지 필드'Persicaria amplexicaulis 'Orange Field'						
가는오이풀 '알바'Sanguisorba tenuifolia 'Alba'						
금꿩의다리Thalictrum rochebrunnianum						
버지니아냉초 '알붐'Veronicastrum virginicum 'Album'						

■ 꽃   ■ 잎 흥미요소   ■ 구조적 흥미요소 : 씨송이, 줄기, 새풀이삭

8월의 하이라인에는 길게 뻗은 산책로를 따라 새풀 종류인 스포로볼루스 헤테롤레피스 *Sporobolus heterolepis*와 큰개기장 '셰넌도어' *Panicum* 'Shenandoah'가 바탕을 이루고 노란색 잔털루드베키아 *Rudbeckia subtomentosa*가 반복되고 있다. 이러한 모습은 미국의 간선도로변이나 교란되지 않고 남아 있는 프레리처럼 새풀이 지배적이고 여러해살이풀 꽃들이 점점이 흩뿌려진 반자연서식처와 놀랄 정도로 비슷하다.

바탕식재

바탕식재 개념은 오래전부터 있어 왔지만 애석하게도 식재디자인에서 쓰는 다른 용어들처럼 사람마다 다르게 이해하고 있다. 그러한 이유 중 하나는 단어 뜻을 잘못 알고 있기 때문이다. 《영어미국문화유산사전American Heritage Dictionary of the English Language》에 따르면 '바탕matrix'이라는 단어는 '사물이 생겨나고 발전하거나 그것의 모체가 되는 주변 물질'을 뜻한다. 이 책에서는 그런 의미로 쓸 것이다. 앞서 바탕을 설명하면서 과일케이크에 비유한 것처럼 말이다.

바탕은 일부 종이 생물량biomass, 일정한 공간에 존재하는 모든 생물체의 유기물량의 대부분을 차지하고 그 밖의 여러 종들이 규모는 작아도 시각적으로 중요한 역할을 하면서 점점이 흩어져 자라는 자연서식처의 모습을 떠오르게 한다. 그래서 바탕식물은 색이 부드럽고 형태가 튀지 않는 시각적으로 차분한 식물이 적합하다. 또한 공간을 효과적으로 채워 줄 수 있어야 한다. 부분적으로 지피식물 역할을 해야 하고 적어도 땅바닥은 가려 줄 수 있어야 한다, 다른 종들과 잘 어우러질 수 있어야 한다. 바탕식물은 늘 보기 좋거나 적어도 어느 정도는 단정해 보여야 한다는 게 핵심이다. 절정기가 지난 뒤에도 좋은 구조가 유지되어야 하고, 쓰러진다거나 볼품없는 흙투성이 모습이어서는 안 된다.

새풀은 확실한 바탕식물인데, 특히 줄기가 다발로 모여나는 새풀총생형(cespitose) 식물이나 서서히 촘촘한 무더기를 이루는 식물이 제격이다. 새풀은 생리적 효율에 관련된 여러 이유 때문에 주로 온대 기후대 들판에 우점하는 식물이다. 제임스 히치모나 카시안 슈미트 같은 연구자와 전문가 들은 줄기가 모여나는 새풀을 활용하면 효과적으로 저관리형 식재를 구현할 수 있다고 주장한다. 그러한 종류의 새풀들은 대개 아주 오래 살고 안정적이며 제한된 공간에서 양분이 순환되는 '닫힌양분순환closed nutrient cycle'을 한다. 식물 주변에 쓰러진 오래된 잎들이 썩어 가면서 양분이 순환되는 것이다. 그 결과 식물들 사이에 경쟁이 일어날 수 있는 환경을 만들어 잡초의 생장을 줄여 주는 긍정적인 효과가 나타난다. 하지만 기는줄기를 뻗지 않고, 잔디나 느리게 번지는 참억새속 Miscanthus 또는 바늘새풀 '칼 푀르스터'Calamagrostis 'Karl Foerster'처럼 아주 촘촘한 초관풀의 가지와 잎이 달려 있는 부분을 형성하기 때문에 꽃피는 여러해살이풀을 사라져 버리게 할 정도로 심하게 경쟁하지는 않는다. 수명이 긴 여러해살이풀이나 이와 비슷한 생육형태를 지닌 그 밖의 종들은 장기적으로 보면 안정적인 동반자가 될 수 있다. 아우돌프는 초기 바탕식재에서 지배적인 새풀 종류로 좀새풀 Deschampsia cespitosa을 사용했다. 좀새풀은 토양이 비옥한 재배환경에서는 비교적 짧게 살지만 자연발아를 잘하기 때문에 장기적으로는 전부 없어지거나 지나치게 많아질 수 있다. 그래도 경쟁하는 다른 식물의 성장세를 완전히 꺾어 버리지는 않기 때문에 수많은 식물과 사이좋게 지내는 것처럼 보인다는 장점이 있다. 수명이 긴 몰리니아 세룰레아Molinia caerulea 품종도 안정적이다. 많은 재배품종이 촘촘한 무더기를 이루지만 식물 사이를 맨땅으로 남겨 두기 때문에 칼라민타속Calamintha 품종처럼 느리게 번지는 식물과 함께 심으면 가장 좋다. 좀새풀과 비슷하게 안개 낀 것 같은 아스라한 모습이 매력적인 스포로볼루스 헤테롤레피스Sporobolus heterolepis도 바탕식물로 잠재력이 크다. 실제로 이 식물은 자연에서도 중요한 바탕식물 역할을 한다. 건조한 프레리 자생지에서는 수십 년을 산다고 알려져 있지만, 서늘한 유럽 기후에서는 자리 잡기까지 시간이 더 오래 걸린다.

새풀과 생태적 특성자연에서 우점하는 습성, 시각적 특성 가늘고 긴 잎이 비슷해서 바탕식물 역할을 대체할 수 있는 사초속Carex이나 그 밖의 식물들은 그 잠재력이 무궁무진하다. 이처럼 수명이 길고, 대개 상록성이며, 스트레스를 잘 견디고, 회복력이 뛰어난 식물은 바탕의 표면이 늘 매끄러운 느낌을 준다. 상록성 식물 중에서 바탕식물로 심을만한 다른 식물로는 다소 습한 기후에서 자라는 꿩의밥속Luzula과 여름이 덥고 습한 기후에서 자라는 맥문

몰리니아 세룰레아*Molinia caerulea*를 활용한 햄프셔주 베리코트의 단순한 바탕식재로, 초지의 모습처럼 대규모로 자라고 있다. 사진은 바탕식재 안에서 장구채산마늘*Allium sphaerocephalon*과 수명이 짧지만 자연발아를 잘하는 디기탈리스 페루기네아*Digitalis ferruginea*의 꽃이 핀 7월의 모습이다.

동속*Liriope*, 맥문아재비속*Ophiopogon*이 있다. 맥문동속과 맥문아재비속 식물은 미국 남동부, 중국 동부와 일본 대부분의 지역에서 흔하게 사용된다. 왕성하게 번지거나 촘촘한 무더기를 이루는 정도가 종마다 다르기 때문에 정원사와 디자이너에게 큰 기회요소다. 이러한 식물들은 모두 '새풀 같은 식물'로 흔히 알려져 있다. 새풀처럼 보이지만 실제로는 그렇지 않다는 사실을 기억해야 한다. 새풀은 이러한 종들과 생리적 특성이 다르고 햇빛과 양분 확보에 더 욕심을 부리는 경향이 있다.

바탕식물로 잠재력이 있는 그 밖의 식물로 휴케라속

Heuchera, 텔리마속*Tellima*, 삼지구엽초속*Epimedium* 품종이나 숲에 자라는 범위귀속*Saxifraga*가 있다. 무더기를 이루며 자라고 주로 잎을 보기 위해 키우는 식물들이다. 이러한 식물들이나, 이와 비슷하게 반상록성 잎과 번지는 습성을 지닌 식물들은 주로 숲 바닥층 식생을 이루는 주요 구성원이다. 시베리아붓꽃*Iris sibirica*은 작은 규모로 바탕식재를 할 때 심을 수 있다. 개화기가 아주 짧기 때문에 가느다란 띠 모양 잎이 새풀과 거의 비슷한 역할을 한다. 아울러 늘 단정해 보이고, 아주 오래 살며, 씨송이도 매력적이다. 하지만 잎이 느리게 썩고 촘촘한 이엉처럼 남아 경쟁자가 올라오지 못하도록 눌러 버리는 습성이 있다. 그래서 그에 견줄 만큼 튼튼한 식물을 함께 심거나 유지관리 계획을 세울 때 남은 잎들을 제거해야 한다는 점을 확실히 해 두어야 한다.

끝으로 늦게 꽃이 피는 여러해살이풀도 바탕식재에 보조적인 역할을 할 수 있다. 큰꿩의비름*Sedum spectabile*이나 자주꿩의비름*S. telephium*에서 유래한 세둠속*Sedum* 품종, 넓은잎스타티스*Limonium platyphyllum*, 지중해에린지움*Eryngium bourgatii* 같은 일부 에링기움속*Eryngium* 식물은 아주 수명이 길고, 스트레스특히 건조에 강하며, 늘 단정한 모습을 유지한다. 시카고 루리가든에서는 넓은잎스타티스의 무수한 꽃들이 부드러운 실안개를 이루고, 다른 꽃들이 그 안에 뒤섞이며 흐릿해지는데, 이러한 모습은 바탕이라는 시각적 요소의 잠재력을 잘 보여 준다.

'바탕'을 기반으로 한 식재에서는 한정된 종류의 식물을 쓰기 때문에 오랫동안 같은 공간을 계속 점유할 수 있는 비교적 안정적인 식물이 필요하다는 사실을 기억해야 한다. 줄기가 모여나는 여러 총생형 새풀이 이에 해당하며, 자주꿩의비름 품종이나 넓은잎스타티스처럼 꽃이 피는 여러해살이풀도 마찬가지다. 시베리아붓꽃과 텔리마속처럼 작게 무더기를 이루는 식물들은 느리게 번지지만 알맞은 조건에서는 오랫동안 공간을 점유할 수 있는 확실한 능력이 있다.

줄기가 모여나는 새풀이나 사초류를 심는 방식은 분명히 자연에서 볼 수 있는 모습을 재현하는 것이다. 새풀은 아니지만 무더기를 이루며 자라는 식물들을 심는 방식도 자연에서 본보기를 찾아볼 수 있다. 햇빛과 그 밖의 조건들이 충족된 숲 바닥층에 이러한 식물들이 우세하는 것처럼 말이다. 하지만 무더기를 이루며 자라는 습성이 같아도 중장기적으로 효과를 유지하는 능력은 여러해살이풀마다 큰 차이가 난다. 심지어는 같은 속 식물이라도 품종에 따라 차이가 확연하다. 땅바닥을 덮어 주기 위한 식물을 선택할 때 이러한 측면이 더 강조된다. 휴케라속 식물을 예로 들면, 어떤 품종은 효과가 좋지만 다른 품종은 그렇지 않아서 몇 해만 지나면 곳곳에 틈이 생기거나 전부 죽어 버리기도 한다.

키가 작고 뿌리줄기로 자라서 땅바닥을 덮거나 공간을 채우는 데 효과적인 종들도 바탕식물로 좋다. 일반적으로 이러한 식물들은 새풀이 잘 자라지 못하는 그늘이나 반그늘에 더 알맞다. 공작고사리*Adiantum pedatum*처럼 키가 작고 잘 번지는 일부 고사리류나 플록스 스톨로니페라*Phlox stolonifera*가 그 예다. 유포르비아 시파리시아스*Euphorbia cyparissias*처럼 탁 트인 서식처에 자라는 몇몇 종은 이따금 대규모로 자라는 새풀이나 그 밖의 초지 식물들 사이에서 저절로 싹이 난다. 재배환경에서는 더 촘촘하게 무더기를 이루는 식물들 사이 틈을 빠르게 채워 주지만, 키가 큰 식물과 경쟁하게 되면 쉽게 밀려난다. 슬로바키아의 최근 연구에 따르면 일부 대극속*Euphorbia* 종이 특정 식물에 타감작용을 일으킬 수 있다고 한다. 다시 말해, 독성 화합물질을 분비하여 이웃한 다른 식물의 생장을 억제하는 것이다.

많은 정원사와 디자이너는 바탕 개념을 단순하게 적용하는 것을 좋아하기 때문에, 제한된 한 종류의 식물조합만이 무작위로 넓게 펼쳐지고 그 안에 다른 식물들은 더 적은 개수로 더해질 것이다. 개인정원이나 규모가 작은 공간에서는 균일한 무언가를 뜻하는 바탕의 개념이 중요해진다. 바탕이라는 개념은 부분적으로 단순함을 뜻하기 때문이다. 하지만 자연의 모습은 그것과는 다르다! 북미 프레리나 중유럽 초지처럼 식물들이 풍부한 초원지대를 거닐면 이러한 곳들이 얼마나 복잡하게 구성되어 있는지 바로 깨닫게 될 것이다. 처음에는 새풀과 여러해살이풀의 균일한 덩어리로 보이지만 자세히 들여다보

세슬레리아 아우툼날리스*Sesleria autumnalis*가 바탕을 이루고 그 안에 배초향 '블루 포천'*Agastache* 'Blue Fortune'과 에키나세아*Echinacea purpurea* 품종, 뒤쪽에는 버지니아냉초*Veronicastrum virginicum*가 자란다. 새풀 종류인 세슬레리아는 지나치게 번지지 않으면서 매트처럼 촘촘하게 자라기 때문에 잡초가 들어서지 못하게 한다는 장점이 있다. 아울러 화단 앞쪽에 심으면 연둣빛 잎이 다른 식물들의 꽃 색깔을 아주 돋보이게 해 준다. 사진은 아일랜드 카운티코크 가든County Cork garden의 7월 모습이다.

9월 말 뉴욕 하이라인에서는 칼라마그로스티스 브라키트리카 *Calamagrostis brachytricha*가 바탕을 이루고, 그 안에 터리톱풀 '파커스 버라이어티'*Achillea filipendulina* 'Parker's Variety'의 씨송이와 노란색 솔잎금계국*Coreopsis verticillata*이 약간의 색채와 선명함을 더한다.

면 그 속에 담긴 복잡한 패턴과 거듭되는 변화를 볼 수 있다. 특히 장식적인 여러해살이풀 같은 보조요소들은 분포에 커다란 변화를 보이는데, 이는 분명한 사실이다. 물론 주를 이루는 요소주로 새풀들의 분포도 달라진다. 자연서식처를 거닐어 본다면 한 가지 종이 한 지역에 집중되어 자라고 다른 지역으로 옮겨 가면 다른 종이 더 중요해진다는 사실을 알 수 있다.

대규모 조경식재의 경우 흥미롭고 자연스러워 보이는 효과를 내려면 넓은 지역에 동일한 종으로 바탕식물을 심지 않는 것이 좋다. 여러 바탕식물로 전이효과를 주면 하나의 종에서 다른 종으로 이어지는 자연의 특성과 비슷하게 연출할 수 있다. 또한 규모가 큰 블록에서도 여러 종류의 바탕식물을 쓸 수 있는데, 그럴 경우 한 패턴이 다른 패턴과 겹쳐진다고 인식하게 된다. 기본 바탕은 변화하지만 식재 전반에 작은 무더기나 개체로 흩어져 자라는 여러해살이풀들이 바탕 그룹들을 이어 주면서 또 다른 패턴을 이루게 될 것이다.

바탕식물과 반복식물

바탕을 기반으로 한 식재디자인은 기본적으로 두 단계로 진행된다. 우선 시각적으로 도드라지지 않는 식물들을 더 넓은 지역에 배치하고, 다음으로 앞서 중점식물이라고 설명했던 시각적으로 돋보이는 식물들을 배치하는 것이다. 시각적으로 주목도 높은 요소들도 반복이 이루어질 때 가장 효과적이다. 바탕은 공간을 채우고 배경 역할을 한다. 그 자체가 지닌 시각적 가치와 상관없이 중점식물을 더 돋보이게 하고 중점식물이 지닌 특별한 가치를 강조하는 것이다. 초지나 그것을 모방한 식재에서 볼 수 있듯이 나 역시도 중점식물과 바탕식물을 확실히 구분하는 것이 모든 요소들이 완전히 무작위로 분포하는 모습보다 시각적 흥미도가 더 높아진다고 생각한다. 계속 과일케이크에 비유하자면, 과일케이크를 먹는 즐거움의 일부는 과일과 케이크 빵이 서로 대비되기 때문이다.

가장 온전하고 자연스러운 형태의 바탕식재는 단순

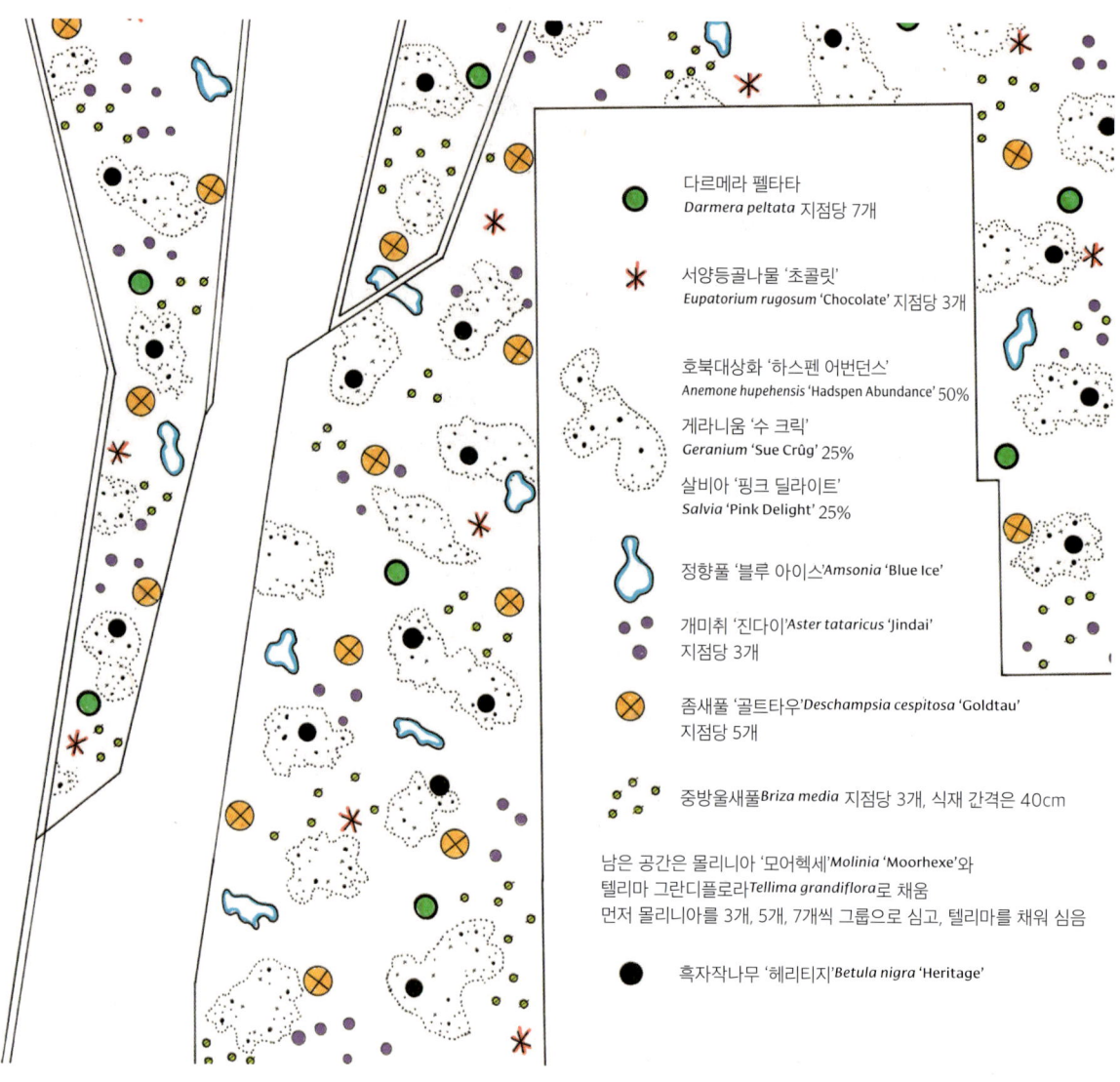

네덜란드 로테르담 시의회가 의뢰한 프로젝트인 익투스호프Ichtushof의 도면 일부. 정원은 사무실 용도로 사용하는 건물 북쪽에 위치한다. 겹줄기로 자란 어린 흑자작나무 '헤리티지'Betula nigra 'Heritage'는 도면에서 검정색 점으로 표현되었다. 어린나무라서 이웃한 여러해살이풀식재에 뿌리 때문에 발생하는 영향이 미미할 것이고, 어떤 경우든 비교적 밝은 그늘을 드리운다. 하지만 시간이 지나면 일부 여러해살이풀은 사라질 것으로 보인다. 나무 밑동 주변으로 그늘에서 잘 견디고 나무뿌리에도 크게 영향을 받지 않는 식물들을 혼합하여 그룹으로 심은 것에 주목하자. 몰리니아 '모어헥세'Molinia 'Moorhexe'와 텔리마 그란디플로라 '푸르푸레아'Tellima grandiflora 'Purpurea'로 구성된 바탕식재에 작은 그룹으로 구성된 중점식물들을 반복해서 심었다. 기능에 충실한 식재 형태지만 아주 자연스럽지는 않다. 심은 식물들은 113쪽 표에 적혀 있다.

하게 새풀 초지를 만들고 그 안에 한정된 종류의 여러해살이풀을 반복하는 것이다. 줄기가 모여나는 새풀을 심으면 적어도 장기적 생존^{주로 새풀의 존재감 덕분에}과 장식적 효과^{꽃피는 여러해살이풀}가 절충된 식재를 구현할 수 있다.

아래의 표는 익투스호프 식재에서 바탕식물과 중점식물의 흥미요소가 계절별로 어떻게 구성되는지 보여 준다. 다르메라속*Darmera*과 정향풀속*Amsonia*은 가을 단풍이 매력적이라는 점에 주목할 필요가 있는데, 여러해살이풀 중에서 그러한 단풍은 비교적 드물기 때문이다.

익투스호프는 몰리니아 '모어헥세'*Molinia* 'Moorhexe'와 텔리마 그란디플로라 '푸르푸레아'*Tellima grandiflora* 'Purpurea'가 바탕식재를 이루고, 제곱미터당 식물 개수는 다음과 같다.

- 몰리니아 : 5~7개
- 텔리마 : 5~9개

반상록성 여러해살이풀인 텔리마는 키가 작고 무더기를 이룬다. 덕분에 곧게 서는 몰리니아 잎 사이 틈새를 채워 주고 맨땅을 최대한 가려 준다. 중점식물 대부분은 작은 그룹으로 구성되어 부지 전체에 일정한 간격으로 반복된다. 익투스호프 식재는 식물 배치 순서도 중요하다는 사실을 잘 보여 준다.

• 흑자작나무 주변 식물

1. 게라니움 '수 크릭'*Geranium* 'Sue Crûg'과 살비아 '핑크 딜라이트'*Salvia* 'Pink Delight'는 제곱미터당 7~9개
2. 식물 사이 틈새는 호북대상화 '하스펜 어번던스'*Anemone* 'Hadspen Abundance'로 채움

• 아래 순서대로 식물을 배치

1. 정향풀 '블루 아이스'*Amsonia* 'Blue Ice'
2. 서양등골나물 '초콜릿'*Eupatorium* 'Chocolate'
3. 다르메라 펠타타*Darmera peltata*
4. 좀새풀 '골트타우'*Deschampsia cespitosa* 'Goldtau'
5. 개미취 '진다이'*Aster tataricus* 'Jindai'
6. 중방울새풀*Briza media*

• 남은 공간은 몰리니아를 3개, 5개, 7개씩 그룹으로 심음

• 끝으로 텔리마로 채움

익투스호프 식재의 계절별 흥미요소

	봄	초여름	한여름	늦여름	초가을	늦가을	겨울
중점식물^{반복식물}							
다르메라 펠타타*Darmera peltata*	꽃	잎	잎	잎	잎	잎	
서양등골나물 '초콜릿'*Eupatorium* 'Chocolate'		잎	잎	꽃	꽃	꽃	구조
호북대상화 '하스펜 어번던스'*Anemone* 'Hadspen Abundance'			꽃	꽃	꽃		
게라니움 '수 크릭'*Geranium* 'Sue Crûg'		꽃	꽃	꽃			
살비아 '핑크 딜라이트'*Salvia* 'Pink Delight'		꽃	꽃	꽃			
정향풀 '블루 아이스'*Amsonia* 'Blue Ice'		꽃		구조	구조	잎	구조
개미취 '진다이'*Aster tataricus* 'Jindai'					잎	꽃	구조
좀새풀 '골트타우'*Deschampsia cespitosa* 'Goldtau'			구조	구조	구조	구조	구조
중방울새풀*Briza media*			구조	구조	구조	구조	
바탕식물							
몰리니아 '모어헥세'*Molinia* 'Moorhexe'			구조	구조	구조	구조	구조
텔리마 그란디플로라 '푸르푸레아'*Tellima grandiflora* 'Purpurea'	꽃	잎	잎	잎	잎	잎	잎

■ 꽃　　■ 잎 흥미요소　　■ 구조적 흥미요소 : 씨송이, 줄기, 새풀이삭

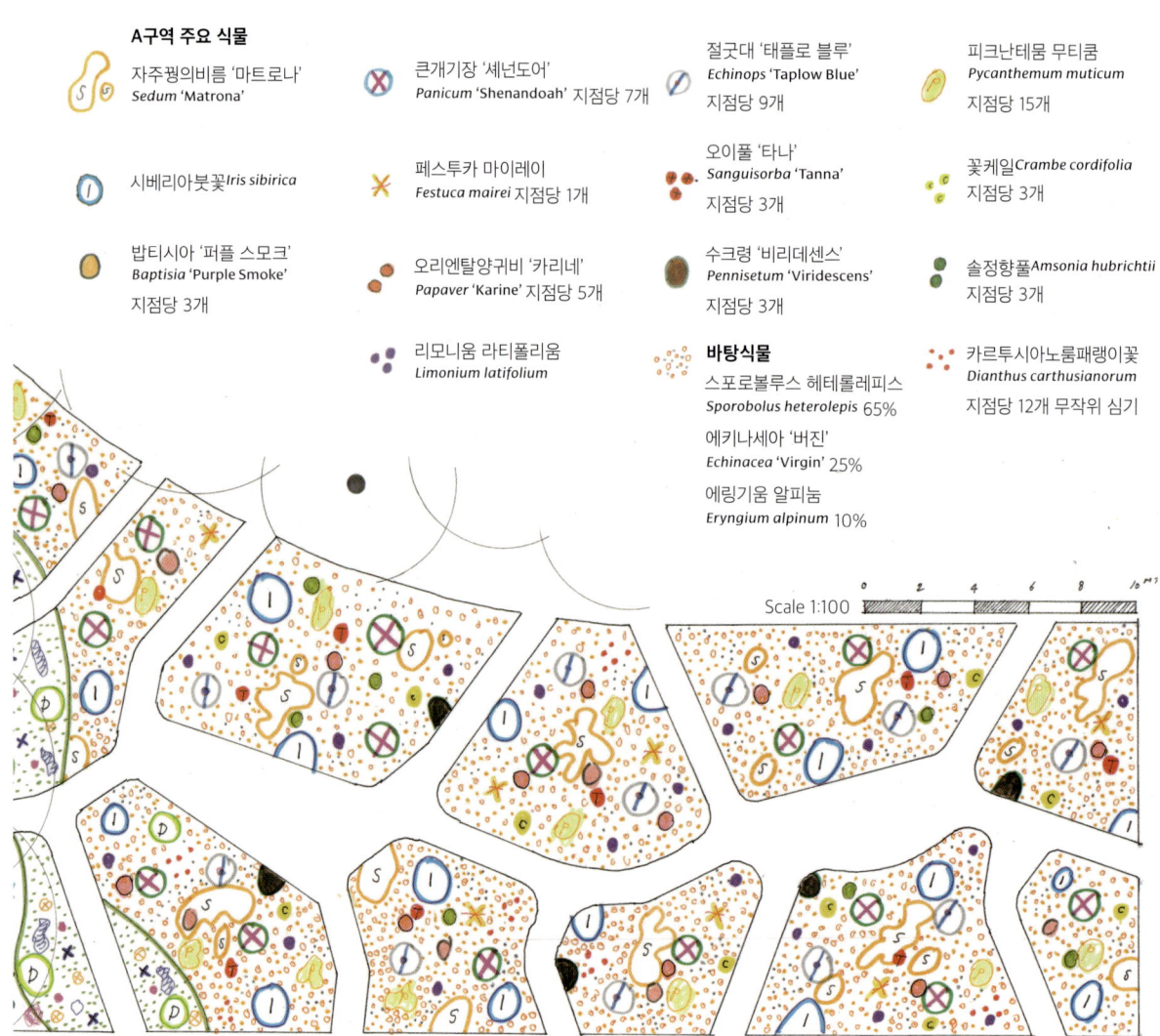

네덜란드 판페헐가든2011 도면 일부. 해가 잘 드는 곳으로, 바탕식물 안에 중점식물을 반복해서 심었다. 바탕식물은 스포로볼루스 헤테롤레피스*Sporobolus heterolepis* 65퍼센트, 에키나세아 '버진'*Echinacea purpurea* 'Virgin' 25퍼센트, 에링기움 알피눔*Eryngium alpinum* 10퍼센트로 구성된다.

판페헐가든의 계절별 흥미요소

	봄	초여름	한여름	늦여름	초가을	늦가을	겨울
중점식물 반복식물							
솔정향풀 Amsonia hubrichtii		꽃	구조	구조	구조	잎	구조
밥티시아 '퍼플 스모크' Baptisia 'Purple Smoke'		꽃	꽃	구조	구조	구조	구조
꽃케일 Crambe cordifolia		꽃	꽃	구조	구조	구조	
카르투시아노룸패랭이꽃 Dianthus carthusianorum			꽃	꽃	구조	구조	구조
절굿대 '태플로 블루' Echinops 'Taplow Blue'		잎	꽃	꽃	구조	구조	
페스투카 마이레이 Festuca mairei	구조	구조	구조	구조	구조	구조	구조
시베리아붓꽃 Iris sibirica		잎	구조	구조	구조	구조	구조
리모니움 라티폴리움 Limonium latifolium			꽃	꽃	구조	구조	구조
큰개기장 '셰넌도어' Panicum 'Shenandoah'			잎	구조	구조	구조	구조
오리엔탈양귀비 '카리네' Papaver 'Karine'		꽃					
수크령 '비리데센스' Pennisetum 'Viridescens'				구조	구조	구조	구조
피크난테뭄 무티쿰 Pycanthemum muticum			꽃	꽃	구조	구조	구조
자주꿩의비름 '마트로나' Sedum 'Matrona'				꽃	꽃	구조	구조
바탕식물							
스포로볼루스 헤테롤레피스 Sporobolus heterolepis				구조	구조	구조	구조
에키나세아 '버진' Echinacea purpurea 'Virgin'				꽃	꽃	구조	구조
에링기움 알피눔 Eryngium alpinum			꽃	꽃	구조	구조	구조

■ 꽃   ■ 잎 흥미요소   ■ 구조적 흥미요소 : 씨송이, 줄기, 새풀이삭

옆 도면에 표시된 중점식물과 바탕식물은 위쪽 표에 나와 있다.

바탕식재와 블록식재 조합하기

바탕식재와 더 관행적인 블록식재를 조합하면 여러해살이풀식재의 두 가지 접근법 차이를 효과적으로 대비시킬 수 있다. 여러 종류의 식물을 섞어서 바탕을 만들 때에는 품종 개수를 제한하는 절제력이 필요하다. 하지만 사람들의 눈을 사로잡을 수 있도록 다양한 식물들을 심어야 하는 많은 곳에서는 그런 원칙을 적용하기 너무 어려울 수 있다. 바탕식재도 일종의 집단식재다. 그렇기 때문에 그 장소에서 잘 자랄 수 있는 식물을 고르는 것에 식재의 성패가 달려 있다고 해도 과언이 아니다. 규모가 큰 곳에서는 실패를 무릅쓰고 시도하기 어렵기 때문에 충분히 검증된 품종에 의존할 수밖에 없다. 그래서 혁신적이거나 참신한 느낌을 줄 수 있는 시도가 한계에 부딪힌다. 바탕식재의 집단적 효과를 블록들과 결합시키면 정원사나 디자이너가 잘 알지 못하는 식물들을 작은 그룹으로 심어 볼 수 있는 일종의 절충안도 가능해진다. 아울러 블록들은 특별한 방식으로 길러야 하는 식물을 심기에도 알맞다. 바탕식재를 헤치고 들어가 특정 품종만 골라서 다

쓸만한 바탕식물

여러해살이풀

아세나속 Acaena 종·품종
유럽족도리풀 Asarum europaeum
선갈퀴 Asperula odorata(Galium odoratum)
칼라민타 네페타 네페타 Calamintha nepeta subsp. nepeta
캄파눌라 글로메라타 Campanula glomerata
솔잎금계국 Coreopsis verticillata
삼지구엽초속 Epimedium 종·품종
유포르비아 아미그달로이데스 Euphorbia amygdaloides
유포르비아 시파리시아스 Euphorbia cyparissias
게라니움 노도숨 Geranium nodosum
피뿌리쥐손이 Geranium sanguineum와 그 품종
삼쥐손이 Geranium soboliferum
게라니움 왈리키아눔 Geranium wallichianum
휴케라속 Heuchera 종·품종

시베리아붓꽃 Iris sibirica
라미움 마쿨라툼 Lamium maculatum
맥문동속 Liriope과 그와 비슷한 맥문아재비속 Ophiopogon, 레이네키아속 Reineckia 식물
넓은잎스타티스 Limonium platyphyllum
오리가눔속 Origanum 종·품종
플록스 스톨로니페라 Phlox stolonifera와 그 밖의 포복성 풀협죽도속 Phlox 식물
살비아 수페르바 Salvia ×superba, 살비아 네모로사 S. nemorosa, 살비아 실베스트리스 S. ×sylvestris
사포나리아 렘페르기이 '막스 프라이' Saponaria lempergii 'Max Frei'
숲에서 무더기를 이루며 자라는 범의귀속 Saxifraga 식물
꿩의비름 '버트럼 앤더슨' Sedum 'Bertram Anderson'과 그 밖의 키 작은 세덤류
램스이어 Stachys byzantina
텔리마 그란디플로라 Tellima grandiflora

새풀과 그와 비슷한 식물

카렉스 브로모이데스 Carex bromoides
카렉스 펜실바니카 Carex pensylvanica와 그 밖의 일부 사초류
좀새풀 Deschampsia cespitosa
풍지초 Hakonechloa macra
꿩의밥속 Luzula 종
몰리니아 세룰레아 Molinia caerulea 중 키 작은 품종
가는잎나래새 Nassella tenuissima (Stipa tenuissima)
스키자키리움 스코파리움 Schizachyrium scoparium
세슬레리아속 Sesleria 종
스포로볼루스 헤테롤레피스 Sporobolus heterolepis

고사리류

공작고사리 Adiantum pedatum

매사추세츠주 낸터킷에 있는 정원의 스포로볼루스 헤테롤레피스 Sporobolus heterolepis 초지 식재도면. 늦봄과 초여름에 매력적인 알리움 크리스토피이 Allium christophii와 한여름에 볼거리를 더하는 그 밖의 식물들이 느슨한 그룹으로 반복되고 있다. 달레아 푸르푸레아 Dalea purpurea와 아스클레피아스 투베로사 Asclepias tuberosa는 프레리의 건조한 모래땅에서 잘 자라기 때문에 스포로볼루스와 자연스럽게 어우러질 것이다.

스포로볼루스 헤테롤레피스 Sporobolus heterolepis

- 에키나세아 '빈티지 와인' Echinacea purpurea 'Vintage Wine' 지점당 3개
- 달레아 푸르푸레아 Dalea purpurea 지점당 3개
- 알리움 크리스토피이 Allium christophii 지점당 1개
- 아스클레피아스 투베로사 Asclepias tuberosa 지점당 1개

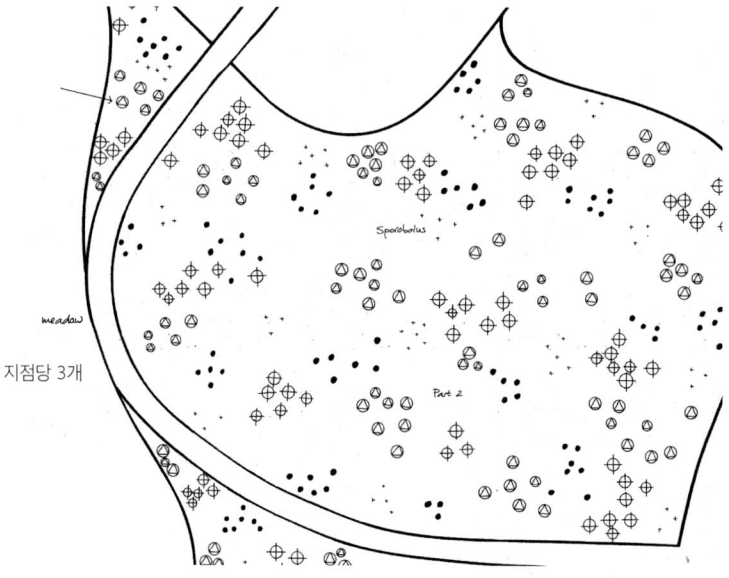

듬어 주는 방식은 상당히 번거롭다. 반면에 한 가지 품종을 그룹으로 심으면 다루기도 쉽고 꽃이 지고 난 뒤 지저분해 보이거나 여름 무렵에 잘라 낼 때도 편하다.

블록식재를 새풀이나 그와 비슷한 식물로 이루어진 바탕식재에 대비시키는 방식은 대부분의 사람들에게 초지처럼 느껴질 만한 식물 혼합체를 옛 식재 형태와 조합하는 것이다. 오래된 옛 방식과 새로운 자연형 방식을 접목하는 것으로, 대비 효과가 돋보이고 교육적일 수도 있다. 서로 다른 식물들의 특성을 대비시키는 간단한 예술적 개념만으로도 디자인이 진행될 수 있다. 사람들은 이런 정원을 마주할 때 식재의 새로운 가능성을 받아들인다. 또한 자연에서는 식물이 질서정연한 블록으로 자라지 않는다는 사실을 다시금 깨닫게 된다. 물론 파종 방식으로 만든 야생화 초지나 프레리 주변에 식물들을 그룹으로 심어 화단을 조성하면 비슷한 효과를 낼 수 있다.

네덜란드 로테르담의 뢰버호프트2009는 여러해살이풀식재와 바탕식재, 반복 기법이 공공식재에 적용된 최근 사례다. 중앙에 띠 모양으로 길게 심어 통일감을 주는 좀새풀 '골트슐라이어' *Deschampsia cespitosa* 'Goldschleier'가 대단히 인상적이다. 좀새풀 바탕에는 자주꿩의비름 '선키스트' *Sedum telephium* 'Sunkissed'가 높은 비율로 포함되고, 넓은잎스타티스*Limonium platyphyllum*가 드문드문 자란다. 아울러 헬레니움 '무어하임 뷰티' *Helenium* 'Moerheim Beauty'처럼 늦은 계절에 색과 짙은 씨송이가 돋보이는 반복식물 몇몇이 있고, 위로 곧게 자라서 둔덕 형태의 좀새풀 무리와 대비를 이루는 몰리니아 세룰레아*Molinia caerulea*도 있다. 이 두 반복식물 헬레니움과 몰리니아를 남은 공간 여기저기에 심어 이 식물들이 한창 매력을 발산할 때 식재 전체를 하나로 엮어 주는 역할을 하게 한다. 다른 두 가지 반복식물도 있지만 식물들을 그룹으로 심은 바깥쪽 부분에만 있다. 중간 크기 꽃과 씨송이가 오랫동안 지속되고 회복력이 매우 뛰어난 페스투카 마이레이*Festuca mairei*, 한여름에 곧게 서는 형태와 씨송이가 매력적인 파랑배초향*Agastache foeniculum*이 그 반복식물이다.

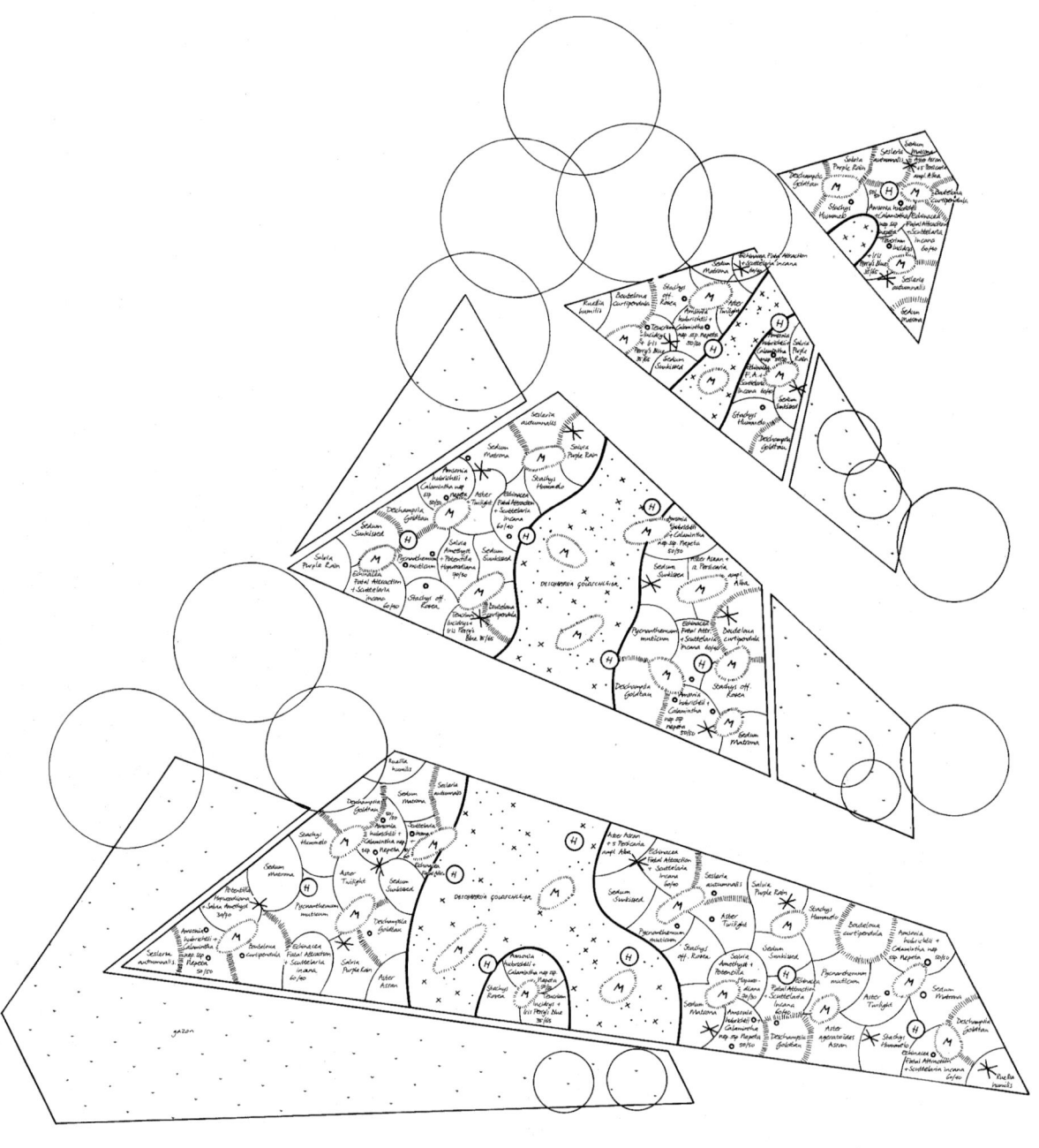

- ⓗ 헬레니움 '무어하임 뷰티'*Helenium* 'Moerheim Beauty' 지점당 7개
- ⓜ 몰리니아 '모어헥세'*Molinia* 'Moorhexe'
- ✳ 페스투카 마이레이*Festuca mairei* 지점당 1개
- ∘° 파랑배초향*Agastache foeniculum* 지점당 1개
- ×× 리모니움 라티폴리움*Limonium latifolium* 지점당 3개
- ⋰ 자주꿩의비름 '선키스트'*Sedum* 'Sunkissed'

남은 공간은 좀새풀 '골트슐라이어'*Deschampsia cespitosa* 'Goldschleier'로 채움

수변공간에 위치한 뢰버호프트의 식재도면으로, 바탕식재와 그룹식재를 조합했다.

도면에는 인상적인 형태의 6개 화단이 보이는데, 전체적인 배치는 조경가가 디자인했다. 세 가지 다른 식재 방식이 쓰였다.

- 도면 오른쪽 좁고 긴 화단(대략 길이 55미터, 최대폭 10미터)에는 칼라마그로스티스 브라키트리카*Calamagrostis brachytricha* 새풀로 이루어진 바탕식재에 여러 종류의 여러해살이풀과 새풀을 반복식물로 심었다.
- 도면 왼쪽에 화단 네 곳이 있는데, 중앙 부분에 좀새풀 '골트슐라이어'*Deschampsia cespitosa* 'Goldschleier'로 이루어진 바탕식재(최대 폭 10미터)를 배치하고, 그 안에 제한된 종류의 여러해살이풀과 새풀을 반복식물로 심었다.
- 좀새풀 바탕식재 양쪽으로 길게 조각난 공간(최대 폭 20미터)에는 다양한 반복식물을 그룹으로 심었다.

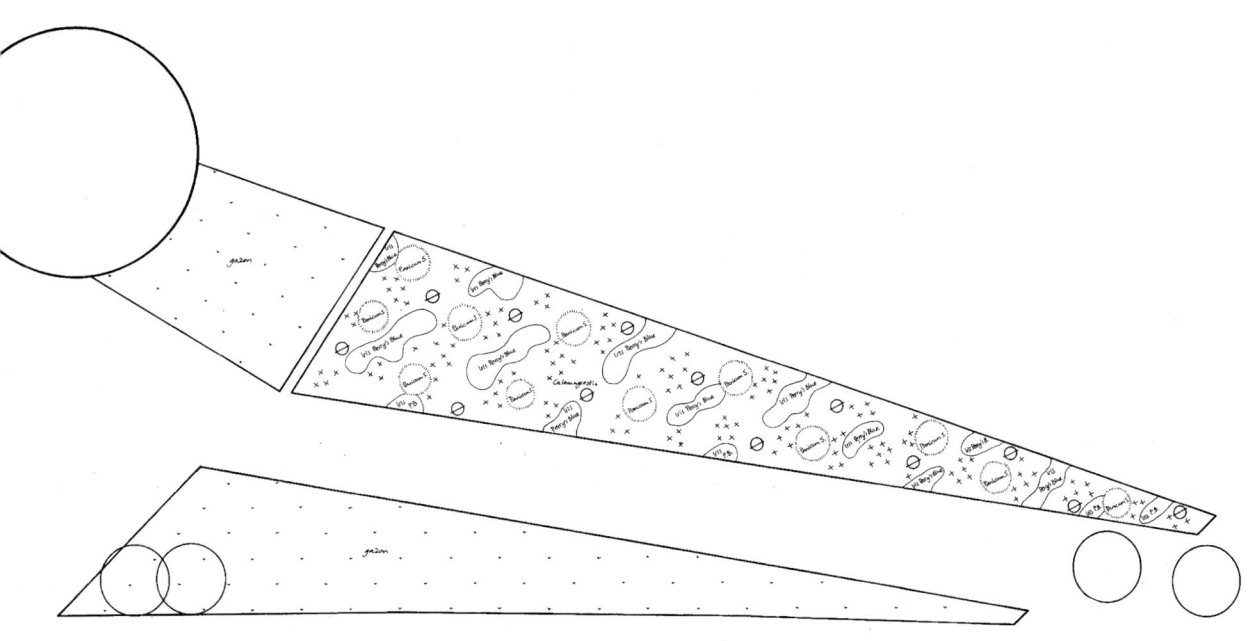

- 시베리아붓꽃 '페리스 블루'*Iris sibirica* 'Perry's Blue'
- 큰개기장 '셰넌도어'*Panicum* 'Shenandoah'
- 페로브스키아 아트리플리시폴리아 '리틀 스파이어'*Perovskia atriplicifolia* 'Little Spire' 지점당 1개
- 페르시카리아 암플렉시카울리스 '오렌지 필드'*Persicaria amplexicaulis* 'Orange Field'

남은 공간은 칼라마그로스티스 브라키트리카*Calamagrostis brachytricha*로 채움

- 잔디밭

Client: City of Rotterdam
Planting design Waterfront Leuvehoofd
Scale 1:100
Date: September 2009
Design: Piet Oudolf, Hummelo

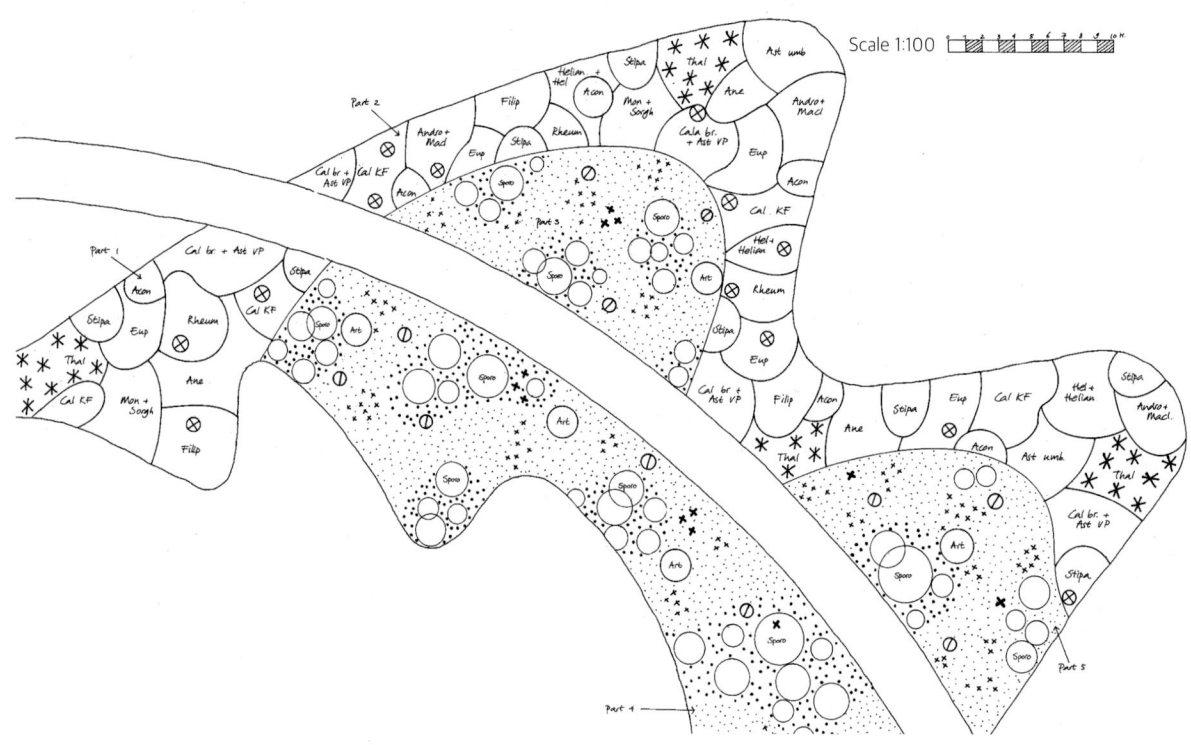

Acon	아코니툼 카르미켈리이 '바커스 버라이어티' *Aconitum carmichaelii* 'Barker's Variety'
Andro	안드로포곤 게라르디이 *Andropogon gerardii*
Ane	대상화 '로부스티시마' *Anemone ×hybrida* 'Robustissima'
Ast VP	중국노루오줌 '비전 인 핑크' *Astilbe* 'Vision in Pink'
Ast umb	아스테르 움벨라투스 *Aster umbellatus*
Cal br	칼라마그로스티스 브라키트리카 *Calamagrostis brachytricha*
Cal KF	바늘새풀 '칼 푀르스터' *Calamagrostis* 'Karl Foerster'
Eup	점등골나물 '게이트웨이' *Eupatorium maculatum* 'Gateway'
Filip	필리펜둘라 마그니피카 *Filipendula magnifica*
Hel	헬레니움 '루빈츠베르그' *Helenium* 'Rubinzwerg' 90%
Helian	애기해바라기 *Helianthus salicifolius* 10%
Macl	마클레아이아 코르다타 *Macleaya cordata*
Mon	모나르다 피스툴로사 *Monarda fistulosa*
Rheum	터키대황 *Rheum palmatum*
Sorgh	소르가스트룸 누탄스 *Sorghastrum nutans*
Stipa	큰나래새 *Stipa gigantea*
Thal	금꿩의다리 *Thalictrum rochebrunnianum*

⊗	자관백미꽃 *Asclepias incarnata*
✱	참억새 '말레파르투스' *Miscanthus sinensis* 'Malepartus'
x x	솔정향풀 *Amsonia hubrichtii* 지점당 1개
(Art)	루이지애나쑥 *Artemisia ludoviciana*
⊘	밥티시아 류칸타 *Baptisia leucantha* 지점당 1개
x x x	에키나세아 '루빈슈테른' *Echinacea purpurea* 'Rubinstern', 에키나세아 '페이틀 어트랙션' *E. p.* 'Fatal Attraction' 90%, 10%
∴	몰리니아 '모어헥세' *Molinia* 'Moorhexe', 꽃그령 *Eragrostis spectabilis* 50%, 50%
∴	산떡쑥 *Anaphalis margaritacea*, 꽃그령 *Eragrostis spectabilis* 50%, 50%
○ (Sporo)	스포로볼루스 헤테롤레피스 *Sporobolus heterolepsis*

바탕식재와 그룹식재가 조합된 낸터킷 정원의 식재도면. 초지 같은 중앙의 바탕식재는 가장자리 식물 그룹들과 대비를 이룬다. 바탕식재는 기본적으로 꽃그령 *Eragrostis spectabilis*과 몰리니아 '모어헥세' *Molinia* 'Moorhexe', 산떡쑥 *Anaphalis margaritacea*으로 구성되고, 도면 아래 기호로 표현된 그 밖의 여러 종들을 느슨한 형태의 그룹으로 심었다.

분산식물

식재 전반에 거의 무작위로 흩어져 자라는 종들은 분산식물이라는 용어로 부를 수 있다. 분산식물은 하나씩 개체로 심는데, 느슨한 형태로도 전혀 그룹을 이루지 않으며 자생적이고 자연스러운 느낌을 자아낸다. 분산식물은 바탕식재를 비롯하여 다양한 식물 그룹 사이에 무작위로 흩어지게 하여 심을 수 있다. 이때 자연스러운 리듬감을 자아내려면 반복이 필수다.

이러한 기법은 한 계절에 볼 수 있는 화려한 색이나 오래 지속되는 뚜렷한 구조로 식재의 질을 높여 주는 다양한 식물 종류에 효과적이다. 핵심은 분산식물이 식재의 나머지 부분과 확연히 구별되어야 한다는 점이다. 규모가 큰 공간에서는 밥티시아 알바 마크로필라 *Baptisia alba* subsp. *macrophylla*처럼 부피감 있는 식물도 분산식물로 심을 수 있다. 이 식물은 흰 꽃이 진 뒤에도 잎의 질감, 떨기나무 같은 형태, 탄탄한 검정 꼬투리가 아주 독특하기 때문에 분산식물로 제격이다. 작은 공간에서는 꽃이 없으면 거의 보이지 않을 정도로 형체가 희미한 식물을 쓰는 게 가장 좋다. 이렇게 소규모 식재에서 심을 만한 식물로 카르투시아노룸패랭이꽃 *Dianthus carthusianorum*을 꼽을 수 있는데, 크기는 작아도 밝은 분홍색 꽃이 돋보이기 때문이다. 촘촘하게 무더기를 이루는 그 밖의 종들 사이로 뻗어 난 가늘고 긴 줄기 끝에 꽃이 달리는데, 꽃이 없으면 사실상 보이지 않는다.

식물 층위 구성 - 자연을 읽고 디자인에 쓰기

자연환경을 보는 일은 혼란스러운 경험일 수도 있다. 어떤 식물군락은 한 해 동안 또는 한 해의 특정 시기에 형태가 뚜렷하고 쉽게 읽히는 반면, 다른 식물군락은 뒤엉킨 그물처럼 보인다. 대규모로 자라는 식물들을 마주하게 되면 뭐가 어떻게 돌아가는지 알아차리기 힘들 수 있다. 식물군락이 여러 층위layer로 이루어진다는 점을 염두에 둔다면 한결 이해하기 쉬울 것이다. 식물들은 군락 안에서 한정된 개수의 실체적 층위를 점유하는 요소로 여겨질 수 있다. 때로는 그러한 층위가 눈으로 쉽게 구별될 정도로 분명하지만, 어떤 때에는 그렇지 않아 분간하기 어렵다. 일부 경우는 '층위'라는 단어가 더 은유적으로 쓰이기도 하지만, 그럼에도 불구하고 눈앞에 보이는 잎과 줄기가 혼란스럽게 섞여 있는 모습을 읽어 내기 위해 이 단어를 사용할 수 있다.

야생 또는 반자연적 식물군락에서 층위 개념을 이해한다면, 디자인된 식재에도 적용해 볼 수 있다. 층위 개념은 정원사와 디자이너 모두에게 공간의 틀을 짜는 데 도움이 될 뿐만 아니라 식재 계획과 시각화, 시공 과정을 간소화시켜 준다.

온대 지방의 오래된 숲에서는 층위 구성이 아주 뚜렷하다. 오래된 나무가 빽빽한 수관층을 이루고, 보통 그 아래로 큰키나무와 떨기나무가 드문드문 자란다. 북미와 아시아에서는 단풍나무속*Acer*, 층층나무속*Cornus*, 진달래속*Rhododendron* 같은 작은큰키나무와 키 큰 떨기나무가 이 부분을 차지하는데, 재배환경에서 자라는 모습과 비교하면 더 가늘고 펼쳐진 형태로 자란다. 유럽에서는 감탕나무속*Ilex*과 개암나무속*Corylus* 식물이 이러한 층위를 점유한다. 그 아래 바닥층에는 여러해살이풀과 고사리류가 자라고, 때로는 키가 작고 뿌리잎이 잘 돋아나는 뿔남천속*Mahonia*이나 산앵도나무속*Vaccinium* 같은 상록성 떨기나무도 있다. 그 아래에는 더 작은 여러해살이풀과 이끼류, 버섯류가 자란다. 덩굴식물은 땅에 뿌리를 내리지만 다른 식물에 기대어 자라기 때문에 별도의 층위로 간주할 수 있다. 덩굴식물은 하나의 개념적 층위로, 사람

분홍색과 흰색 에키나세아 *Echinacea purpurea* 품종이 하이라인의 새풀 바탕식재 곳곳에 흩어져 자란다. 새풀 씨송이 사이로 분홍색과 흰색이 드문드문 흩뿌려진 분산식물의 원리는 자연식생의 느낌을 강하게 자아낸다. 떨기나무는 안개나무 *Cotinus coggygria*인데, 몇 해마다 밑동을 바짝 잘라 내서 덤불처럼 자라게 하고 잎이 더 매력적으로 보이도록 가꾼다.

눈에 시각적으로 식물 층위가 모호하게 뒤섞인 것처럼 보이게 하는 역할을 한다.

초지나 프레리 같은 초원도 식물들이 층위를 이루며 자라지만 뚜렷하게 구분되지는 않는다. 새풀은 이러한 곳에 우점하면서 하나의 층위를 이루는 경향이 있다. 밥티시아속*Baptisia* 식물처럼 수명이 길고 곧게 자라는 여러해살이풀은 프레리에서 또 다른 층위를 이룬다. 보조적 역할을 하는 꽃이 피는 여러해살이풀은 규모는 작지만 시각적으로 돋보이는 층위를 이룬다. 다른 식물에 기대어 자라는 습성의 여러해살이풀도 마찬가지인데, 유럽의 초지에는 쥐손이풀속*Geranium*이나 크나우티아속*Knautia*처럼 이러한 특성을 지닌 종들이 많다. 그 밖에 다양한 식물로 구성된 콩과*Fabaceae* 나비나물속*Vicia*처럼 덩굴성 풀들이 있다.

이러한 복잡함과 애매모호함은 디자인에서 덜어 낼 수 있고 대개 그렇게 해야 한다. 층위 구성은 식물들을 구분 지어서 알아보기 쉽고 통일감 있게 보이도록 시각적 효과를 만들어 내는 일이다. 아울러 디자인 과정을 명확히 드러내고 식물 배치를 단순화시키는 작업이다. 계획 단계에서는 2~3개 층위면 충분하다. 물론 이러한 층위에 여러 종류의 식물 범주가 포함될 수도 있다.

뉴욕 하이라인은 하나의 예다. 하이라인에는 한 가지 층위가 빠져 있는데, 아주 높게 자라는 큰키나무는 심지 않았다 이런 종류의 식물을 심었다면 하이라인 주변 아파트 주민들이 민원을 넣었을 것이다. 일부 하이라인 구간은 2개 층위로 뚜렷이 구분되는데, 하나는 떨기나무층이고 다른 하나는 새풀·사초류와 여러해살이풀로 이루어진 바닥층이다. 다른 구간에서는 바탕층과 무더기나 그룹을 이루는 여러해살이풀층으로 층위가 구분되는데, 이는 실체적이라기보다는 개념적 구분이다. 분산식물은 세 번째 층위로 설명할 수 있다.

반투명 트레이싱지를 사용하면 식재를 층위별로 비교적 손쉽게 디자인할 수 있다. 도면을 하나씩 볼 수도 있고 한데 모아서 전체를 확인할 수도 있다. 시공할 때는 각각의 층위를 나누어 작업할 수 있기 때문에 식물을 배치하는 과정이 매우 간단해진다.

나무 아래 바닥층을 여러해살이풀로 식재하는 것은 마음속에서 쉽게 시각화할 수 있지만, 새풀과 여러해살이풀로 이루어진 식재 층위는 다소 어려울 수 있다. 각각의 층위는 주로 식물 분포 방식에 차이를 둔다. 하나의 층위는 단순한 바탕일 수도 있고 다른 층위는 식물 그룹이나 분산식물일 수도 있다. 그래서 각 층위를 이루는 식물들이 높이 면에서 아무런 차이가 없더라도 하나의 층위에 다른 층위가 겹쳐진 것으로 생각하면 도움이 된다.

일반적으로 첫 번째 층위는 바탕식재 또는 대규모 블록이나 그룹으로 아주 단순하게 디자인한다. 그 위로 겹쳐지는 두 번째 층위에서는 더 작은 크기의 그룹이나 섬세한 패턴으로 식재에서 고운 질감을 이루는 부분을 작업한다. 생태학자들이 말하길 '거친 질감*coarse-textured*'의 식물군락은 큰 무더기들로 이루어지고 '고운 질감*fine-textured*'의 식물군락은 촘촘히 뒤섞여 자란다. 이러한 개념을 옮기려면 먼저 거친 질감의 층위를 디자인하고 그 다음에 고운 질감의 층위를 겹치게 하면 된다.

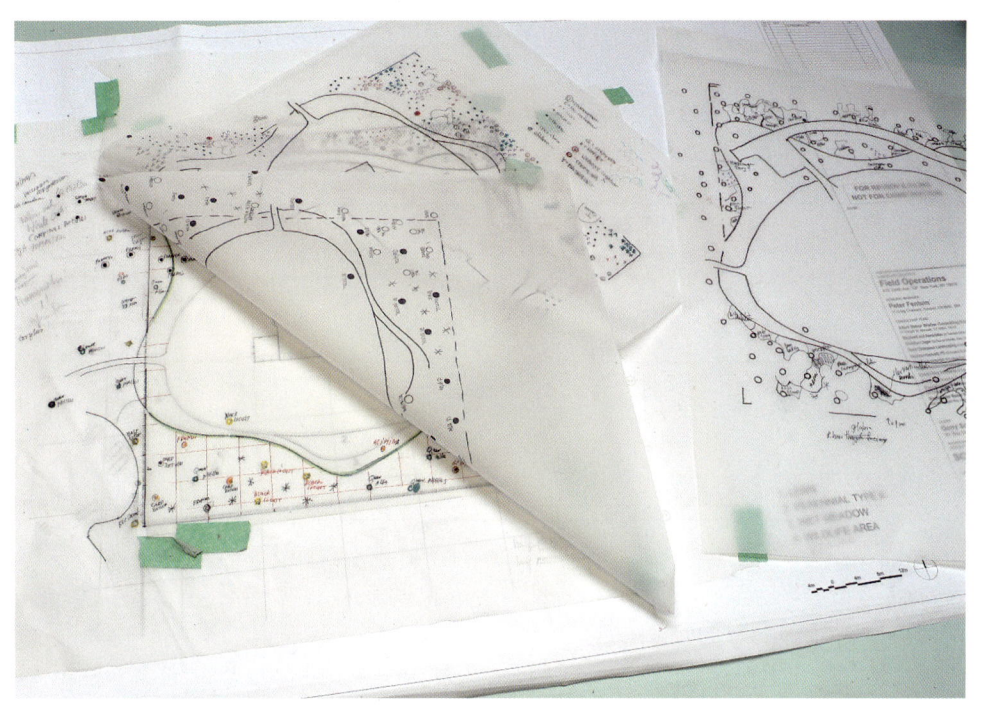

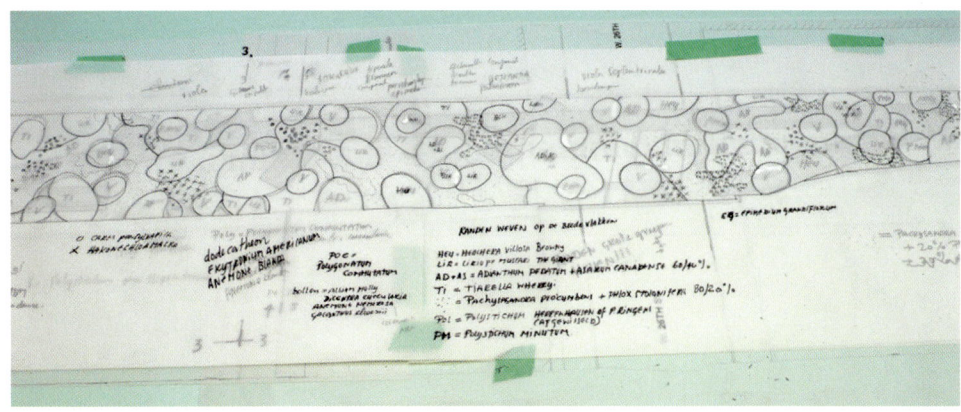

식재에 층위를 적용한 사례. 반투명 트레이싱지는 복잡한
식재계획을 여러 개의 단순한 과정으로 나누어 준다.

식물 그룹 만들기   125

첫 번째 층위

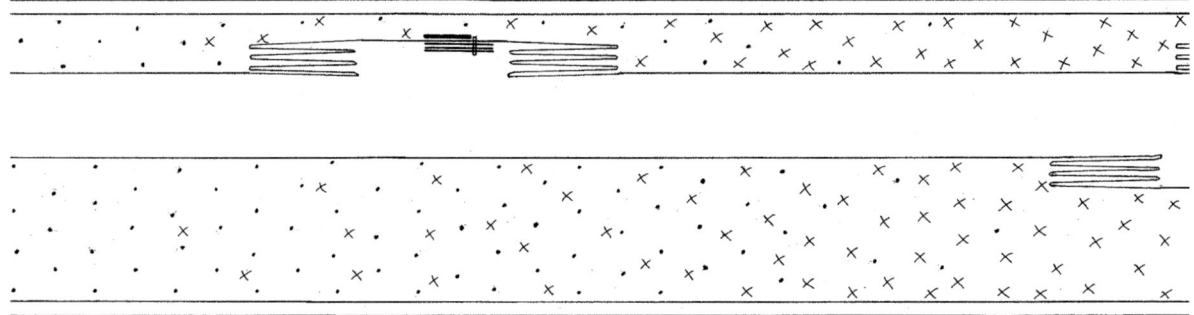

두 번째 층위

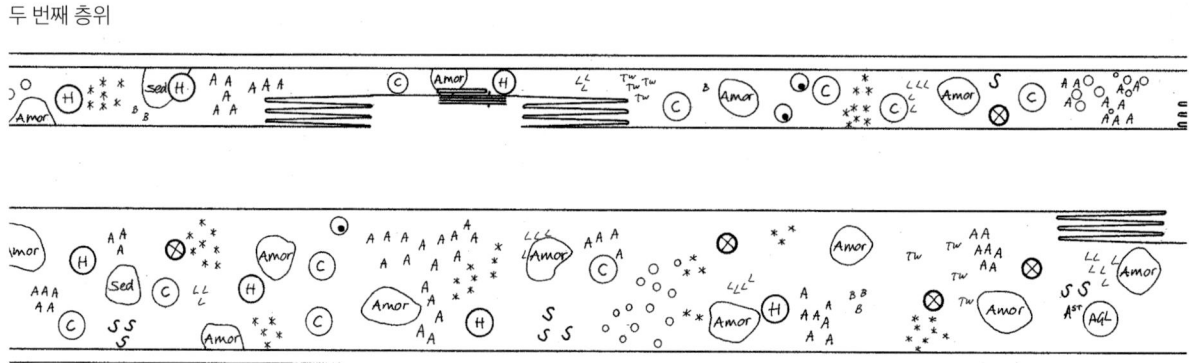

하이라인 28~29번 구간의 도면 일부. 맨해튼 서쪽 28번가 시내에 있는 곳이다. 도면 중앙에 있는 수평의 빈 공간은 산책로를 나타낸다. 첫 번째 층위는 단순하고 비교적 탁 트인 바탕식재로 이루어진다. 바탕식재는 도면 왼쪽에 점으로 표시된 큰개기장 '하일리거 하인'*Panicum* 'Heiliger Hain'에서 오른쪽에 가위표로 표시된 칼라마그로스티스 브라키트리카*Calamagrostis brachytricha*로 전이되고 있다. 두 번째 층위에서는 다양한 종류의 여러해살이풀을 작은 무더기로 심었고, 주로 바탕의 새풀과 뒤섞여 자라도록 했다. 약 20여 종의 여러해살이풀을 심었는데, 대부분 꽃이 늦게 핀다. 무더기로 심은 여러해살이풀의 식재 밀도는 보통의 절반 수준으로 심어 식물들이 서로 뒤섞여 자라는 모습을 연출했고, 새풀 바탕 안에서 한데 어우러지게 했다. 남은 공간은 앞서 언급한 두 종류의 새풀보다 키가 작은 스포로볼루스 헤테롤레피스*Sporobolus heterolepis*와 보우텔로우아 쿠르티펜둘라 *Bouteloua curtipendula*로 채웠다. 키가 큰 칼라마그로스티스와 큰개기장의 식재 밀도를 줄이면 여러해살이풀들이 더 잘 보일 것이다. 하이라인이 시각적 경험 면에서 성공을 거둘 수 있었던 이유는 새풀 사이사이로 여러해살이풀 꽃들이 보이도록 연출했기 때문이다.

첫 번째 층위

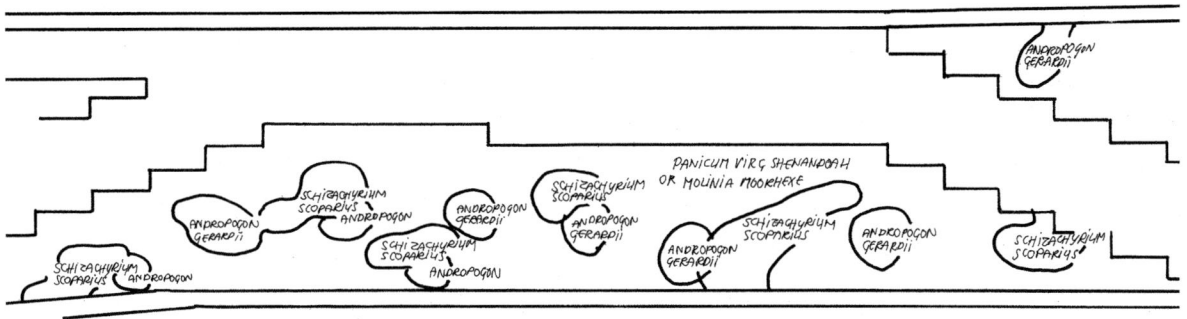

두 번째 층위

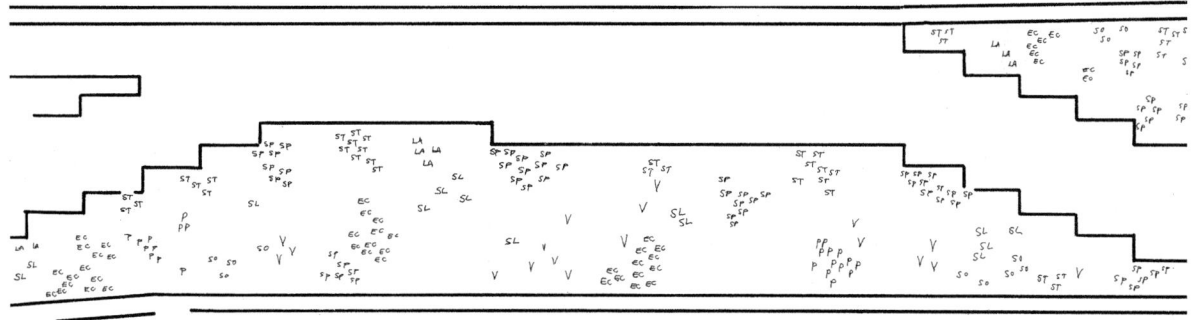

하이라인 35~39번 구간의 도면 일부. 맨해튼 서쪽 18번가(왼쪽)와 19번가(오른쪽) 사이에 있는 곳이다. 첫 번째 층위에서는 큰개기장 '셰넌도어'*Panicum* 'Shenandoah'와 몰리니아 '모어헥세'*Molinia* 'Moorehexe'를 바탕식물로 심었고, 그 안에 다른 새풀 블록들이 흩어져 있다. 두 번째 층위에서는 알파벳 약어로 표시된 다양한 여러해살이풀이 느슨한 무더기로 흩어져 자란다. 각각의 약어는 식물 하나를 나타낸다.

첫 번째 층위

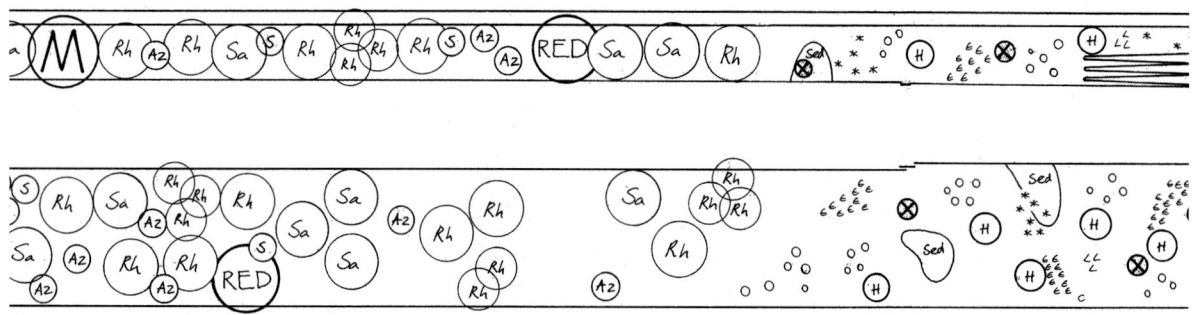

두 번째 층위

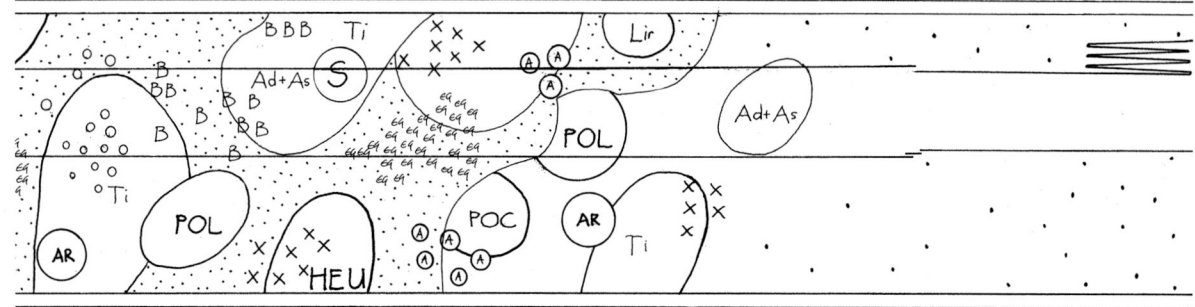

맨해튼 27번가 서쪽 방향 시내에 있는 하이라인 26~27번 구간의 도면 일부. 여러해살이풀과 새풀이 우세한 오른쪽 들판으로부터 숲 아래에 자라는 종들로 이루어진 왼쪽의 떨기나무 지대로 전이된다. 두 가지 층위의 도면은 아주 다른 형태의 두 식생을 잘 보여 준다.
첫 번째 층위에서 왼쪽 원은 큰키나무나 떨기나무 종들이 자랐을 때의 예상 수관폭을 나타내고, 오른쪽 기호는 여러해살이풀 무더기를 가리킨다. 두 가지 요소 모두 시각적 효과가 아주 크고 쉽게 읽힌다. 두 번째 층위에서 왼쪽은 지피식물과 숲에 자라는 여러해살이풀로 구성되어 있다. 오른쪽에는 큰개기장 '하일리거 하인' *Panicum* 'Heiliger Hain'이 바탕식물 역할을 한다. 그 사이 틈새는 또 다른 새풀들로 채워진다. 이 오른쪽 부분에는 알뿌리식물과 봄에 꽃피는 여러해살이풀을 무작위로 심었다.

식물 개수 계산하기

도면은 보통 1:100 축척으로 그린다. 여러해살이풀을 표현하기에 알맞고 세부적인 부분도 잘 드러나기 때문이다. 식물을 하나씩 따로 보여 줄 필요가 없는 대규모 식재 혼합체에서는 축척을 더 작게 해도 된다.

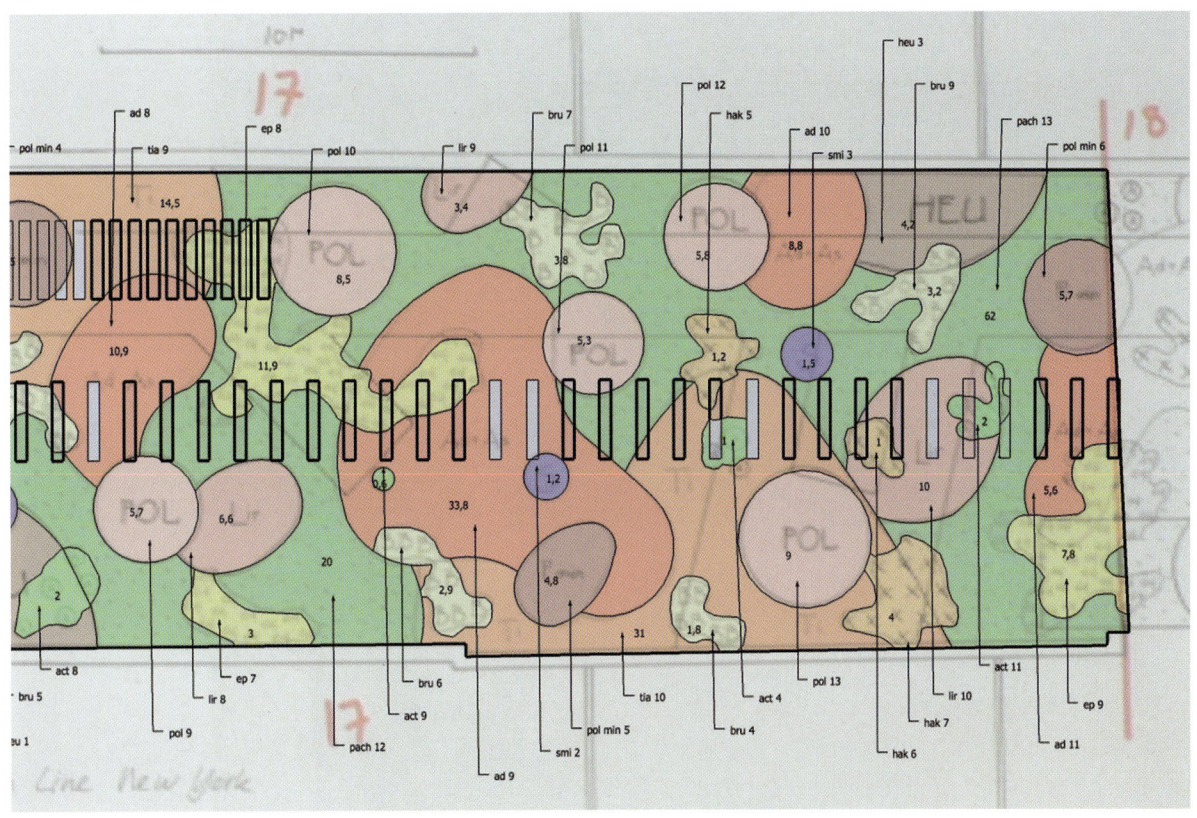

하이라인 26~27번 구간128쪽 아래 그늘진 곳의 도면 일부다. 각각의 식물 그룹이나 조합은 도면에서 서로 겹쳐져 있다.
• 각각의 그룹에는 식물혹은 식물들 중 하나의 첫 글자를 따서 코드를 붙이고 개수를 표기한다.
• 구글 스케치업Google Sketchup이나 오토캐드AutoCAD, 인디자인Indesign 같은 컴퓨터 프로그램을 사용해 식물 그룹 각각의 면적 제곱미터을 구한다.
• 각각의 그룹은 스프레드시트로 목록을 만든다.
• 130쪽 표는 사용된 식물들을 목록으로 정리한 사례다. 전체 스프레드시트에서 일부를 뽑아낸 것으로 도면에 사용된 세 종류의 그룹을 만드는 데 필요한 식물 개수를 알 수 있다.

• 제곱미터당 심는 식물 개수는 '식물 목록'253쪽에 적어 두었다. 하지만 위 도면에서는 빠른 효과를 보기 위해 식물을 보다 높은 밀도로 심었다는 점을 기억해야 한다.
• 여러 종이 섞인 식물조합을 사용한 곳에서는 그 비율을 표기한다.
• 섞어 심는 식물은 5~7개씩 그룹으로 모아 배치한다.
• 식물 그룹이 바탕식재 층위와 겹쳐지는 곳에서는 식재 밀도가 낮아질 것이다.

하이라인 17번 화단 숲 바닥층 식물 예시

	코드	제곱미터	제곱미터당 식물 개수	그룹당 식물 개수
17번 화단		974.3		
철길 받침목, 식물을 심지 않음		97.8		
숲 바닥층 식물		876.5		
미국수호초 Pachysandra procumbens + 플록스 스톨로니페라 Phlox stolonifera 80/20%	pach 1	36	12	432
	pach 2	6	12	72
	pach 3	8.3	12	100
	pach 4	5	12	60
	pach 5	34.8	12	418
	pach 6	0.5	12	6
공작고사리 Adiantum pedatum + 캐나다족도리풀 Asarum canadense 60/40%	ad 1	1.4	10	14
	ad 2	8.5	10	85
	ad 3	57	10	570
	ad 4	8.2	10	82
	ad 5	6	10	60
	ad 6	41.5	10	415
폴리스티쿰 세티페룸 '헤렌하우젠' Polystichum setiferum 'Herrenhausen'	pol 1	6.7	9	60
	pol 2	5	9	45
	pol 3	5.5	9	50
	pol 4	6.2	9	56
	pol 5	6.6	9	59
	pol 6	5.4	9	49

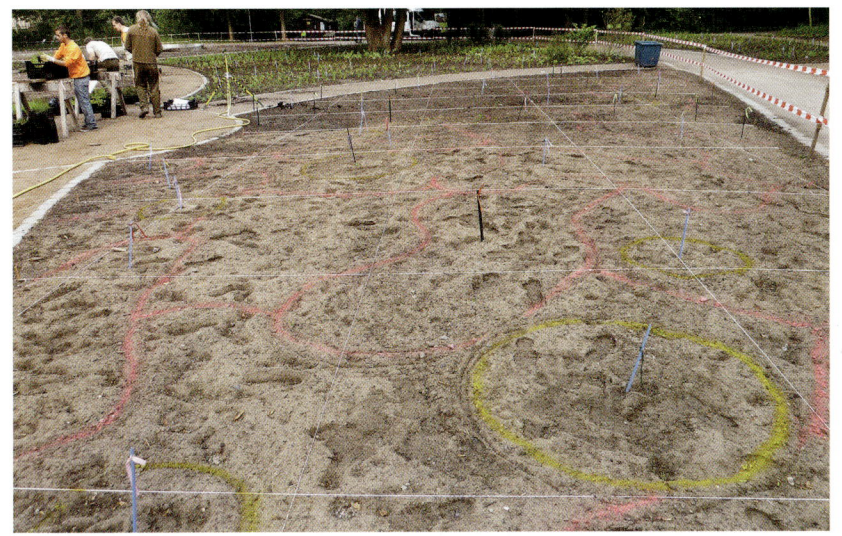

식물 배치 방법:
- 도면에 그려진 격자를 따라 땅 위에 가로 세로 2미터 격자를 그린다.
- 격자를 기준선 삼아 식재 블록 각각의 외곽선이나 식재 혼합체 사이의 경계를 그린다. 도면이 복잡할 때는 129쪽의 도면처럼 각각의 식재 블록에 코드번호를 붙여서 땅에 숫자를 표시할 수도 있다.
- 인접한 곳에는 블록의 코드번호에 따라 식물을 그룹 지어 놓는다.
- 이제 식물을 각각의 블록 안에 배치한다.

이제 심으면 된다!

식물 조합하기

조합은 식재디자인의 기본 구성요소다. 효과적인 조합을 하려면 우리가 활용하는
식물의 시각적 특성을 이해할 필요가 있다. 색의 경우는 많이 다루어져 왔지만 오랫동안
지속되는 만큼 식물에게 더 본질적인 식물의 구조는 잘 다루어지지 않았다.
따라서 이 부분을 집중적으로 살펴보고자 한다.

정원에 관해 글을 쓰고 생각하며 꿈꾸는 일은 냉온대 기후의 북서유럽 국가들을 중심으로 이루어져 왔다. 오래도록 꽃이 피는 식물이 아주 풍부한 덕분이다. 하지만 그렇지 않은 혹독한 기후에서는 식물의 잎이나 형태, 구조적인 면을 더 중요하게 생각한다. 색은 기본적으로 꽃과 관련된 특성인데, 꽃은 비교적 수명이 짧기 때문에 기후와 상관없이 구조를 관상식물의 본질로 보는 게 맞다. 색이란 어쩌면 케이크 위에 바른 아이싱처럼 첨가물이나 계절에 따른 선물, 부가적인 즐거움과 비슷한 것이다. 이번 장에서는 먼저 식물의 형태에 관해 낱낱이 살펴본다. 그리고 식물의 구조, 조화와 대비, 계절성이라는 이슈를 폭넓게 다룬 뒤에 끝으로 효과적인 몇몇 조합들을 소개할 것이다.

여러해살이풀의 형태구성

여러해살이풀은 형태가 아주 다양하다. 효과적인 식재란 식물이 생장하는 대부분의 시기 동안 흥미를 유발할 수 있고, 꽤 견고하게 구성된 식생 외관을 유지할 수 있도록 다양한 형태를 조합하는 일이다. 지금까지 식재 방식들 중에서 이를 어떻게 구현할 수 있을지 설명해 주는 가장 일관된 방식은 독일에서 발전된 자연형 혼합식재체계다 5장에서 다룬다. 구조식물Gerüstbilder은 구조적으로 덜 돋보이는 동반식물Begleiter, 따로 설명할 필요가 없는 지피식물·채움식물Füllpflanzen과 함께 어우러져 자란다. 채움식물은 처음 몇 해 동안 공간을 채워 주는 역할을 하는 수명이 짧은 식물을 가리킨다. 아우돌프와 나는 우리가 함께 쓴 첫 번째 책 《식물로 디자인하기Designing with Plants》(1999)에서 식물을 구조식물과 채움식물로 간단히 구분했었다. 하지만 이런 핵심 주제를 드러내는 일관된 표현을 사용하려면 식물의 구조를 좀 더 자세히 들여다볼 필요가 있다.

여러해살이풀은 줄기와 잎의 관계에 따라 특정한 형태점차 식물 형태구성이라는 용어로 불리고 있다를 이룬다. 식물 구조를 디자인 도구로 활용하기 위해서는 이러한 형태들로

에키나세아Echinacea purpurea 씨송이와 배초향 '블루 원더'Agastache 'Blue Wonder'

부터 논의를 시작해야 한다. 식물 형태는 크기나 이웃한 형태에 따라 다르게 인식된다. 큰 화단에 알맞은 구조식물이 비좁은 뜰에서는 조금 답답하게 느껴질 수도 있다. 식물의 형태구성을 규정하는 핵심요소들을 살펴보면서 그 특성들을 식재디자인을 위한 구성요소로 생각할 수 있다. 어떤 형태는 다른 형태보다 특정한 목적에 맞게 식재를 구성하는 데 더 적합하다. 아울러 식물 형태구성은 계절에 따라 변화하는 식물의 외관과도 관련 있을 수 있다. 여러해살이풀의 시각적 특성을 규정하는 요소를 더 잘 이해하는 일은 정원이나 조경에서 식물을 어떻게 써야 할지 결정하는 데 도움이 된다. 아울러 새로 재배되는 식물을 이해하는 데도 유용할 수 있다. 특히 이전에 정원이나 디자인된 경관에 잘 심지 않던 지역 자생종을 실험적으로 식재할 때 기억해야 할 핵심 주제다. 뿐만 아니라 새로운 품종을 기르는 사람들은 이러한 식물 구조의 핵심 사항을 더 깊게 이해하면서 많은 것을 배울 수 있다.

뿌리잎

좁은뿌리잎

식물학자들은 잎이 줄처럼 좁고 긴 식물을 외떡잎식물이라 부른다. 하지만 새풀과 사초류, 그와 비슷한 기타 식물은 특별한 성질을 띠기 때문에 따로 구분된다. 외떡잎식물은 그림 A의 맥문동속*Liriope*처럼 뿌리잎이 밑동으로부터 여러 개가 모여나서 무더기를 이루거나 그림 B의 붓꽃속*Iris*처럼 옆으로 뻗어 자라는 뿌리에서 잎이 난다.

크니포피아속*Kniphofia* 일부 종들처럼 늘씬한 잎이 로제트rosette, 뿌리잎이 지면상에 방사상으로 퍼진 상태를 이루는 몇몇 식물을 제외하면, 잎과 줄기가 이런 식으로 조합된 튼튼한 여러해살이풀들은 시각적으로 차분하고 무난하다. 아울러 잎이 너저분해지는 경우도 거의 없다. 꽃송이나 씨송이 형태는 뚜렷하지만 잎은 그 자체만으로 구조요소라 보기 힘들다. 하지만 좁고 긴 잎의 형태는 넓은 잎을 지닌 대부분의 여러해살이풀들 사이에서 변화감을 주는 데 효과적이다. 많은 식물이 기후가 다소 온화한 북반구에서 자라고 겨울 날씨가 포근한 기후에 알맞다.

그 밖의 식물들 : 애기범부채속*Crocosmia*, 디에라마속*Dierama*, 리베르티아속*Libertia*, 원추리속*Hemerocallis*

넓은뿌리잎

잎이 땅바닥에서 나는 것처럼 보이는 식물을 말한다. 그림 C의 헬레보루스속*Helleborus*처럼 촘촘한 무더기를 이루거나, 그림 D의 돌부채속*Bergenia*처럼 옆으로 뻗어 자라는 뿌리줄기나 기는줄기에서 바로 잎이 나거나, 그림 E의 도깨비부채속*Rodgersia*처럼 두툼한 줄기에서 잎이 위로 높게 달린다.

이러한 식물들은 줄기가 아주 짧거나 땅바닥에 붙어 자라기 때문에 시각적 효과는 전적으로 잎과 꽃, 씨송이에 달려 있다. 몇몇 식물은 키가 더 크고 구조적으로 돋보이는 식물들 사이에서 땅바닥을 덮거나 틈새를 채우

A   B

는 용도로 알맞다. 그림 E 같은 유형에 속하는 식물 중 일부는 아주 축축한 곳에서 자란다. 예를 들면 개병풍속 *Astilboides*, 다르메라속 *Darmera*, 머위속 *Petasites*, 도깨비부채속 *Rodgersia* 등이 있고, 늠름하게 나는 넓은 잎들이 아주 돋보인다. 그렇지만 디자인 측면에서 보았을 때는 줄기가 거의 없기 때문에 높이감이 부족하거나 겨울 정원에서 쓰임새가 제한적이다. 물론 봄이나 초여름에는 많은 식재에서 이러한 잎이 핵심 역할을 한다.

그 밖의 식물들 : 휴케라속 *Heuchera*, 비비추속 *Hosta*, 트라키스테몬속 *Trachystemon*, 삼지구엽초속 *Epimedium*

줄기잎

대부분의 여러해살이풀은 잎이 줄기에서 나지만 가끔은 자세히 들여다봐야만 보이는 경우도 있다. 줄기잎이 나는 양상을 일련의 연속적 단계들로 구분 지어 생각하면 이해가 쉽다. 그림 F의 베르바스쿰속 *Verbascum*처럼 잎이 밑동에 뚜렷이 모여나는 식물, 그림 G의 뿌리속단 *Phlomis tuberosa*처럼 잎이 줄기 아래쪽에 주로 나는 식물, 그림 I의 마클레아이아속 *Macleaya*처럼 잎이 줄기의 중간 부분에 주로 나는 식물, 그림 J의 등골나물속 *Eupatorium*처럼 거의 동일한 크기의 작은 잎들이 튼튼한 줄기 위쪽부터 아래쪽까지 숱하게 달리는 식물도 있다. 하지만 때때로 쥐손이풀속 *Geranium*의 여러 종들처럼 줄기가 연약한 탓에 자라는 모습이 매번 달라지는 식물도 있다.

돌출형 - 튼튼한 줄기 아래쪽에 잎이 주로 나는 식물

이러한 식물은 잎이 식물 밑동에 집중되고 곧게 서는 줄기에 꽃이 달린다. 꽃이 피지 않았거나 씨가 맺히지 않았을 때는 구조적으로 그다지 돋보이지 않지만 꽃이삭이 나오기 시작하면 극적인 느낌을 준다. 시각적 효과가 좋은 편이고, 잎이 아래쪽이나 중간 높이에 달리고 꽃이나 씨송이가 허공에 둥둥 떠다니는 듯한 식물이 필요한 식재를 계획할 때 특히 쓰임새가 좋다. 이런 식물 유형이 독특한 까닭은 꽃이나 씨송이가 풍성한 잎과 뚜렷이 구분되기 때문이다. 북미 프레리에 자라는 실피움속 *Silphium*은 키가 약 3미터까지 자라기 때문에 그 구분이 아주 뚜렷하다. 그림 F 베르바스쿰속 *Verbascum*이나 디기탈리스속 *Digitalis*은 지면 가까이에서 로제트 모양으로 나는 잎과 우뚝 솟는 견고한 꽃이삭이 특징이다. 베르바스쿰 니그룸 *Verbascum nigrum*과 디기탈리스 페루기네아 *Digitalis ferruginea*처럼 꽃이나 씨송이가 가는 이삭 형태를 이루는 식물들은 정원사와 디자이너가 느슨한 그룹이나 띠무리 형태로 반복해서 심으면 훌륭한 수직적 요소가 된다. 이러한 두해살이풀이나 수명이 짧은 여러해살이풀이 실제로 튼튼한 줄기를 지니고 있기 때문이다. 더 낮은 높이에서는 페르시카리아 비스토르타 *Persicaria bistorta*와 그림 G 뿌리속단 *Phlomis tuberosa*의 많은 꽃송이가 비슷한 효과를 낸다. 대상화 *Anemone ×hybrida*나 매발톱꽃속 *Aquilegia*, 오이풀속 *Sanguisorba* 같은 식물도 일정한 높이에서 꽃과 씨송이가 마치 안개가 낀 듯한 느낌을 자아낸다. 이러한 식

C

D

E

들은 어느정도 거리를 두고 그룹으로 심는 게 효과적이지만 가까이에 심으면 보통 뒤쪽 식물의 모습을 잘 드러나게 하는 효과를 낼 수 있다.

아스트란티아속*Astrantia*은 이런 유형이 그다음 유형과 만나는 중간지대에 속한다. 줄기 위쪽에 있는 뚜렷한 형태의 꽃송이가 잘 드러나지만, 꽃이 진 뒤에는 너저분해지거나 식물 간 경쟁이 심한 곳에서는 늘어지며 자란다. 사실 이러한 유형의 여러해살이풀이 수명이 짧은 종보다 줄기가 연약한 편이라는 게 역설적이다 수명이 짧은 식물은 씨앗을 퍼뜨려 유전자를 남길 수 있도록 줄기가 더 튼튼할 필요가 있다. 금불초속*Inula*은 늠름해 보이지만 잘 쓰러질 수 있다. 바람이 심하게 불고 너무 비옥한 곳에서 특히 그렇다.

이러한 유형에 속한 식물의 잎을 간과해서는 안 된다. 베르바스쿰속*Verbascum*과 에링기움속*Eryngium* 일부 식물처럼 잎이 로제트를 이루는 종들은 이른 계절에 그 자체만으로도 충분히 매력적이다. 해양성 기후나 지중해성 기후에서 자라는 아칸투스속*Acanthus*와 시나라속*Cynara* 식물은 초봄에 잎이 아주 멋지고 구조적으로 돋보인다. 이처럼 줄기 아래쪽에 잎이 많이 나는 식물들은 디자이너와 정원사에게도 쓰임이 많은데, 땅바닥을 잘 가려 주기 때문에 시각적 효과 면에서도 좋고 잡초의 생장도 억제시켜 준다.

그 밖의 식물들 : 세팔라리아속*Cephalaria*, 엉겅퀴속*Cirsium*, 절굿대속*Echinops*, 숲제라늄*Geranium sylvaticum*, 여러 꿩의다리속*Thalictrum* 식물

잎무더기형 - 연약한 줄기 아래쪽에 잎이 주로 나는 식물

줄기에 잎이 배열되는 방식은 그림 G나 I에 속하는 식물과 크게 다르지 않지만, 줄기가 축 늘어지거나 휘어지고 심지어는 땅바닥에 누워 자라기도 한다. 이러한 식물은 꽃이 만개하지 않았을 때 잎의 무성함이 강한 인상을 준다. 그림 H를 보면 단 하나의 줄기만 보인다. 식물들 사이에 경쟁이 심한 초지나 숲가장자리 서식처에 압도적으로 많은 식물 유형이다. 야생이나 식물이 빽빽하게 자라는 자연형식재에서는 놀라울 정도로 유연하게 자란다. 아주 긴 잎줄기를 이웃한 식물들 사이에 밀어 넣고 보통 그것들을 지지대로 삼아 자라는데, 줄기 아래쪽에서 수십 센티미터를 뻗어 낸 뒤에 비로소 잎몸이 나타난다. 특히 쥐손이풀속*Geranium*이나 가끔은 아스트란티아속*Astrantia*에서 이러한 현상이 두드러진다. 이러한 식물들은 정해진 형체가 없다고 봐도 무방한데, 서로 이웃하거나 경쟁하는 식물들이 빚어내는 환경에 따라 모양새가 달라지기 때문이다.

식물 간 경쟁이 거의 없는 정원에서는 대부분이 단정한 반구형을 이루지만 꽃이 진 뒤에는 대개 형태가 볼품없어진다. 때문에 대규모 경관을 다루는 전문 디자이너들은 이러한 유형의 식물을 기피하는 경향이 있다. 주로 줄기 아래쪽 잎이 위쪽 잎보다 훨씬 더 넓어 시각적으로 더 지배적인 채움식물의 대표 유형이다. 전체적인 구조를 위해서라기보다는 꽃 색이나 흥미로운 잎으로 볼거리를 더하기 위해 식재에 부분적으로 심을 수 있다. 꽃이 진

F

G

뒤에 식물을 하나하나 잘라 주면서 가꿀 여력이 있는 아마추어 정원사들에게 알맞은 식물이다. 대부분이 초지나 초원지대에서 새풀과 뒤섞여 자라기 때문에 새풀 중심의 저관리형 식재를 위한 식물로 큰 잠재력이 있다.

그 밖의 식물들 : 알케밀라속*Alchemilla*, 큰잎브루네라*Brunnera macrophylla*, 쥐손이풀속*Geranium* - 아스포델로이데스(*asphodeloides*), 엔드레시이(*endressii*), 페움(*phaeum*), 레나르디이(*renardii*), 피뿌리쥐손이(*sanguineum*), 옥소니아눔(×*oxonianum*)과 대부분의 청보라색 품종을 비롯한 여러 종과 품종, 오리엔탈양귀비(*Papaver orientale*), 풀모나리아속(*Pulmonaria*)

현재 재배되고 있는 여러해살이풀은 위로 꼿꼿이 서는 줄기에 잎이 위쪽부터 아래쪽까지 거의 동일한 간격으로 나는 종들이 상당히 많다. 잎의 개수가 더 적고 줄기 중간 부분에서 잎이 더 커지는 식물은 소수이기 때문에 별도로 다룰 만큼 중요하지는 않다. 늠름한 회색빛 잎이 돋보이는 마클레아이아속*Macleaya*은 이러한 몇 안 되는 그림 I에 속하는 식물이다. 꼬챙이처럼 줄기가 곧게 서는 식물그림 J부터 줄기가 늘어지고 땅바닥에 누워 자라는 식물까지는 그러데이션처럼 일련의 연속적 단계들을 이룬다고 볼 수 있다.

직립형 - 곧은 줄기에 여러 잎이 나는 식물

늦은 여름이나 가을에 여러해살이풀식재를 보면 언뜻 봐도 꽃이 늦게 피는 많은 종이 키가 크고 곧게 서 있다는 것을 알 수 있다. 대부분은 줄기에 작은 잎들이 숱하게 달리는데, 주로 줄기 위쪽에 달린 잎들만 꽃이 피는 순간까지 남아 있다. 이처럼 곧게 자라는 직립형 식물은 몇 가지 큰 장점이 있는 동시에 심각한 단점도 있다. 장점으로는 비교적 꽃이 늦게 피기 때문에 식물의 생장기 내내 좋은 모습을 보여 준다. 또한 줄기는 구조감이 뛰어나고 대개 겨울에도 충분히 매력적인 모습을 선보인다. 하지만 줄기 아래쪽은 잎 없이 헐벗은 모습이라 보기에 안 좋을 수 있다. 그래서 키가 작고 촘촘하게 자라는 채움식물과 함께 심곤 한다.

주로 쓰는 식물은 북미 원산 식물로 대개 프레리 서식처에 자라는 종들이며, 아스테르속*Aster*과 그림 J 등골나물속*Eupatorium*처럼 국화과*Asteraceae* 식물이 많다. 또한 대부분 토양이 비옥하고 식물 간 경쟁이 심한 곳에서 자라는데, 이러한 곳에서는 식물의 키가 곧 생존과 직결된다. 유라시아에도 이른바 '고경초본식생tall-herb flora'이라 일컫는 물과 양분이 풍부한 환경이 있고, 그곳에서 투구꽃속*Aconitum*과 터리풀속*Filipendula*처럼 키가 큰 식물들이 자란다.

그 밖의 식물들 : 정향풀속*Amsonia*, 흰꽃쑥*Artemisia lactiflora*, 캄파눌라 라티폴리아*Campanula latifolia*, 등골나물속*Eupatorium*, 대극속*Euphorbia* - 스킬링기이(*schillingii*)를 비롯한 여러 종, 해바라기속*Helianthus*, 류칸테멜라 세로티나 *Leucanthemella serotina*, 참좁쌀풀속*Lysimachia*, 모나르다속 *Monarda*, 풀협죽도*Phlox paniculata*와 관련 종, 미역취속 *Solidago*, 베르노니아속*Vernonia*

H

I

J

떨기형 - 늘어지거나 누워 자라고 여러 줄기에 잎이 나는 식물

정원에 심는 대다수의 여러해살이풀은 여러 줄기에 수많은 잎이 흩어져 난다. 하지만 우리 눈에 보이는 건 전체적인 형태다. 만약 잎이 독특한 경우라면 전체가 보기 좋은 잎 덩어리로 인식될 것이다. 이러한 식물들은 단독으로는 그다지 인상적이지 않지만 그룹으로 심으면 극적인 느낌을 줄 수 있다. 줄기 덕분에 '잎무더기형'으로 분류되는 식물보다 실제로 회복력이 좋은 편이다. 따라서 분명한 디자인 요소로 활용해 더 오랫동안 즐길 수 있다.

초지에 자라는 살비아속*Salvia* 종들이 좋은 예다. 네모로사*nemorosa*, 프라텐시스*pratensis*, 실베스트리스*×sylvestris*, 수페르바*×superba* 종이 이에 해당하고, 건조에 강한 내건성 식재에서 중요한 역할을 한다. 색을 제외하고도 다수의 꽃이삭이 독특한 개성을 선보이며, 반구형 무더기가 늘 단정하게 유지된다. 큰꿩의비름*Sedum spectabile*과 자주꿩의비름*S. telephium*에서 유래된 우리에게 익숙한 세둠속*Sedum* 품종들도 비슷한 식물체 크기와 내건성을 지녔지만 꽃은 우산 모양 꽃송이로 모여 핀다 그림 K. 이러한 식물들도 생장기 내내 단정한 모습을 유지하기 때문에 유지관리를 거의 안 해도 되거나 전혀 할 필요가 없다.

이런 유형 가운데 일부 식물은 크기가 너무 커서 떨기나무로 혼동하기도 한다. 아코노고논 '요하니스볼케'*Aconogonon* 'Johanniswolke'와 눈개승마속*Aruncus* 품종처럼 말이다. 이러한 식물이 유용한 까닭은 무더기를 이루는 습성과 견고한 느낌 때문인데, 밑동으로부터 여러 줄기가 방사형으로 뻗어 나와 촘촘한 무더기를 이루고 거기에 잎이 고르게 배치된다. 이러한 척도의 반대편에 있는 식물은 크나우티아 마세도니카*Knautia macedonica*처럼 줄기가 연약하고 이웃한 식물이 없으면 사방으로 뻗어 가며 번지는 경향이 있다. 많은 식물종이 원줄기로부터 갈라져 나온 가지에 다수의 꽃송이가 달리는데 아코노곤속(*Aconogonon*)과 크나우티아속(*Knautia*)을 포함하여, 이러한 양상은 다음 유형에 속한다.

그 밖의 식물들 : 아스테르 아멜루스*Aster amellus*, 칼라민타속*Calamintha*, 수레국화속*Centaurea*, 대극속*Euphorbia* - 팔루스트리스(*palustris*)와 폴리크로마(*polychroma*)를 비롯한 여러 종, 오리가눔속*Origanum*, 큰잎쑥국*Tanacetum macrophyllum*

분지형 - 가지가 갈라지는 식물

일부 여러해살이풀은 가지를 내거나 때때로 곧은 원줄기에서 곁줄기가 갈라져 나와 그 끝에 꽃이 달린다. 하지만 어떤 종은 계속해서 가지를 내기도 한다. 꽃이 형성된 지점에서 줄기가 둘로 갈라지고 그곳에 꽃이 피면 줄기가 다시 갈라지는 것이다. 그 결과 다른 여러해살이풀들과 큰 차이가 나는 덤불형 또는 분지형 모습을 띠게 된다 그림 L.

K

L

줄기가 위로 곧게 자랄 때는 부처꽃속*Lythrum* 식물처럼 존재감이 느껴지는 크기와 수직적 느낌이 어우러진 견고한 형태를 이룬다. 가지를 내서 수직뿐만 아니라 수평으로도 뻗어 나갈 때는 밥티시아 아우스트랄리스 *Baptisia australis*처럼 넓은 떨기나무 형태를 갖추게 된다. 밥티시아속은 회색에 가까운 단정한 잎이 여러해살이풀 중에서도 드물기 때문에 특별한 가치를 지닌다.

지금까지 언급한 종들은 줄기가 아주 튼튼해서 겨울에도 꼿꼿이 서 있을 수 있다. 다른 종들은 줄기가 아주 연약하지만 오히려 그런 습성 덕분에 유포르비아 시파리시아스*Euphorbia cyparissias*와 여러 개박하속*Nepeta* 식물처럼 식재의 낮은 부분을 채우거나 땅바닥을 덮어 주는 데 효과적이다. 끝으로 페르시카리아 암플렉시카울리스 *Persicaria amplexicaulis*도 주목해 볼 만하다. 여름에 색을 오래 즐길 수 있고, 가지를 내기 때문에 어느 각도에서 보아도 매력적으로 느껴지는 드문 종이다. 하지만 첫서리가 심하게 내리면 암갈색 곤죽처럼 무너져 버린다! 완벽한 식물이 어디 있겠는가?

새풀

새풀이나 그와 비슷한 특성의 다른 식물들사초속*Carex*, 꿩의밥속*Luzula*, 맥문동속*Liriope*, 맥문아재비속*Ophiopogon*, 레이네키아속 *Reineckia*의 형태구성은 세 가지의 연속적 단계로 쉽게 설명할 수 있다.

잔디형 새풀그림 1은 뗏장 형태를 이루는 잔디를 가리킨다. 줄기나 뿌리가 옆으로 뻗어 가면서 빠르게 여러 개체가 서로 맞물린 매트를 형성한다. 다른 식물들을 눌러 버릴 수 있기 때문에 잔디밭을 조성할 때에는 효과적이지만 관상용으로는 그다지 좋지 않다.

매트형 새풀그림 2은 보통 처음에 심은 몇몇 개체가 느리긴 해도 꾸준히 번져 나가 촘촘한 매트를 이룬다. 사초속*Carex* 식물이 대표적인데, 지피식물이나 잔디 대용 식물로 더욱 각광받고 있다. 세슬레리아속*Sesleria*도 마찬가지다. 바늘새풀 '칼 푀르스터'*Calamagrostis* 'Karl Foerster'와 억새속*Miscanthus* 식물처럼 '무더기'로 읽히는 더 큰 종들도 아주 다른 규모로 매트를 이루지만, 그렇게 되려면 여러 해가 걸릴 것이다. 식물이 자라는 양상은 비슷하다.

총생형 새풀그림 3은 보통 미국에서 '다발형 새풀'이라고 일컫는 식물이다. 아주 촘촘한 무더기를 이루며 자란다. 일정 크기에 이르면 더 커지지 않는 편이지만 새로 나오는 싹들이 위로 올라가며 다발을 이룬다. 아래쪽은 촘촘하고 위쪽으로 올라가면서 잎이 휘어지는 독특한 형태를 이루는데, 이러한 형태 때문에 디자인을 할 때 쓰임새가 좋다. 몰리니아 세룰레아*Molinia caerulea*와 스포로볼루스 헤테롤레피스*Sporobolus heterolepis*가 대표적인 예다.

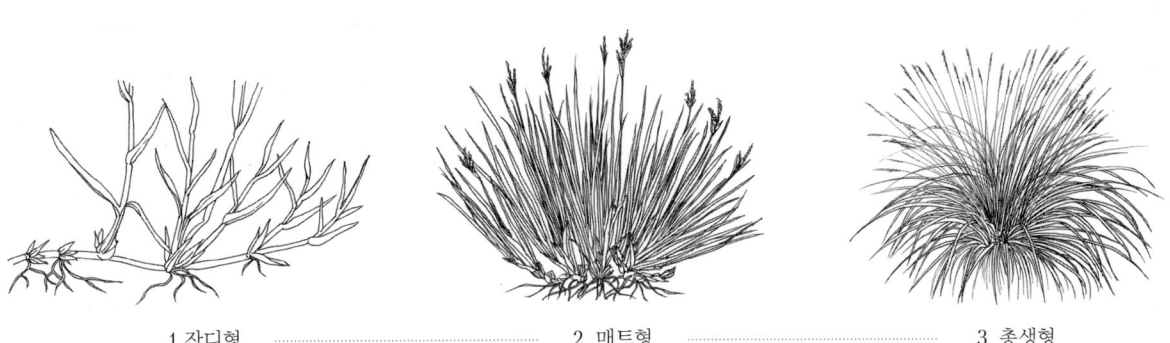

1 잔디형　　　2 매트형　　　3 총생형

풍성한 색뿐만 아니라 다양한 형태도 함께 어우러진 노퍽주 펜스소프 정원의 9월 풍경. 앞쪽에는 페르시카리아 암플렉시카울리스*Persicaria amplexicaulis*의 섬세한 분홍색 꽃이삭이 가볍게 흔들리며 뒤쪽의 탄탄한 헬레니움 '무어하임 뷰티'*Helenium* 'Moerheim Beauty'와 대비를 이룬다. 이 장면에서 중요한 부분은 배경 역할을 하는 커다란 좀새풀*Deschampsia cespitosa* 블록이다. 좀새풀 블록은 넓게 펼쳐진 시골 풍경과 정원을 연결시켜 줄 뿐만 아니라 시각적 단순함으로 비교적 복잡한 구성의 여러 해살이풀식재를 더 돋보이게 해 준다.

조합 만들기

어떠한 식재든 조합에 크게 의존한다. 조합이란 보통 서로 이웃하여 함께 보일 수 있는 최소 두 가지의 식물종을 뜻한다. 자주 인용되는 디자인 격언인 '적을수록 더 좋다less is more'라는 말은 어떤 디자인 분야에서도 적용될 수 있다누군가는 그게 진실이라 주장할 것이다. 단순성은 대개 복잡성과 다양성보다 더 큰 감흥을 주기 때문이다. 하지만 그러한 단순성은 곧장 싫증을 유발하기도 한다. 따라서 흥미가 유지되려면 어느 정도의 복잡성이 필요하다. 두말할 필요도 없이, 단순성과 복잡성 사이에서 취하는 입장은 개인마다 차이가 있다. 미적인 질문에 관한 모든 견해는 아주 개인적이고 주관적이며 문화적으로 영향을 받는다. 예를 들어, 멕시코 사람들은 밝은 분홍색과 노란색을 함께 배치하는 것을 좋아하지만 대부분의 유럽인들은 그렇지 않다.

사람들은 누구나 좋아하는 것과 싫어하는 것이 있다. 비록 그것을 의식적으로 표현할 수 없더라도 말이다. 정원을 가꾸거나 식물을 다루는 사람이라면 누구나 함께 조합하기를 원하는 품종들로 자신만의 식물상을 구축하기 마련이다. 대개의 경우 낯선 식물이 자신만의 선호 식물 목록에 있는 종과 비슷할 때 관심이 생긴다. 다시 말해, 우리는 거의 잠재의식 수준에서 일정한 기준에 따라 식물을 선택한다. 식물로 디자인하려는 사람이라면 이러한 점을 인식할 필요가 있다. 자신이 선호하는 식물 목록을 분석해 보면 그러한 기준들이 어떤 것인지 알게 될 것이다. 바로 이것이 식물을 효과적으로 조합하기 위한 첫 단계다.

자기만의 디자인 기준을 이해하면, 정원사와 디자이너는 시각적으로 흥미로운 식재를 보다 손쉽게 연출할 수 있다. 식물을 반복해서 심는 것은 간단히 시도해 볼 수 있는 하나의 방법으로, 식재에 리듬감과 통일감을 준다. 조합을 반복하면 더욱 효과적이다. 꽃이 피거나 다른 요소로 특정 계절에 볼거리를 더하는 식물을 반복해서 심으면 아주 효과적으로 강렬한 인상을 줄 수 있다. 이러한 발상은 하이너 루츠의 '계절별 주제식물'의 원리에 적용되었는데, 이 부분은 5장에서 더 자세히 다루도록 하겠다.

잉카나골무꽃*Scutellaria incana*의 푸른빛은 흔치 않고 아주 특별하다. 한여름에서 늦여름까지 꽃이 피는데, 뒤쪽에 있는 대상화 '파미나'*Anemone ×hybrida* 'Pamina'의 분홍색과 전통적인 색조합답게 잘 어우러진다. 여기서는 왼쪽의 오이풀 '타나'*Sanguisorba* 'Tanna'와 더 돋보이는 조합을 보여 준다. 이른 아침 햇살을 받은 꽃들이 유난히 강렬한 빛을 발하는 듯하다.

색

식재디자인을 논할 때, 특히 여러해살이풀식재의 경우 색에 치중하는 경향이 있다. 색에 관해서는 이미 많은 책이 출간되었고 아주 좋은 내용의 책도 많아서 이 책에서는 자세히 다루지 않겠다!

우리, 특히 아우돌프는 오직 색만을 강조하는 기존 방식에 의문을 제기한다. 색은 전체를 구성하는 한 부분으로 생각해야 한다. 아우돌프는 "색이란 구조 바로 위에 놓인 층위로 … 감정적 요소이고 … 따로 분리해 생각할 수 없다"라고 말한다. 일부 규칙은 과학적 근거에 기초하고 있고, 정원과 색을 주제로 한 대부분의 책에서 볼 수 있는 익숙한 고리 모양 색상환은 특정한 색조합이 왜 효과적일 수 있는지 잘 보여 준다. 그렇지만 색은 특히 주관적인 요소다. 아울러 날씨와 빛 조건에 크게 좌우된다. 하루 중 특정 시간대에 괜찮아 보이는 것이 다른 시간대에는 칙칙하게 느껴질 수 있다.

한 해의 특정 시기에는 선택의 여지가 그다지 많지 않다. 온대 기후의 봄과 가을에는 보통 노란색과 청보라색이 지배적인데, 이는 곤충에게 감지되는 빛의 파장 범위와 관련이 있을 것이다. 정원사는 계절마다 발현되는 자연의 색을 따르는 게 가장 좋을 수도 있다.

이제는 식물조합을 위해 색을 활용하는 방식을 예전보다 확실히 덜 중요하게 생각한다. 19세기 후반부터 20세기에 걸쳐 지배적이었던 정원 만들기 방식은 다채로운 색의 커다란 꽃들을 보기 위해 재배된 식물 교잡종이나 선발종에 크게 의존해 왔다. 이러한 식물들을 나란히 배치하면 눈을 사로잡을 수 있기 때문에 보는 이들에게서 좋거나 싫거나 하는 강한 반응을 이끌어 낼 수 있었다. 그래서 다른 이들은 더욱 조화롭게 느껴지는 색조합을 만들기 위해 매진했다. 하지만 최근에는 색을 대수롭지 않게 여기곤 한다. 정원사들이 구조와 질감에 관해 잘 알기 때문에 매력적인 잎과 형태를 지닌 식물을 더욱 활용하는 추세다. 이러한 식물들은 대부분 색이 화려하지 않을 수 있다. 식물의 이런 면들은 규정하기 어려울 수 있지만, 아우돌프는 이에 관해 이렇게 말한다. "좋아하는 누군가를 만날 때 왜 좋은지 이유를 설명하기 어려운 것처럼, 이유를 설명할 수는 없어도 식물을 독특한 무언가로 보는 것이다."

자연형식재에서는 야생종이나 그와 아주 비슷한 품종의 사용을 권장하는데, 이 같은 식물은 꽃 크기가 나머지 부위들에 비해 그다지 크지 않은 게 특징이다. 이전

가을이나 초겨울 정원을 위한 전형적인 연출법은 단단하고 색이 짙고 윤곽이 뚜렷한 형태사진의 에키놉스 바나티쿠스(Echinops bannaticus)처럼 공 모양 씨송이와 부드럽고 연하고 성긴 새풀앞쪽의 좀새풀(Deschampsia cespitosa), 뒤쪽의 다른 좀새풀 품종과 억새속(Miscanthus) 식물을 조합하는 것이다.
이런 모습은 몇 달 동안 지속될 수 있고, 보다 다양한 식물로 조합할 수도 있다. 늦은 계절에 볼 수 있는 여러 시각적 효과와는 다르게 햇빛에도 좌우되지 않는다.

방식과 비교해 보면 이러한 식재 유형에는 부드러운 녹색과 옅은 황갈색 색조, 중성적인 크림색이 더 많다. 이런 색들은 식재의 전체적인 인상을 부드럽게 해 주는 동시에, 강한 색들이 서로 충돌되지 않도록 분리해 시각적 효과를 완화시켜 준다.

구조

예로부터 여러해살이풀을 활용한 디자인은 색에 주안점을 두곤 했지만, 정원과 조경디자인의 소재로 쓰는 나무류는 크기와 형태기능상의 이유로 필수적인를 우선적으로 따져 보고 그다음에 구조와 시각적 질감을 고려했다. 여러해살이풀은 개인정원이나 비교적 잘 관리되는 정원에 적합하고 공공정원에서는 그 가치를 완전히 구현해 내기 어렵다는 생각에 색을 강조한 디자이너들이 동조한 셈이다. 이러한 상황은 점점 바뀌고 있는데, 그 이유 중 하나는 여러해살이풀이 겨울이나 절정기가 지난 뒤에도 충분히 매력적이라는 인식이 커지고 있기 때문이다. 바로 이 지점에서 구조와 질감이 색보다 훨씬 더 중요한 역할을 한다.

음식에 비유해 보면 흥미롭다. 대부분의 사람들에게 음식을 통한 미적 경험단순히 배를 채우기 위해서가 아니라 즐기기 위해 먹는 것은 주로 맛에 치중되어 있다. 하지만 중국인이라면 다를 것이다. 놀랍게도 세계적으로 가장 복잡하고 정교한 요리들 중 하나는 그다지 맛에 주안점을 두지 않는다. 대신에 질감적인 면, 즉 먹을 때 입안에서 느껴지는 감촉이 더 중요하다. 맛에 치중한 요리는 이러한 측면이 분명 고려되지 않았을 것이다. 식재디자인에서 색만 지나치게 강조하는 것과 유사한 비유가 되지 않을까?

색을 강조하는 것은 실제로 회색빛 하늘과 비교적 서늘한 날씨가 특징인 북서유럽 국가들의 정원 전통에서 두드러지는 특성이다. 아마도 전 세계적으로 정원을 만드는 데 영감을 준 영국 정원이 역사적으로 큰 역할을 해 온 덕분이기도 하고, 이 과정에서 네덜란드 육묘업계가 많은 식물을 공급해 왔기 때문일 것이다프랑스·벨기에·독일의 정원사와 육묘장도 기여를 했다. 식물의 생장기가 길고 부드러운 햇빛이 내리쬐는 북유럽에서는 몇 달 동안 계속 정원에 색을 활용하고 그 미묘함을 즐길 여지가 많다. 게다가 더운 기후대보다 서늘한 곳에서 꽃이 훨씬 오랫동안 핀다. 춥거나 건조한 계절이 오래 지속되는 환경 조건에 대처해야 하는 정원사에게는 이러한 기회들이 제한된다. 하지만 다른 기후대에서도 색이 주는 흥미보다 구조와 질감적인 면에서 보다 흥미를 유발할 수 있는 식물상이 존재한다.

구조와 질감을 활용하여 디자인하는 방식은 비교적 규칙에서 자유롭다. 이러한 방식에는 초보자가 논의를 시작하거나 첫걸음을 내딛는 데 필요한 색상환 같은 건 없어도 된다. 여러해살이풀을 활용한 디자인의 구조적 접근법은 우리의 첫 번째 책인 《식물로 디자인하기》에 기본적인 내용들이 잘 정리되어 있고, 이 주제에 관한 그 밖의 측면들은 다른 곳에서 많이 다루었다. 따라서 이 책에서는 몇몇 기본 원리만 훑어보고 간단히 의견을 덧붙이고자 한다.

70퍼센트 규칙

식재디자인에는 몇 가지 보편적 규칙이 있는데, 이 규칙도 그중 하나다. 독립적으로 일하는 여러 전문가가 이러한 규칙을 스스로 터득했다는 점을 생각해 보면 신빙성이 있다. 앞서 논의했듯이 여러해살이풀은 구조적 흥미 요소가 뚜렷한 구조식물과 그렇지 않은 채움식물로 구분할 수 있다. 식재는 구조식물과 채움식물을 약 7:3 비율로 구성할 때 가장 효과가 좋다.

- 구조식물 : 꽃이나 잎 색 이외에도 적어도 가을까지는 시각적 흥미요소가 뚜렷한 식물
- 채움식물 : 꽃이나 잎 색만을 위해 심는 식물. 이른 계절에는 구조적으로 흥미롭지만 한여름 이후에는 형체가 없어지거나 어수선해진다.

지역 식물상 따르기

정원사나 디자이너가 쓸 수 있는 식물의 범위는 한계가 있다. 온화한 서안해양성 기후는 작업하기에 가장 좋은 기후 조건인데, 다양한 기후대의 식물을 섞어서 심을 수

있기 때문이다. 유럽 북서부 대서양에 접한 나라들이나 기온이 연중 비슷하게 유지되는 샌프란시스코만 인근에서 정원을 가꾸는 이들은 정말 운이 좋은 사람들이다.

제각기 다른 환경에 따라 분포하는 식물이 달라진다. 특정 환경에서 잘 자라는 식물들은 구조나 질감적인 면에서또한 잎 색도 서로 비슷한 특성을 지니고 있을 가능성이 높다. 따라서 식재를 할 때 우선 대상지의 특별한 환경과 그 환경에서 드러나는 시각적 주제를 파악하고 이를 기반으로 진행해야 한다. 기후나 그 밖의 환경 조건 때문에 쓸 수 있는 식물의 범위가 제한되는 일은 너무 흔하고, 이에 따라 특정한 구조를 지닌 식물 모음이 제외될 것이다. 예를 들어, 바람이 심하게 부는 곳에서는 잎이 크고 부드러운 식물을 쓰기 어렵다. 지역 자생식물을 적극적으로 활용할 때에는 이러한 환경 조건이 구조적인 흥미도를 결정짓는다 해도 과언이 아니다. 남반구에서는 다양한 식물이 뚜렷한 로제트 모양을 이루며 자란다는 것을 생각해 보자. 서식처에 따라 식물의 독특한 형태와 질감이 달라지곤 하는데, 이는 진화적 적응의 관점에서

게라니움 '딜리스'*Geranium* 'Dilys'는 채움식물이 어떤 면에서 좋은지 잘 보여 준다. 한여름에 꽃이 피는 이 게라니움 품종은 마치 액체처럼 사방으로 번져 가며 뚜렷한 윤곽을 지닌 구조식물들 사이 공간을 채운다. 그 자체만으로는 확실한 형태가 거의 없다고 볼 수 있다.

새풀은 다양한 자연환경에서 아주 중요한 역할을 하는데, 주로 특정 서식처를 대표하는 시그니처 식물 역할을 한다. 정원이나 공원에 심어 주변 경관과 시각적으로 이어지게 할 수도 있고, 동시에 더욱 돋보이는 식물과 조합하여 심을 수도 있다. 사진의 후멜로 정원에서는 자줏빛 긴산꼬리풀 '에벌린'*Veronica* 'Eveline'이 좀새풀*Deschampsia cespitosa* 사이에서 솟아올라 있고, 앞쪽으로 서양붉은터리풀*Filipendula rubra*의 깃털 같은 꽃차례도 보인다.

네덜란드 후멜로 아우돌프 정원의 9월 모습. 다소 어수선해지기 시작했지만 모든 식물이 뚜렷한 구조를 지닌 덕분에 여전히 흥미롭게 느껴진다. 주황색 헬레니움 '무어하임 뷰티'*Helenium* 'Moerheim Beauty'와 보라색 아스테르 노베앙글리에 '비올레타'*Aster novae-angliae* 'Violetta'는 곧게 서 있지만, 여러 개 긴 가지에 달린 오이풀 '선더스톰'*Sanguisorba* 'Thunderstorm'의 암적색 꽃송이들이 다양한 각도로 흩날린다. 그 뒤쪽에 무더기를 이룬 몰리니아 '트랜스패어런트'*Molinia* 'Transparent'는 속이 꽉 찬듯하면서도 흐릿한 느낌을 준다.

색상환에 따르면 청색·보라색과 노란색은 보색 관계다. 서로를 더 부각시켜 주지만 식재에서 너무 많이 반복하면 지나치게 도드라져 보일 수 있다. 사진은 8월의 모습인데, 미역취 '골든모사' *Solidago* 'Goldenmosa'가 아스테르 '트와일라이트' *Aster* 'Twilight'와 나란히 자라고 있다. 오른쪽에 있는 분홍색 리트룸 비르가툼 *Lythrum virgatum*은 아스테르와 조화를 이룬다. 리트룸을 왼쪽으로 옮겨서 아스테르 뒤쪽으로 보이게 할 수도 있다. 하지만 미역취와 나란히 배치하면 꽤 어색하게 느껴질 것이다. 분홍색과 노란색 조합이 그다지 인기 있는 조합이 아니기 때문이다. 이처럼 블록식재는 색을 조합하여 식물들을 나란히 배치하는 일에 주안점을 두지만, 식물들이 어떻게 보일지는 보는 사람의 시점에 따라 크게 달라질 수 있다.

늦은 여름에 크림색 유카잎에린지움 *Eryngium yuccifolium*이 청보라색 까치숫잔대 '베드라리엔시스' *Lobelia* 'Vedrariensis', 분홍색 모나르다 '스콜피언' *Monarda* 'Scorpion'과 조화롭게 어우러지는 모습이다. 키가 모두 비슷하기 때문에 함께 섞어 심기에 알맞다.

충분히 설명된다. 고운 질감의 잎이 반구형을 이루는 식물은 바람에 노출된 북유럽이나 여름철 해가 맹렬히 내리쬐는 남유럽처럼 건조화 현상이 주된 문제가 되는 환경에서 아주 전형적이다.

의식적으로 자연주의 미학을 따르는 경우에도 특정 구조가 결정되기도 한다. 특히 온대 지방의 탁 트인 서식처에는 주로 새풀이나 그와 비슷한 식물들이 우점하는데, 자연주의를 구현하고자 한다면 식재에 이러한 종류의 식물들을 포함해야 할 것이다. 이러한 점은 새풀이 혼합체에서 중요한 부분을 차지하는 뉴욕 하이라인 같은 프로젝트에서 분명하게 드러난다.

조화냐 대비냐

조화와 대비는 식재디자인에서 근본적인 긴장 관계를 이룬다. 하지만 대개 창조적일 수 있다! 어떤 디자이너와 정원사는 대비 표현에 집중할 것이고, 다른 이들은 조화로운 구성에 더 관심을 보일 것이다. 이러한 차이는 주로 색에 관한 것이지만 구조 역시도 이 두 가지 원리를 적용할 수 있다.

유라시아나 북미 원산 온대 식물로 디자인할 때는 '과도한' 구조를 갖추기 어렵다. 팔레트를 구성하는 식물들이 형태적으로 너무 비슷하기 때문이다. 떨기나무는 대개 뚜렷한 형태가 없고 대다수의 나무와 여러해살이풀은 잎이 작아서 넓게 분산되며 부드러운 인상을 준다. 다른 기후대에서는 형태가 더 다양하다. 계절에 따라 건조해지는 북미 기후대와 남반구 온대 지방의 많은 서식처에서 로제트 모양이나 뾰족뾰족한 형태를 볼 수 있는 것처럼 말이다. 열대·아열대 기후에서는 식물 형태, 잎 모양, 잎 크기가 훨씬 더 다양하다. 실제로 따뜻한 기후의 장소에 적용하는 식재디자인은 구조부터 먼저 생각하고 그다음에 색을 고려해서 디자인한다. 온대 기후에서 작업하는 정원사나 디자이너에게는 그들이 구성하는 오케스트라에 이국적인 느낌의 악기를 추가하여 식재를 더 흥미롭게 연출하고 싶은 갈망이 늘 존재한다. 내한성을 감안할 때, 그렇게 하는 것은 모험적인 놀이를 하는 셈이다. 이러한 실험이 권장되는 기후대에서는 정원사들이 식물 구조 조합을 아주 다양한 방식으로 시도하면서 작업을 한다. 때로는 식재를 구성하는 형태요소가 너무 다양한 탓에 눈이 쉽게 피로해질 수 있는데, 특히 뾰죽뾰죽하거나 곧게 서는 형태가 지나치게 많을 때 그렇다.

온대 지방에 자라는 새풀은 구조 면에서는 다양하지만 형태는 그렇게 도드라지지 않는다. 그래서 '과유불급'을 걱정하지 않고 떨기나무와 꽃이 피는 여러해살이풀 사이에 마음껏 심을 수 있다. 실제로 온대 기후대에 위치한 유럽과 북미의 정원사들은 이러한 관상용 새풀 덕분에 여러해살이풀 식재디자인의 핵심 특성으로 색이 아닌 구조도 고려하게 되었다. 새풀 없이 작업한다고 상상해 보라. 새풀이 널리 쓰이기 전 식재에서는 구조요소에 관한 선택지가 얼마나 제한적이었는지 바로 깨닫게 될 것이다. 새풀을 제외한 식물 중에서는 줄기가 하나씩 곧게 서는 식물이 구조요소로 가장 중요하다. 탄탄한 수직적 요소를 동일하게 반복해서 적용하면 식재에 아주 효과적으로 통일감을 줄 수 있는데, 특히 이러한 식물들은 보통 꽃이 진 뒤에도 씨송이가 견고하게 남아 있어 시간적 연속성이 잘 드러난다.

식물의 형태가 다양한 만큼 식물을 대비시키는 표현법 역시 다양하다. 조화를 표현하기 위해서는 상상력이 좀 더 필요하다. 아마도 바로 이 지점에서 식물 형태의 반복이 핵심일 것이다. 특히 새풀이 그렇다. 정원이나 경관 전반에 흩어져 있는 새풀은 마음을 이완시키고 편안하게 해 준다. 부드러운 형태가 반복되면서 여운을 남기기 때문이기도 하고, 억새 이삭처럼 식물 윗부분이 바람결에 같은 방향으로 하늘거리며 통일감을 주기 때문이기도 하다. 라벤더속 *Lavandula*이나 헤베속 *Hebe*, 쑥속 *Artemisia* 식물처럼 반구형을 이루는 반떨기나무도 조화를 표현하기에 아주 효과적이다.

빛

오늘날 식재에서 빛을 활용하는 방식은 훨씬 더 다양해졌다. 전통적인 화단에서는 주로 앞쪽에 내리비치는 전면광을 강조했다. 이러한 빛이 편평한 색 블록들을 돋보이게 하기 때문이다. 따라서 중간 키나 큰 키의 새풀처럼 가장 매력적으로 보이기 위해 역광이 필요한 식물은 상당히 불리한 위치에 놓여 있었다.

빛의 질은 위도와 한 해의 시기에 달려 있다. 어떤 지역은 빛의 질이 높기로 유명한데, 지역의 지리적 조건과 기후 조건이 함께 빚어내는 특성을 분석하기란 쉽지 않은 일이다. 장소를 유심히 들여다보지 않고서는 빛을 이야기하는 게 불가능할 수도 있다.

스코틀랜드나 스칸디나비아반도에서는 여름철 동이 트거나 어스름해질 무렵 나타나는 빛이 아주 특별하다. 물론 위도가 비슷한 다른 곳에서도 매력적이다. 전체를 황금빛으로 물들이는 강렬한 빛이 환상에 빠져들게 한다. 이러한 현상은 햇빛이 낮은 각도로 내리비쳐서 따뜻한 색조의 장파장이 강조되기 때문이다. 겨울철 북유럽 곳곳에서도 오후 중반 무렵이나 늦은 오후에 비슷한 모습을 볼 수 있다. 해가 짧고 주로 답답한 회색빛을 띠는 시기에는 이처럼 환하게 뻗어 나가는 햇살이 장관을 이룬다. 하지만 적절한 식물을 알맞은 위치에 심어야만 이런 햇빛을 제대로 담아내고 그 모습을 극대화할 수 있다. 고위도 지방에서는 여름 햇빛이 부드럽고 해양성 기후대에서는 하늘이 보통 회색빛이기 때문에 실제로는 아주 은은한 느낌일 수도 있다. 따라서 미묘하고 무궁무진한 색의 차이들이 온전히 표현될 수 있다.

이른 아침과 저녁 무렵 장밋빛 햇살은 페르시카리아 암플렉시카울리스*Persicaria amplexicaulis*처럼 붉은 색조를 띤 식물을 더욱 돋보이게 한다. 특히 참억새*Miscanthus sinensis* 품종들처럼 새풀이 지닌 미묘한 색들을 드러내서 풍성한 색 변화를 즐길 수 있게 해 준다.

햇빛이 더 강하게 비치는 남부 지방이나 저위도 지방에서는 다른 양상을 보인다. 특히 여름 햇빛은 혹독하다. 이른 아침이나 저녁 무렵에는 부드러운 장밋빛이지만 오래 지속되지 않는다. 하늘이 맑은 날에는 겨울 햇빛도 아주 강할 수 있다. 북미에서는 눈이 내린 뒤 겨울 경관을 보면 갈변한 새풀과 함께 색이 완전히 바랜 듯 보인다. 진청색 하늘 아래 옅은 황갈색과 갈색만이 보일 뿐이고, 침엽수 잎마저도 스트레스를 많이 받은 것처럼 초록빛을 잃어버린다. 비슷한 위도의 지중해성 기후대도 겨울 햇빛이 청명하지만 이런 곳에서는 보통 녹색이 더 풍부하다. 아울러 강렬한 여름 햇빛과는 달리 꽃 색이 더 선명해 보이고 녹색과 회색 잎의 미묘한 차이가 눈에 잘 띈다. 이러한 위도에서는 여름 햇빛이 너무 강하기 때문에 종일 해가 비치는 곳에서는 꽃 색깔이 선명하지 않다. 그늘진 곳이거나 구름이 낀 날씨일 때 식물을 더 잘 감상할 수 있다. 하지만 식물의 구조는 이러한 혹독한 햇빛 조건에서도 쉽게 감상할 수 있다. 따라서 이런 곳에서는 구조에 의지하는 게 좋다는 주장은 설득력이 있다.

안개나 실안개는 주로 부정적으로 인식되지만, 지면 가까이에서 흐릿하게 연출되는 모습은 아련한 분위기가 느껴지게 하는 시각적 효과가 있다. 중국 중부 지방 연안 항저우에서 문인과 화가들이 서호 주변으로 자욱이 깔리는 물안개를 수천 년 동안 찬미해 왔던 것처럼 말이다. 이러한 연출은 숲이나 소림woodland, 나무가 듬성듬성 들어서 있는 숲의 식물상과 아주 잘 어울린다. 휘몰아치는 실안개는 정원에 신비감과 극적인 느낌을 더하는데, 특히 키가 큰 식물이 어렴풋하게 보일 듯 말 듯할 때 그렇다. 실안개를 투과하여 희미해진 빛이 풍경에 아련하게 더해지고 실안개가 사라지면 작은 물방울들이 잎과 줄기에 남아 증발하기 전까지 빛을 머금고 반짝인다.

사계절을 위한 식물

생명이 약동하는 봄 –
알뿌리식물과 그 밖의 대안들

많은 이들이 봄 정원에서 기대하는 것은 주로 색이다. 몇 달 동안 추운 날씨와 하얗게 변해 버린 겨울 풍경을 마주하면서 색을 향한 그리움이 커졌기 때문일 것이다. 하지만 실제로 봄 정원을 연출할 때에는 약간의 색만으로도 충분히 효과를 낼 수 있고, 구조와 질감 같은 식물이 지닌 그 밖의 미묘한 측면이 기여할 수 있다. 1년 중 바로 이 시기에는 놀랄 정도로 역동성을 느낄 수 있다. 화단은 하루가 다르게 변한다. 이러한 역동성과 활기를 담아내는 것이 정원에서 봄을 즐기며 최대한 누릴 수 있게 하는 비결이다. 잎이 펼쳐지고 땅에서는 비비추나 작약 같은 여러해살이풀의 싹이 돋아난다. 어린잎은 파릇파릇하고 여러해살이풀은 무더기가 커지면서 단정한 형태를 이룬다. 모든 것에 생명의 활기가 가득하기 때문에 정원사나 디자이너는 이를 잘 포착하기만 하면 된다.

전 세계적으로 식물이 유통되면서 세계 곳곳의 봄 정원들은 아주 비슷한 양상으로 전개되었다. 장소마다 계절의 길이만 다를 뿐이다. 해양성 기후에서는 날이 풀렸다가 추웠다가를 반복하면서 봄이 몇 달 동안 계속되기도 한다. 대륙성 기후에서는 단지 몇 주만에 기온이 올라가면서 봄꽃이 빨리 지고 곧장 초여름 알뿌리식물과 여러해살이풀로 이어진다. 봄과 초여름 기후가 혼재하는 곳이라면 작약과 수선화의 동시 개화처럼 다른 기후대에서 볼 수 없는 배치나 조합도 가능하다.

나무류는 초봄의 생동감 넘치는 색을 보여 주는 소재로 좋을 수 있지만, 여러해살이풀과 알뿌리식물보다는 공간을 더 많이 차지한다. 큰키나무는 아래쪽에 다른 식물들을 심을 수 있지만 떨기나무는 키가 작기 때문에 하부식재를 위한 공간이 부족하지 않도록 자주 가지치기를 해 주어야 한다.

봄 식재에는 대부분 알뿌리식물들이 포함된다. 알줄기나 덩이줄기처럼 '봉지에 담아 판매하기 쉬운' 그 밖의 형태들도 포함해서, 좀 더 전문용어로 말하자면 땅속식물geophyte, 땅속에서 해를 넘기는 겨울눈을 가진 식물을 심는 것이다. 알뿌리식물은 놀라울 정도로 쉽고 빠르게 심을 수 있으며 값도 저렴하다. 그래서 봄에 즐길 수 있는 다른 종류의 식물들을 보지 못하게 할 수도 있다.

시카고 루리가든에 자라는 수선화 '레몬 드롭스'*Narcissus* 'Lemon Drops'는 대부분의 여러해살이풀이 여전히 겨울잠에 빠져 있는 4월에 알뿌리식물이 얼마나 매력적일 수 있는지 잘 보여 준다. 식물들이 흩어져 자라는 모습에 주목하자. 보통의 방식처럼 그룹으로 심지 않았다는 것을 알 수 있다. 이렇게 심은 이유는 수선화 그룹의 잎들이 개화기가 끝난 후에 몇 주 동안은 매우 보기 좋지 않기도 하고, 느리긴 해도 자연히 그룹을 이룰 것이기 때문이다.

정원사에게 판매되는 알뿌리식물은 온대나 지중해성 기후대의 숲이나 초지 서식처에 자라는 것이 대부분이다. 보통 해마다 계속 꽃이 핀다. 튤립은 예외인데, 그 식물의 조상이 더 동쪽의 열악한 기후대에서 자랐기 때문이다. 튤립의 경우 짧은 생장기 동안 이듬해를 위한 꽃눈과 많은 양분을 만들어 내려면 더운 여름을 보내야 한다.

대부분의 알뿌리식물은 무작위로 나누어 심어도 거의 효과가 좋다. 좀 더 세심하게 심어야 할 때도 있다. 한 해의 하반기에 정원을 가꾸다가 알뿌리를 건드려 다치게 하는 일을 막거나, 종종 여러해살이풀과 경쟁하는 상황이 발생하는 것을 최소화하기 위해서다. 나누어 심는 것을 주의해야 할 또 다른 이유는 수선화와 카마시아속 *Camassia* 식물에 해당하는 부분인데, 이런 종류의 식물들은 꽃이 지고 나면 몇 주에 걸쳐 점점 잎이 어수선해지기 때문이다. 더욱이 능숙한 정원사라면 이듬해 꽃을 보기 위해 잎을 자르면 안 된다는 사실을 알고 있다. 너저분한 수선화 잎은 늦봄이나 초여름에 왕성하게 자라는 여러해살이풀 무더기들로 쉽게 가릴 수 있지만, 세심한 계획이 필요하다. 이런 문제를 최소화할 수 있는 다른 방법은 보통의 방식처럼 알뿌리식물을 그룹으로 심지 않고 흩어지게 심는 것이다. 그렇게 심으면 잎이 무더기로 있지 않기 때문에 잘 도드라지지 않는다.

많은 알뿌리식물은 다른 식물들 사이에 추가로 심어서 기르기 쉽고, 여러해살이풀이 본격적으로 자라기 시작할 즈음에는 뿌리만 남고 말라 버린다. 그래서 여름 식재의 디자인 개념과는 꽤 다른 방식으로 봄 식재를 생각해 볼 여지가 있다. 이를 위해 도면을 두 개 층위로 구분해서 그리는 방법이 있다. 한 도면은 알뿌리식물을 배치한 투명한 층위로, 다른 도면은 여러해살이풀을 배치한 층위로 말이다. 이렇게 작업하면 수선화와 카마시아처럼 잎이 무성한 알뿌리식물이 이제 막 자라나기 시작한 여러해살이풀에 그늘을 드리우는지 확인해 볼 수 있다. 또한 어린 여러해살이풀이 이른 시기부터 자랄 필요가 있는 부추속 *Allium* 식물들의 잎을 가리는지 확인하는 것도 중요하다 부추속은 꽃이 필 즈음에 잎이 말라 버린다.

키오노독사속 *Chionodoxa*, 크로쿠스속 *Crocus*, 설강화속 *Galanthus*, 무릇속 *Scilla*과 그 밖의 여러 속처럼 더 작은 키의 알뿌리식물은 여러해살이풀과 조합하기가 훨씬 쉽다. 이런 종류의 알뿌리식물이 왕성하게 자라는 시기햇빛과 양분, 수분이 필요한 때는 여러해살이풀이 왕성히 자라는 시기와 겹치지 않아서 경쟁이 최소화되기 때문이다. 따라서 여러해살이풀 바로 옆에서도 잘 자랄 수 있고 심지어 여러해살이풀 무더기 안에서 자라기도 한다.

꽃이 일찍 피고 여러해살이풀 가까이에서 살아가는 그 밖의 식물들도 알뿌리식물과 비슷한 방식으로 연출할 수 있다.

여름휴면형 여러해살이풀

숲이나 숲가장자리에 자라는 수많은 종류의 여러해살이풀은 땅에 붙어서 자라고, 일찍 꽃이 핀 뒤 빠르게 잎이 말라 버린다. 이런 식물들의 여름철 휴면은 주로 기후에 좌우된다. 북서유럽에서 흔하게 볼 수 있는 앵초 종류인 프리물라 불가리스 *Primula vulgaris*는 여름 내내 푸릇함이 잘 유지되지만 덥고 건조한 여름에는 거의 모든 잎이 말라 버린다. 해당 지역의 온화한 겨울과 봄 시기에 맞추어 최대한 자랄 수 있게 진화해 온 것이다. 풀모나리아속 *Pulmonaria*과 자반풀속 *Omphalodes* 같은 식물들은 중유럽 대륙성 기후대와 캅카스 Kavkaz 지역이 원산인데, 이들 역시도 봄에 대부분의 생장이 이루어지고 너무 건조한 여름에는 잎이 말라 휴면에 들어간다. 유럽에서도 해양성 기후에 더 가까운 곳에서는 정원사들이 여러 풀모나리아속 품종의 고운 잎을 여름 내내 즐길 수 있지만, 이를 기후에 따른 보너스로 생각해야지 으레 당연한 것으로 여겨서는 안 된다.

이 같은 종들은 더 늦은 시기에 자라는 여러해살이풀 가까이에서 자랄 수 있는데, 대개 그런 종류의 여러해살이풀이 미처 잠에서 깨기도 전에 꽃이 핀다. 버지니아갯지치 *Mertensia virginica*와 그 밖의 관련 종들은 다른 식물들 사이 틈새를 채울 수 있는 여러해살이풀의 좋은 예다. 심지어는 촘촘한 새풀 무더기 중심부에서도 잘 자라고 이제 막 자라기 시작한 헐벗은 여러해살이풀 무더기 사이에서 봄 햇살을 받아 파릇하게 빛을 발한다. 프레리

서식처에서는 뒤로 젖혀진 진분홍색 꽃이 특징인 인디언앵초속*Dodecatheon* 식물이 비슷한 역할을 한다고 볼 수 있다. 아네모네 네모로사*Anemone nemorosa*는 침입성 식물로 악명 높은 호장근*Fallopia japonica* 무더기 사이에서도 자랄 수 있다고 알려져 있다. 호장근이 마치 세계 정복이라도 하겠다는 듯 자리를 온통 차지해 버리기 전인 2월부터 4월까지 틈새 시기를 활용할 수 있기 때문이다. 가을에 꽃이 피는 콜키쿰속*Colchicum* 종들도 호장근 사이에서 자랄 수 있다. 마치 악어 이빨 사이 음식물을 먹는 작은 악어새처럼 말이다.

수많은 여러해살이풀이 틈새를 채워 주는 역할을 할 수 있지만, 자라는 속도가 느리고 그에 따른 비용이 높아지곤 한다. 그래서 정원사들은 이런 식물들을 너무 애지중지 다룬다. 연영초속*Trillium* 식물이 좋은 예다. 하지만 자연에서는 주로 다른 식물들과 가까이 붙어서 자란다. 재배환경에서는 토양 교란만 최소화될 수 있다면 식물이 영양번식으로 번지거나 자연발아 해서 이러한 상황에 이를 수 있다. 정원에서는 심지어 큰꽃연영초*Trillium grandiflorum*도 자연발아 해 번져 나간다고 알려져 있다!

숲은 나무로만 이루어지지 않는다. 뉴욕 하이라인에서 작은큰키나무 주로 자작나무로 이루어진 층위 아래에는 사초류가 자란다. 이는 자연의 모습과 비슷한데, 특히 양분이 부족한 토양에서 이러한 양상이 나타난다. 고운 질감의 잎이 촘촘하게 무더기를 이루는 식물은 카렉스 에부르네아*Carex eburnea*로 북미 중서부에 자생하는 튼튼한 종이다. 아주 느리게 번지기 때문에 단정한 다발 구조가 잘 유지된다. 위쪽 사진에서 보다 큰 무더기를 이루는 식물은 카렉스 펜실바니카 *Carex pensylvanica*로, 그늘진 곳에서 잔디 대용으로 주목받는 종이다. 아래쪽 사진의 새풀은 세슬레리아 아우툼날리스*Sesleria autumnalis*로 햇빛이 더 풍부해야 잘 자란다.

떨기나무와 작은큰키나무 밑에서도 다양한 여러해살이풀이 잘 자랄 수 있다. 사진 왼쪽 가운데에는 우불라리아 그란디플로라*Uvularia grandiflora*가 자라고, 뒤쪽에는 크림색 아네모네 립시엔시스*Anemone ×lipsiensis*와 헬레보루스 히브리두스*Helleborus ×hybridus*가 있다. 앞쪽에는 버지니아갯지치*Mertensia virginica*와 분홍색 애기금낭화*Dicentra formosa*가 자란다. 탁한 색깔 잎을 지닌 페오니아 에모디*Paeonia emodi*도 있다. 큰키나무의 굵은 줄기 밑에는 폴리고나툼 히브리둠 '베트베르크'*Polygonatum ×hybridum* 'Betberg'의 청회색 잎이 싱그럽게 돋아났지만 아직 완전히 펼쳐지지는 않았다. 이 중에서 우불라리아와 아네모네, 버지니아갯지치는 여름철 휴면에 들어가는 식물이고, 애기금낭화도 종종 그렇다.

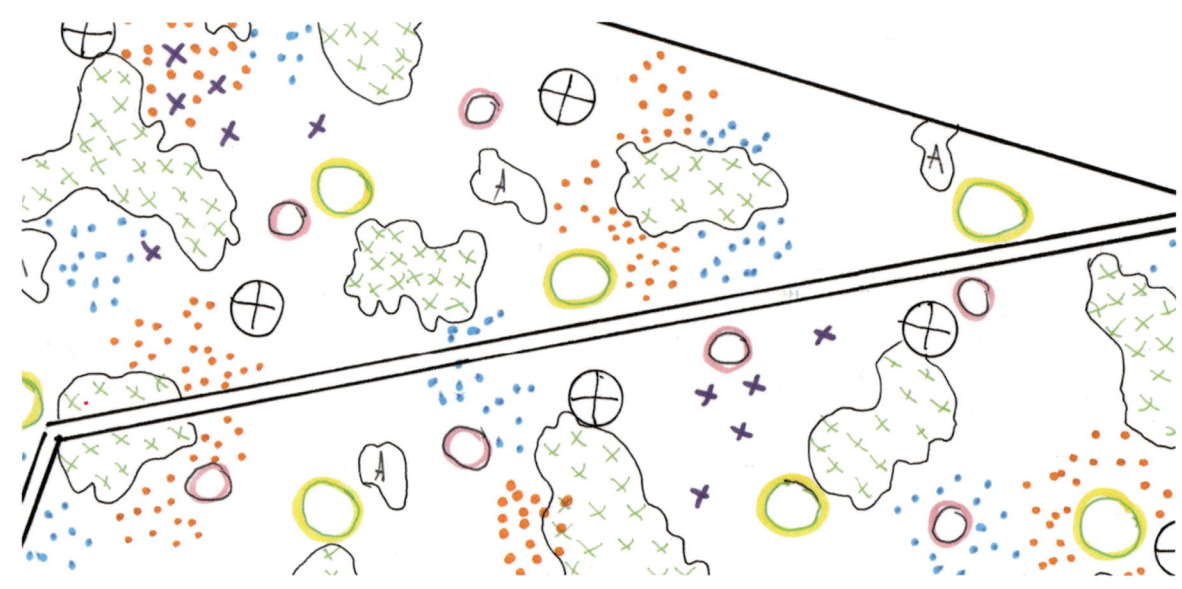

네덜란드 익투스호프의 알뿌리식물과 봄·겨울에 매력을 발하는 그 밖의 식물들. 알뿌리식물이나 봄 식물들은 그룹으로 심었는데, 초봄에서 늦은 봄까지 차례차례 꽃이 핀다. 아네모네 네모로사 *Anemone nemorosa*는 여러해살이풀인 호북대상화 '하스펜 어번던스'*Anemone hupehensis* 'Hadspen Abundance', 게라니움 '수 크릭'*Geranium* 'Sue Crûg', 살비아 '핑크 딜라이트'*Salvia* 'Pink Delight' 무더기 사이사이에 심었다. 아주 작지만 오래 지속되고 꾸준히 퍼지는 아네모네 종으로, 꽃이 진 뒤에야 본격적으로 자라기 시작하는 다른 여러해살이풀들과 잘 어우러진다. 작은 알뿌리식물은 단지 그룹 안에 흩어지게 심기만 해도 효과적일 수 있다. 이곳에는 알리움 몰리*Allium moly*와 크로쿠스 스페시오수스*Crocus speciosus*가 거의 무작위로 배치되어 있다.

 은방울수선*Leucojum aestivum* 7~9미터당 한 지점무작위, 지점당 25개
세실레연영초*Trillium sessile* 7미터당 한 지점무작위, 지점당 20개
맥문동 '빅 블루'*Liriope muscari* 'Big Blue' 지점당 3개
알리움 몰리*Allium moly* 흩어진 지점당 250개
크로쿠스 스페시오수스*Crocus speciosus* 흩어진 지점당 250개
아네모네 네모로사*Anemone nemorosa* 지점당 100개

여러해살이풀 무더기 사이에는 아네모네속*Anemone*·쥐손이풀속*Geranium*·살비아속*Salvia* 식물을 가볍게 흩뿌리듯 배치한다.

한해살이풀과 두해살이풀, 수명이 짧고 봄에 꽃이 피는 여러해살이풀

이 유형에 속하는 재배식물이 그렇게 많지는 않지만, 다른 지역에 자라는 식물들을 정원에 도입하려면 좀 더 알아 둘 필요가 있다. 숲과 숲가장자리 서식처에는 가을에 싹트기 시작해서 봄이나 초여름에 꽃이 피는 한해살이풀과 두해살이풀이 꽤 많이 자라는데, 온화한 겨울 덕분에 어린 식물체가 죽지 않는 해양성 기후나 지중해성 기후에서 특히 그렇다. 짙은 보라색 꽃과 은빛 씨송이가 특징이고 예로부터 코티지정원에서 즐겨 심던 루나리아 아누아*Lunaria annua*가 대표적이다. 또 다른 예로는 노란연두색 스미르니움 페르폴리아툼*Smyrnium perfoliatum*이 있다. 유럽에서 흔히 볼 수 있는 야생화인 붉은장구채*Silene dioica*처럼 수명이 짧은 여러해살이풀도 비슷한 양상을 보인다. 가을과 봄에 최대한 자라고 상황에 따라 여름에 잎이 말라 버리기도 한다. 제비꽃속*Viola*에 속하는 여러 종도 마찬가지다. 특히 제비꽃속은 다양한 서식처와 기후대에서 봄철 다른 식물들의 아래쪽 근처에 불현듯 나타나 씨앗을 퍼뜨리고 사라지는 방식으로 적응해 온 것으로 보인다.

이러한 유형의 식물들이 성공적으로 자랄 수 있는 비결은 씨앗을 퍼뜨리고 발아하는 능력에 있다. 늦게 자라고 수명이 긴 여러해살이풀과 경쟁하지 않고 스스로 흩어져 살아가다가 다시 씨앗을 퍼뜨릴 수 있기 때문이다. 이러한 식물들에 더 관심을 갖는 편이 좋다.

아네모네 네모로사*Anemone nemorosa*는 숲에서 자라는 식물들의 진정한 생장 패턴을 보여 주는 대표적인 예다. 자리 잡는 속도가 느리고 씨앗은 좀처럼 맺지 않는데, 일단 자리를 잡고 나면 크게 무리를 이룬다. 이러한 종들은 숲가장자리나 집중적으로 관리되는 숲 환경에서는 살아남기 어려울 수 있다. 그런 곳에서는 빛의 양이 계속 변화하고 주기적으로 교란이 일어나면서 식물 생장이 둔화되기 때문이다. 정원에서도 마찬가지다. 따라서 완전히 그늘진 곳이나 홀로 자랄 수 있는 환경이 필요하다.

회색 잎을 지닌 애기금낭화*Dicentra formosa*와 잎이 반들거리는 유럽족도리풀*Asarum europaeum* 사이에 분홍색 훼리매화헐떡이풀*Tiarella wherryi*이 위로 솟아 있다. 세 가지 식물 모두 숲에서 자라는 종으로 자리 잡으면서 넓은 매트 형태를 이룬다. 유럽족도리풀속은 땅바닥을 덮는 지피식물로 특히 유용하다.

아주가Ajuga reptans는 북유럽의 습한 곳에서 자라는 키 작은 식물이다. 몇 해 전부터 아우돌프 후멜로 정원에 저절로 나기 시작했다. 자생적으로 도입된 식물이 환영받는 좋은 예다. 더 늦게 자라는 여러해살이풀의 새싹들 사이로 서서히 번져 나간다. 꽃은 봄에 피고 구릿빛 잎이 오래 지속된다.

숲에 자라는 여러 식물 중 하나인 우불라리아 페르폴리아타 Uvularia perfoliata는 주로 동아시아나 북미가 원산이다. 자리 잡기까지 오랜 시간이 걸리고 부식질이 풍부한 땅에서만 잘 자랄 수 있어 꽤 특별한 식물로 평가받는다. 사실 좋은 조건에서 잘 자리 잡기만 하면 제자리에서 굳건히 아주 오래 살 수 있다. 봄에 가장 왕성히 자라는데, 여름철 나무뿌리 때문에 땅이 건조해지면 잎이 말라 버린다.

상록성 여러해살이풀

그늘에서 잘 견디는 일부 숲 식물은 잎이 아주 튼튼하다. 진정한 상록성 식물인 맥문동속Liriope처럼 여러 해 동안 잎이 계속 푸르기도 하고, 헬레보루스속Helleborus, 사초속Carex, 꿩의밥속Luzula처럼 한 해 동안은 잎이 푸르다가 이듬해 봄에 새 잎으로 대체되기도 한다. 어떤 경우건 늘 겨울과 초봄에 빛을 최대한 활용하여 광합성을 한다. 일부 식물은 지피식재를 위해 대규모로 쓰기도 하지만, 다른 여러해살이풀과 조합하면 보다 창의적인 방식으로 활용할 수 있다. 사초속, 꿩의밥속, 맥문동속, 맥문아재비속Ophiopogon도 효과적인 지피식물로 활용할 수 있을 만큼 새풀과 유사한 역할을 한다. 실제로 맥문동속과 맥문아재비속 식물은 극동아시아 지역에서 수 세기 동안 널리 심어졌고 미국 동부 지방처럼 기후가 비슷한 다른 곳에서도 사용되었다. 대부분의 식물이 키가 큰 여러해살이풀과 벌이는 치열한 경쟁 속에서도 아주 잘 살아남기 때문에 하층부 식재에 활용할 수 있다. 여름에는 거의 보이지 않다가 키가 큰 종을 잘라 내고 나면 다시 모습을 드러낸다. 유럽에서는 맥문동속과 맥문아재비속이 훨씬 더 느리게 자라기는 하지만 같은 효과를 낼 수 있다. 사초속과 꿩의밥속은 더 빠르게 자라는데, 종마다 크기와 생장 속도가 아주 다양하기 때문에 잠재력이 무궁무진하다. 따라서 여전히 배울 것이 많다.

초여름 - 장미의 속박에서 벗어나기

일반적으로 정원에서 여러해살이풀이 지닌 구조적 흥미 요소는 계절이 변화할수록 더 늘어난다. 초여름에는 잎 무리가 단정한 반구형을 이루고 꽃들이 여기저기 흩뿌려진 형태의 식물들이 태반이다. 이후에는 별 특징이 없거나 어수선해지기도 하는 식물들이 이 시기의 관심 대상일 것이다. 이런 종류의 '채움식물'은 초여름에 아주 돋보인다. 많은 정원사들의 주의력이 계절 초기에 집중되어 있고 그 뒤에는 감소하기 때문에 이 같은 식물들을 많이 심는 경향이 있다. 한 해의 남은 시기 동안 즐길 수 있는 구조적 흥미요소를 이 시기에 돋보이는 식물에게 양보하는 셈이다. 수많은 쥐손이풀속Geranium 품종처럼 일부 채움식물은 사방으로 뻗어 나가며 퍼지는 탓에 느리게 자라고 늦은 시기에 꽃이 피는 식물의 생장을 억제하거나 형태를 망가뜨릴 수 있다. 냉철한 시선으로 바라보는 전문 디자이너라면 정원에 색을 더한답시고 쥐손이풀속 식물에 현혹되는 일이 덜 할 것이다.

초여름 식재디자인에서 쥐손이풀속보다 더 심하게 우선순위를 왜곡시켜 온 식물이 바로 장미다. 유럽 정원문화가 그러하듯, 초여름에 처음으로 만개하는 꽃들 물론 대부분의 옛 품종은 단 한 번 꽃을 보려고 심는다이 그 이후의 식재디자인을 결정짓곤 했다. 독립된 영역에 장미를 심고 그 주변은 제초제를 뿌려 헐벗은 상태로 만드는 끔찍한 방식에서 벗어나고자 한다면, 과연 장미와 함께 무엇을 심어야 할까 의문이 들 것이다. 장미와 경쟁하지 않는 여러해살이풀을 조합하거나 장미 아래쪽에 심는 게 확실한 답일 것이다. 쥐손이풀속의 인기가 많아진 이유가 아마도 이 때문일 것이다. 라벤더 같은 반떨기나무도 함께 조합하면 좋지만 보다 추운 대륙성 기후에서는 적합하지 않다. 키가 크고 늦은 계절에 꽃이 피는 여러해살이풀이나 새품은 장미와 잘 어우러지지 않는다. 따라서 장미를 포함한 식재는 늦은 계절의 흥미요소가 제한될 수밖에 없다.

장미는 구조가 빈약하다. 대부분이 형체가 불분명한 색 덩어리처럼 보인다. 오래전에 아우돌프가 지적했던 것처럼 "장미는 잎이 매력적이지 않다." 같은 시기에 꽃이 피는 고광나무속Philadelphus이나 말발도리속Deutzia 같은 떨기나무는 두 가지 모두를 고려할 때 더욱 심각하다. 향은 아주 좋지만 잎이 너무 큰 비중을 차지하지 않도록 신중하게 배치해야 한다. 이러한 식물들이 해야 할 역할이 어느 정도 제한되면, 초여름 식재는 조금 밋밋하게 느껴질 수 있다. 초여름은 더 늦은 시기에 꽃이 피는 여러해살이풀들이 녹색 무더기를 이루며 자라는 모습을 보면서, 그것들이 꽃을 피워 낼 순간을 기다리는 계절이다. 이 시기에 꿩의다리속Thalictrum 종들처럼 키가 큰 몇몇 여러해살이풀은 멋진 구조와 함께 꽃이 피지만, 대부분은 그렇지 않다. 키가 중간 정도 되는 일부 식물도 좋은 구조를 지녔지만, 대부분이 촉촉한 토양에서 잘 자란다노루오줌속(Astilbe), 도깨비부채속(Rodgersia). 아마도 이 때문에 특유의 형태가 돋보이는 장구채산마늘Allium sphaerocephalon이 초여름 식재의 해법으로 주목받고 있다. 장구채산마늘은 매력적인 공 모양 꽃송이 덕분에 아주 인기가 많지만, 너무 흔해서 식상해 보일 우려가 있다. 몇 가지 다른 대안이 있다. 그중에서 최고로 꼽는 에레무루스속Eremurus은 물빠짐이 아주 좋은 곳에 심을 수 있다. 더 많은 식물이 도입될 여지가 충분하다.

초여름에서 가을까지 꽃이 계속 피는 기후대의 정원사들은 운이 좋은 사람들이다. 대부분 한 해가 끝나갈 즈음 날씨가 추워지면 정원에서 꽃으로 흥미를 불러일으킬 수 있는 시기가 끝이 난다. 미국 서부 지역, 서아시아, 중앙아시아 같이 건조한 기후대에서는 이때가 거의 마지막으로 꽃이 피는 시기일지도 모른다. 따라서 새품과 씨송이, 건조에 강한 나무류로 흥미요소를 제공해야 한다.

봄에서 여름으로 접어들면 다양한 알뿌리 식물이 이른 절정을 맞이하는 여러해살이풀과 함께 꽃을 피운다. 사진에서는 청색 꽃이 핀 여러해살이풀 솔정향풀Amsonia hubrichtii 앞쪽에 알뿌리식물인 실라 페루비아나Scilla peruviana가 보라색 꽃을 피웠다. 그 뒤쪽에는 노란색 스미르니움 페르폴리아툼Smyrnium perfoliatum이 자라고 왼쪽에는 알리움 홀란디쿰Allium hollandicum의 긴 꽃줄기가 하나 보인다. 실라는 꽃이 지고 난 뒤에는 잎이 그렇게 도드라지지 않는다. 스미르니움은 겨울나기를 할 수 있는 한해살이풀이지만, 대개 밝은 그늘에서 자연발아 한다.

뉴욕 하이라인은 봄에서 여름으로 접어들며 부추속 *Allium* 식물들이 여기저기서 피어난다. 진분홍색 꽃은 알리움 크리스토피이*Allium christophii*고, 흰색은 알리움 니그룸*A. nigrum*이다. 이러한 알뿌리식물은 무작위로 흩어지게 심으면 아주 좋다. 다른 여러해살이풀들은 이제 막 무더기를 이루면서 빠른 속도로 자라고 있다.

한여름 – 더위 피하기

초여름을 지나 여름이 무르익기 시작할 때는 구조적인 면에서 일부 식물이 돋보인다. 그중에서도 정향풀속 *Amsonia*, 냉초속 *Veronicastrum*, 밥티시아속 *Baptisia* 식물이 으뜸이다. 씨송이로 변할 때까지 구조가 잘 유지되기 때문이다. 서늘한 기후대의 경우, 늦여름과 가을에 여러해살이풀이 꽃을 피우며 절정을 장식할 때까지 여름에 꽃을 피우고 좋은 구조를 보여 주는 일이 빠른 속도로 계속 진행된다. 영국 정원사들은 이 시기에 꽃이 너무 없다며 불평하곤 했다. 예전에는 풀협죽도속 *Phlox*과 모나르다속 *Monarda* 품종뿐이고 그 이외에는 별로 없었다. 이제는 에키나세아속 *Echinacea* 종과 교잡종, 과거 정원에서 잘 기르지 않던 스타키스 오피시날리스 *Stachys officinalis*, 금관화속 *Asclepias*, 에링기움속 *Eryngium*, 모나르다속 등 다양한 식물이 점점 더 많이 활용되면서 불평이 많이 줄었다.

여름이 아주 더운 곳에서는 생장이 더딜 수 있다. 지중해성 기후처럼 여름에 건조한 더위가 함께 나타나는 위도에서 관수를 피하고 싶거든 식물 구조에 초점을 맞추어야 한다. 이러한 구조는 주로 새풀과 씨송이, 상록성 떨기나무를 의미한다. 심지어 미국 남부와 일본 남부, 중국 중동부나 남부처럼 기온이 높고 강수량이 많은 지역에서는 대개 식물 생장이 멈춘다. 너무 더운 탓에 잎이 누렇게 시들거나 며칠 만에 꽃이 지기도 한다. 이러한 기후에서 정원과 경관은 열대 지방에서 잘 나타나듯 녹색 벽처럼 된다.

늦여름과 가을 – 두 번째 봄

지중해성 기후대는 초가을 날씨가 서늘하고 대개 습한 편인데, 이를 두고 두 번째 봄이 왔다고 말하곤 한다. 한해살이풀은 씨앗에서 싹이 트고, 일부 알뿌리식물은 꽃을 피우며, 여름잠에서 깨어난 여러해살이풀이 새잎을 달거나 꽃을 피우기도 하기 때문이다. 여름이 덥고 습한 기후대에서도 동일한 표현이 쓰이기도 하지만, 단지 늦은 계절의 다양한 여러해살이풀이 따뜻한 기후가 아니라 기온과 강수량에 대응한다는 사실을 설명하기 위해서다. 동아시아에서는 바람꽃속 *Anemone*, 곰취속 *Ligularia*, 뻐꾹나리속 *Tricyrtis*, 노루삼속 *Actaea*, 국화속 *Chrysanthemum* 등 다양한 식물의 꽃이 쏟아지듯 피어난다. 더 나아가 미국 프레리의 식물상은 바로 이 시기에 최고조에 이른다. 말 그대로 식물의 키가 가장 높은 때를 뜻하기도 하고 비유적인 의미이기도 하다. 수많은 종이 프레리에서 자라지만 대부분이 국화과 *Asteraceae* 식물이다. 이러한 식물들은 서늘한 기후에서도 마땅한 이유로 점점 더 인기가 높아지고 있다.

이 시기부터 첫서리가 내릴 때까지는 여러 지역의 정원들에서 다양한 여러해살이풀과 새풀을 즐길 수 있다. 식물 생장이 정점에 이르고 구조적인 면에서도 가장 흥미로운 시기가 보통 이때다. 선택할 수 있는 식물이 너무나도 많기 때문에 북유럽 정원사들이 19세기에서 20세기로 접어들 때 이 시기를 정원의 피날레로 연출하기 위해 '초화화단 herbaceous border'을 발전시킨 것은 그리 놀라운 일이 아니다. 현재 우리가 쓰는 식물들은 이전 것들과 대체로 관련이 있지만 보다 개선된 차이점이 있다 더 오래 살고 가꾸기 쉬운 것들이다.

이 시기 식재디자인은 최대치에 다다른 생물량에 대처해야 한다. 게다가 절정에 이른 대부분의 종이 프레리나 고경초본식생처럼 식물체 높이가 가장 중요한 환경에서 자라는 식물들이다. 이러한 식물들은 하늘을 보기 위한 경쟁을 하면서 여름 내내 자라날 것이다. 토양이 비옥하고 촉촉한 곳에서는 이런 종류의 식물이 잘 자라고, 반면에 덜 비옥하고 건조한 곳에서는 키가 더 작고 어떤 면에서 관리하기 쉬운 식물들이 적합하다. 키가 큰 식물을 집단으로 모아 심으면 멀리서 볼 때는 매력적으로 느껴져도 가까이에서는 그렇지 않을 수 있다. 줄기 아래쪽 대부분에 잎이 없거나 죽은 잎들이 달려 있기 때문이다. 전통적인 식재를 할 때는 '키 큰 식물은 뒤쪽에, 키 작은 식물은 앞쪽에'라는 오래된 신조에 따라 늦게 꽃이 피는 식물을 뒤쪽에 심었다. 그 결과 식재를 바라보는 사람 쪽으로 고르게 경사가 만들어진다. 적어도 이런 방식은 큰 키에 줄기가 가늘고 긴 여러해살이풀을 다루기에 적합했

스포로볼루스 헤테롤레피스 *Sporobolus heterolepis*는 쓰임새가 대단히 좋은 새풀이다. 건조에 강하고 수명도 아주 길다. 꽃과 씨송이는 실안개처럼 투명하기 때문에 안쪽으로 비치는 헬레니움 '무어하임 뷰티' *Helenium* 'Moerheim Beauty' 같은 다른 꽃들을 감상할 수 있다.

다. 보다 현대적인 식재에서는 더 다양한 방식들이 가능하다. 하지만 여전히 식물 높이를 분명히 표현한다. 키가 큰 식물과 작은 식물을 대비시키거나 구별하지 않으면 사람 키 높이의 식물 덩어리로 전락해 버릴 수 있기 때문이다. 키 작은 새풀은 중요한 역할을 하고 더 낮은 층위에 채움식물이 자랄 공간은 여전히 남아 있다. 대부분의 쥐손이풀속 식물처럼 일부 채움식물은 여전히 꽃이 피어 있거나 거듭 꽃을 피워 낸다. 구조가 매력적인 중간 키 식물들은 이 시기에 절정을 이루는데, 그 역할에 가장 적합한 식물은 주로 새풀이다.

키가 큰 식물이 많고 식물 생장이 정점에 이르는 시기가 왔을 때 어떻게 대처해야 할까? 다음 몇 가지 방법을 생각해 볼 수 있다.

'드나들 수 있는 프레리'

사람 키 정도로 높게 자라는 식물 상당수는 아마도 크게 덩어리를 이룰 것이다. 이전에 아우돌프와 나는 이런 모습이 얼마나 경외감을 줄 수 있는지에 관해 글을 쓰기도 했다. 넓은 보행로에서 감상할 수 있도록 식물을 블록으로 모아 심는 것도 하나의 방법이다. 다소 모험적이지만 보다 흥미롭게 연출하는 방법은 식재 안에 길을 좁게 내서 식물들 사이로 거닐 수 있도록 하는 것이다. 실제 프레리나 고경초본식생처럼 말이다. 그렇게 연출하면 키 큰 식생의 경이로움을 두 눈으로 마주할 수 있다. 하지만 비가 오면 식물이 쓰러질 수 있고 헐벗은 줄기가 너무 많이 보여 당혹감을 줄 수도 있다. 달리 말하자면 디자인되지 않은 자연환경에서 흔히 볼 수 있는 모습처럼 말이다. 따라서 이러한 식재는 더 높은 곳에서 내려다보게 하거나 멀리서 바라보게끔 연출했을 때 가장 효과적이다. 단을 높인 판자길을 내는 것도 좋은 방법이다.

블록

아주 키가 큰 식물 블록은 그 주변에 작은 식물을 심거나, 블록 형태를 분명히 드러내고 식재의 나머지 부분과 확실히 구분될 수 있게 연출하면 효과적이다. 특히 구조적으로 그다지 돋보이지 않는 종들을 활용하면 좋다. 늦게 꽃이 피고 키가 큰 대부분의 여러해살이풀은 맨 위쪽 부근에 잎과 꽃이 달려 있는 줄기에 지나지 않는다. 식물 자체로는 뚜렷한 형태가 있지만, 다른 식물과 함께 자랄 때는 그저 형체가 불분명한 덩어리로 인식될 수 있다.

청색·보라색·자주색과 노란색의 조합은 가을철 북미 서식처에서 흔하게 볼 수 있다. 이러한 곳에서 영감을 받은 색조합은 한 해의 마지막 향연이 벌어지는 독일 헤르만스호프 프레리 정원에서 볼 수 있다. 청색 살비아 아주레아 *Salvia azurea*와 노란색 헤테로테카 캄포룸 글란둘리시뭄 *Heterotheca camporum var. glandulissimum*의 대비가 훌륭하다. 오른쪽으로 더 흐릿한 청색 꽃은 아스테르 파텐스 *Aster patens*다. 키가 큰 식물은 벽이나 나무로 둘러싸인 것처럼 아늑한 느낌을 준다.

헤르만스호프의 대규모 식재는 극적인 느낌을 준다. 프레리를 양식화하여 비옥하고 촉촉한 토양에서도 잘 자랄 수 있는 형태로 디자인한 것이다. 전통적인 블록식재 방식을 사용하되 리듬감을 주기 위해 식물을 반복해서 심었다. 헬레니움속*Helenium*과 하늘바라기속 *Heliopsis*, 미역취속*Solidago* 교잡종을 활용해서 색채가 아주 풍성하다. 일부 한해살이풀도 심었으며, 새풀은 주로 큰개기장*Panicum virgatum*을 심었다.

늦은 여름 헤르만스호프에 청색 아스테르 레비스*Aster laevis*꽃과 노란색 애기루드베키아*Rudbeckia triloba* 꽃이 핀 모습이다. 새풀은 큰개기장*Panicum virgatum*이다.

네덜란드 후멜로 정원의 백미는 늦은 계절이다. 이 계절 연출의 핵심은 키가 적당한 식물을 심어서 안으로 들여다보건 위에서 내려다보건 시선을 가리지 않아야 하고, 그 사이로 일부 키 큰 식물이 솟아오르게 하는 것이다. 길이 만나는 지점 오른쪽의 버지니아냉초 *Veronicastrum virginium* 지금은 씨송이 단계다, 몰리니아 세룰레아 *Molinia caerulea* 중에서 더 키가 큰 아룬디나세아 *arundinacea* 계열이 거기에 해당한다예를 들어 뒤쪽 생울타리 배경으로는 '트랜스패어런트'(Transparent)가 눈에 띈다.

위로 솟아오른 식물

주변 식물과 확연한 차이가 느껴질 정도로 키가 큰 식물은 대단히 쓰임새가 좋다. 이웃한 식물보다 최소 3분의 1 정도는 더 커야 효과를 볼 수 있다. 자연에서는 경쟁자들 위로 마치 탑처럼 우뚝 솟아 자란다. 예를 들어 프레리에 자라는 실피움 라시니아툼Silphium laciniatum은 키가 3미터에 이른다. 이 식물은 매력적이지만 잘 쓰러지는 편이다. 큰루드베키아Rudbeckia maxima는 그보다는 작게 자라지만 효과는 더 좋을 수 있다. 잎의 대부분은 줄기 아래쪽에 달리고 곧게 선 줄기 위쪽에서 꽃을 피우기 때문이다.

• 새풀. 바늘새풀 '칼 푀르스터'Calamagrostis 'Karl Foerster'와 여러 억새속Miscanthus 품종처럼 키가 크고 곧게 자라는 새풀은 더 작은 키의 식물들 위로 자라는 모습이 늘 매력적이다.

• 풍성하게 꽃피는 여러해살이풀. 일부 식물이 이러한 역할을 해낼 수 있다. 몇몇 미역취속Solidago 좋은 무더기를 이루며 줄기가 곱게 휘어져 자라지만 아스테르속Aster 식물은 대개 색을 더하는 것 말고는 그다지 매력적으로 자라지 않는다.

• 투명한 식물. 위로 솟아오른 식물 중에서도 뒤가 훤히 비치는 듯한 식물이 아주 효과적이다. 실안개가 낀 것처럼 흐릿하게 보이지만 이따금 배경에 녹아들어 자취를 감추기도 한다.

투명성

넓게 펼쳐지는 가느다란 줄기에 자잘한 꽃과 씨송이가 무수히 달리는 식물은 대단히 가치가 있다. 뒤쪽에 자라는 다른 식물들이나 그 밖의 것들이 훤히 드러나기 때문이다. 하늘이나 색이 칠해진 벽이 배경으로 있을 때는 잘 보이지만, 배경이 다른 식물인 경우에는 자취를 감추기도 한다. 또는 풍경에 옅은 색감을 부드럽게 더하면서 다른 식물이 존재하고 있다는 사실만 전할 뿐이다. 투명성을 지닌 식물은 리듬감을 주거나 식재 전체로 시선을 이끄는 용도로 활용할 때 가장 효과적이다. 보랏빛 면사포 같은 버들마편초Verbena bonariensis는 나비들을 춤추게 하지만, 사람들이 너도나도 심는 탓에 진부해졌다. 큰나래새Stipa gigantea 같은 여러 새풀도 쓸 만하고, 요즘에는 오이풀속Sanguisorba도 요긴하게 심는다. 투명성이라는 새로운 개념—아우돌프와 내가 정원 분야에 도입했다고 생각한다—은 사람들 사이에서 유행이 되었다. 다른 것들을 훤히 들여다볼 수 있게 하는 좋은 식물이 앞으로 더 풍성해지리라 기대한다.

겨울철 죽음과 쇠락

누렇게 마른 갈색 잎을 퇴비로 만들기 위해 가능한 한 빠르게 잘라 내던 시절은 지나갔다. 물론 오늘날 재배하는 여러해살이풀 품종과 새풀이 옛 품종보다 더 꼿꼿이 서 있기 때문이기도 하다. 씨송이와 죽은 잎에 고유한 아름다움이 있다는 것을 깨닫는 정원사와 조경·관리 담당자가 점점 더 늘고 있다. 뿐만 아니라 여러해살이풀 중에서도 떨기나무와 큰키나무처럼 가을 단풍이 매력적인 식물이 더러 있다.

이제는 더이상 가을과 겨울 풍경이 아름답다는 사실을 목청 높여 강조할 필요가 없다. 하지만 효과적인 연출을 위해서는 약간의 계획이 필요하다. 많은 여러해살이풀이 이 시기에는 그다지 좋아 보이지 않는다. 첫서리에 곤죽처럼 무너져 버린다든가 폭풍우에 흐트러지고 너저분하게 죽기 때문이다. 이런 식물들을 정리해서 아름답게 남아 있는 다른 식물들의 매력이 돋보이도록 여유 공간을 마련해 준다.

늦가을과 겨울철의 씨송이와 죽은 잎이 더 돋보이려면 좋은 빛이 필요하다. 화창한 겨울 햇살이 멋지게 내리비치는 위도 상에 위치한 곳에서는 문제가 되지 않는다. 고위도 지방에서는 해가 비치는 시간이 짧지만 그 효과는 실로 엄청나다. 그러한 곳에서는 햇빛이 낮은 높이에서 쏟아지고 오래 지속되지 않기 때문에 햇살을 담아낼 수 있는 식물을 적재적소에 심어야 한다. 식물을 심기 전에 먼저 포트째 정원에 배치해 보고 효과를 확인해 보는 것도 좋은 방법이다. 아울러 보행로나 주요 조망점, 또는 집 안에서도 즐길 수 있도록 잘 보여야 한다.

마지막으로 겨울에는 나무의 역할을 간과해서는 안

된다. 특히 가지치기로 모양을 내는 식물상록수와 낙엽수 둘 다과 줄기나 수피에 색이 있는 버드나무속*Salix*, 층층나무속*Cornus* 등의 식물이 쓸 만하다. 여러해살이풀을 밑동까지 바짝 잘라 내고 나면 남아 있는 것은 나무이기 때문이다.

위로 솟아오른 식물은 여러해살이풀의 생장이 정점에 이르는 늦은 계절에 특히 쓰임새가 좋다. 사진 속 후멜로 정원에서 인상적인 풍경을 만들어 내는 캘리포니아박새*Veratrum californicum*가 좋은 예다. 바로 뒤에 있는 몰리니아 세룰레아 '트랜스패어런트'*Molinia caerulea* 'Transparent'는 위로 솟아오른 형태이면서도 다른 것들을 훤히 드러내는 식물이다. 왼쪽 앞에는 좀새풀*Deschampsia cespitosa*이 있고, 그 뒤쪽에는 큰개기장*Panicum virgatum* 품종들이 자란다. 주변 환경과 어우러질 수 있도록 생울타리를 자연스러운 모양으로 다듬었다는 점에 주목하자.

좋은 조합

봄

여러해살이풀 화단의 봄

땅은 여전히 헐벗은 상태지만 4월은 여러해살이풀과 새풀의 새로운 싹들을 마주하는 시기다. 사진 아래쪽에는 다양한 여러해살이풀이 보인다. 청색 버지니아갯지치 *Mertensia virginica*는 알뿌리식물처럼 여름철 휴면에 들어가기 때문에 여름에 꽃이 피는 여러해살이풀과 함께 심을 수 있다. 붉게 빛나는 식물은 툴리파 윌소니이*Tulipa wilsonii*다. 왼쪽 기둥 발치에는 좀 더 크기가 큰 여러해살이풀인 노란연두색 헬레보루스 페디두스*Helleborus foetidus*와 연보라색 루나리아 레디비바*Lunaria rediviva*가 자란다. 두 식물 모두 여름 내내 오래 유지되며, 씨앗을 잘 퍼뜨리는 편이라 드세게 자라는 여러해살이풀과 경쟁할 때 밀려나도 잘 살아남을 수 있다.

장소 : 후멜로 아우돌프 부부의 정원

축축한 땅

카마시아 쿠시키이*Camassia cusickii*는 다양한 북미 원산 알뿌리식물 중 하나다. 봄의 끝자락에서 여름으로 넘어가는 시기에 꽃이 피는데, 특히 축축한 땅에서 잘 자란다. 청색 꽃갖은 잎이 빨갛게 돋아나는 다양한 떨기나무와 여러해살이풀과 잘 어울린다. 사진에서는 새로 자라난 산뜻한 색감의 왕관고비*Osmunda regalis*와 조화를 이룬다. 카마시아와 고사리류 모두 습한 땅에서 잘 자란다. 카마시아는 잎이 풍성하게 나지만 약간 어수선한 느낌이 난다는 점에서 수선화 잎과 비슷하다. 사진에서는 길게 뻗어난 왕관고비 잎이 카마시아를 부분적으로 가려 주고 있다. 카마시아보다 더 높게 자라는 식물을 앞쪽에 배치해서 꽃이 진 뒤의 모습을 감추어야 할 것이다.

장소 : 후멜로

초여름

보색 대비

강렬한 푸른빛을 뽐내는 버들잎정향풀Amsonia tabernaemon-tana var. salicifolia은 노란연두색 지지아 아우레아Zizia aurea와 아주 잘 어울린다. 서로 보색 관계인 두 가지 색이 생동감을 자아내는 좋은 예다. 앞쪽에는 보다 짙은 청색 살비아 실베스트리스 '랩소디 인 블루'Salvia ×sylvestris 'Rhap-sody in Blue'가 자란다. 이처럼 매력적인 색조합은 형태 대비로 한층 더 돋보인다. 사진에서는 버들잎정향풀의 곧게 선 줄기와 지지아 아우레아의 우산 모양 꽃차례가 대비를 이룬다. 버들잎정향풀은 시간이 흐르면 서서히 번지면서 큰 무더기를 이룰 것이다.

장소 : 후멜로

키 큰 식물의 활용

퓨세다눔 베르티실라레Peucedanum verticillare는 키가 아주 큰 산형과 식물로 2.5미터에서 3미터까지 자란다. 줄기와 꽃차례가 특히 아름답다. 여러 달 동안 곧게 서 있는 씨송이는 겨울에도 잘 유지된다. 강한 존재감이 있으면서도 가느다란 기둥 너머로 다른 식물을 바라보고 있다는 느낌이 들게 한다. 사진에서는 어린 꽃줄기가 솜털 같은 좀새풀Deschampsia cespitosa이 다른 식물들 사이에서 반복되고 있다. 왼쪽에는 분홍색 버지니아냉초Veronicastrum virginicum가 곧게 서 있고, 식재 전반에는 베르바스쿰 리크니티스Verbascum lychnitis가 간간이 흩어져 자란다. 이처럼 위로 곧게 서는 식물은 나머지 식물 대부분이 비교적 키가 비슷한 시기에 효과적이다. 퓨세다눔 베르티실라레는 2~3년 밖에 못 살지만 꽃이 지고 나면 죽기 전에 씨앗을 숱하게 퍼뜨린다.

장소 : 후멜로

한여름

형태와 색의 조화

사진에서는 좀새풀Deschampsia cespitosa이 전체적인 분위기를 잡아 준다. 자욱하게 핀 꽃들이 섬세한 바탕을 이루고 있으며, 다소 야생화 초지의 모습이 느껴진다. 함께 자라는 스타키스 오피시날리스Stachys officinalis도 야생의 분위기를 자아내는데, 특히 사진처럼 여러 색깔이 섞여 있을 때 더욱 그렇다. 색의 범위가 비교적 한정되면 우리 눈은 잠재의식적으로 구조적인 면에 이끌리게 된다. 새풀 뒤쪽에 있는 버지니아냉초Veronicastrum virginicum와 옅은 색 베르바스쿰 리크니티스Verbascum lychnitis, 사진 왼쪽, 캘리포니아박새Veratrum californicum, 사진 뒤쪽는 모두 곧게 선 형태이기 때문에 서로를 더 돋보이게 한다. 뒷배경을 차지하는 공절굿대 '비치스 블루'Echinops ritro 'Veitch's Blue'와 앞쪽에 있는 알리움 '서머 뷰티'Allium 'Summer Beauty'의 공 모양 꽃송이는 다른 꽃송이 형태와 대비를 이룬다. 식물들의 색이 부드럽게 조화를 이루면서 청아하고 평온한 분위기를 자아낸다.

장소 : 후멜로

색보다 형태?

사진에서 무엇이 가장 중요할까? 부드럽고 은은하고 조화로운 색일까 아니면 다양한 형태일까? 앞쪽의 알리움 '서머 뷰티'처럼 공 모양 꽃송이는 부드럽고 분산된 형태가 주를 이루는 식재에서 강한 존재감을 드러낸다. 연한 연둣빛 자주꿩의비름 '선키스트'Sedum telephium 'Sunkissed'는 이웃한 색들을 환하게 밝히면서 더 돋보이게 한다. 아직은 구조적인 면에서 크게 돋보이지는 않지만 가을 무렵에는 튼튼한 줄기와 뚜렷한 형태의 씨송이가 겨울까지 강한 인상을 줄 것이다. 새풀로는 페스투카 마이레이 Festuca mairei, 왼쪽과 오른쪽와 수크령 '톨 테일스'Pennisetum 'Tall Tails'가 자란다. 수크령 '톨 테일스'는 키가 크기 때문에 구조식물로 특히 효과적이다. 사진에서는 뚜렷하게 보이지 않지만 보다 장기적인 측면에서 중요한 여러해살이풀도 일부 자라고 있다. 페로브스키아 아트리플리시폴리아Perovskia atriplicifolia, 버지니아냉초, 뿌리속단Phlomis tuberosa이 그 예인데, 이러한 식물들은 꽃송이가 곧게 서고 꽃이 진 뒤에는 씨송이로 오랫동안 유지된다.

장소 : 독일 본Bonn에 있는 정원

공 모양과 데이지 모양

꽃송이가 공 모양인 에키놉스 바나티쿠스*Echinops bannaticus*와 꽃송이가 두툼한 데이지 모양인 에키나세아*Echinacea purpurea*는 색이 화려하고 형태적으로 잘 대비되기 때문에 섞어서 심으면 효과가 좋다. 좀새풀속*Deschampsia*과 몰리니아속*Molinia*을 비롯한 여러 새풀들이 배경으로 있을 때는 한층 더 부각된다. 사진 아래쪽에 있는 알리움 '서머 뷰티'*Allium 'Summer Beauty'*도 에키놉스처럼 꽃송이가 공 모양이기 때문에 통일감을 준다. 에키놉스와 에키나세아의 씨송이는 늦은 계절에도 아름다울 수 있지만, 지속 기간이 짧고 일단 씨앗이 떨어지고 나면 효과가 줄어든다. 피크난테뭄 무티쿰*Pycnanthemum muticum*도 일부 보인다. 피크난테뭄 무티쿰은 좀 더 익숙한 모나르다속*Monarda*과 비슷한 식물로, 은회색 포가 매력적이고 보다 색이 강한 식물들과 잘 어우러진다.

에키나세아속*Echinacea*과 절굿대속*Echinops* 식물은 수명이 일정하지 않은 여러해살이풀이다. 어떤 정원에서는 씨앗을 퍼뜨리는 품종도 있다고 하지만, 식물의 밑동을 살펴보면 제한적으로 영양번식을 하면서 촘촘하게 무더기를 이룬다는 것을 알 수 있다. 정원사마다 경험하는 바가 다 다르겠지만, 두 가지 종 모두 갑자기 사라져 버리기도 한다.
장소 : 후멜로

늦여름

실안개 같은 씨송이

이처럼 꽃과 씨앗이 구름처럼 자욱한 덩어리를 이루는 식물은 주로 새풀이다. 하지만 여러해살이풀 중에서도 넓은잎스타티스*Limonium platyphyllum*는 자잘한 연보라색 꽃이 자욱하게 피고 꽃이 진 뒤에는 씨송이가 오래도록 유지된다. 오레가노 '로젠쿠펠'*Origanum* 'Rosenkuppel'처럼 짙은 색감의 꽃을 돋보이게 하는 데 안성맞춤이고, 늦은 시기에 꽃이 피는 다른 식물들과도 잘 어울린다. 넓은잎스타티스는 밑동에서 아주 촘촘한 무더기를 이루기 때문에 비교적 식물 가까이에도 다른 종들을 심을 수 있다. 이런 조합 뒤쪽으로 새풀 종류인 몰리니아 세룰레아 *Molinia caerulea*와 스타키스 오피시날리스*Stachys officinalis* 등 다양한 종이 자라고 있다.

장소 : 루리가든 일리노이주 시카고

흐릿한 느낌의 새풀

다채로운 꽃과 한껏 무르익은 새풀이 어우러지면서 여름날의 무성함과 생산성을 여실히 보여 주고 있다. 사진에서는 새풀이 주를 이루는 식재처럼 보이지만 사실 그렇게 많지는 않다. 이맘때쯤이면 새풀은 좁다란 밑동에서 넓게 퍼지듯 자란 상태이기 때문에 자연서식처에서 볼 수 있는 것처럼 꽃피는 여러해살이풀들이 그 속에서 자라난 듯한 인상을 준다. 오른쪽에 있는 몰리니아 세룰레아 '트랜스패어런트'*Molinia caerulea* 'Transparent'는 좁은 밑동 부분에 비해 위쪽에서는 아주 넓게 공간을 차지한다. 가운데에 있는 엷은 갈색은 좀새풀 '골트타우'*Deschampsia cespitosa* 'Goldtau'다. 새풀은 색이 연하고 질감이 부드럽기 때문에 진한 색감에 형태감이 뚜렷한 꽃송이를 더욱 돋보이게 한다. 특히 검붉은 꽃이 작은 단추 모양으로 촘촘히 모여서 피는 오이풀*Sanguisorba officinalis*과 잘 어울린다. 퓨세다눔 베르티실라레*Peucedanum verticillare*는 공간을 많이 차지하지 않으면서도 수직적 요소로 사용하기에 좋다. 피크난테뭄 무티쿰*Pycnanthemum muticum*, 중앙 흰색 꽃과 헬레니움 '디 블론데'*Helenium* 'Die Blonde', 뒤쪽 노란색 꽃, 태청숫잔대*Lobelia siphilitica*, 앞쪽 분홍색 이삭 교잡종도 새풀과 조화를 이룬다.

장소 : 후멜로

잎의 매력

그늘에서 잘 견디는 여러 식물의 장점은 아주 매력적인 잎이 여름꽃이 부족한 시기를 보완해 준다는 점이다. 사진에서는 구릿빛을 띤 자주색 잎이 매력적인 촛대승마 '제임스 콤프턴'*Actaea simplex* 'James Compton'이 이제 막 꽃을 피우려 한다. 그 어두운 잎이 큰잎브루네라 '잭 프로스트'*Brunnera macrophylla* 'Jack Frost'의 은색 잎과 대비를 이루는데, 이러한 색 차이는 잎 형태의 차이를 더욱 돋보이게 한다. 큰잎브루네라와 왼쪽으로 자욱한 실안개처럼 퍼져 있는 좀새풀 '골트타우'*Deschampsia cespitosa* 'Goldtau'는 이 정도 규모의 식재에서 반복식물로 심기에 알맞다. 앞쪽으로 살짝 보이는 대만뻐꾹나리*Tricyrtis formosana*는 곧 꽃이 필 것이다. 촉촉하고 물빠짐이 좋은 토양에서는 촛대승마 '제임스 콤프턴'과 큰잎브루네라처럼 시간이 갈수록 점점 번져 나가 무더기를 이룬다. 이 같은 식재는 비교적 새롭게 느껴진다. 식재를 구성하는 식물 중에 눈에 잘 안 띄는 종이 하나 있다. 땅 위를 기면서 낮게 자라는 선갈퀴*Galium odoratum*로, 이 식물은 숲 서식처에서 큰 식물들 사이 틈새를 채워 주는 역할을 한다.

이곳이 스웨덴이라는 사실에 주목하자. 스웨덴은 위도가 높기 때문에 그늘식물에 속하는 종들이 좀 더 밝은 그늘이나 심지어 양지바른 곳에서도 자랄 수 있다.

장소 : 셰르홀멘파크Skärholmen Park, 스웨덴 스톡홀름

밝게 빛나는 새풀

사진 가운데에 있는 새풀씨앗에서 우연히 자라난 억새속*Misanthus* 식물은 빛을 머금어 밝게 빛나고 있다. 많은 새풀이 이맘때쯤부터 매우 아름답게 빛을 담아내는데, 시간이 지날수록 그 모습이 한층 더 깊어지곤 한다. 뒤쪽에는 칼라마그로스티스 브라키트리카*Calamagrostis brachytrica*의 깃털 같은 이삭이 있고, 앞쪽에는 좀새풀*Deschampsia cespitosa*이 자란다. 앞쪽에는 페르시카리아 암플렉시카울리스*Persicaria amplexicaulis*의 꽃이 빨갛게 피었고, 오른쪽에는 암적색 점등골나물 '아트로푸르푸레움'*Eupatorium maculatum* 'Atropurpureum'이 있다.

늦여름에서 가을로 접어들 무렵에 볼 수 있는 특징이 잘 드러난 장면이다. 이 시기에는 적색이나 적갈색 색조가 점점 더 늘어나고 새풀들에서는 아주 다양한 형태와 갈색에서 엷은 황갈색으로 이어지는 풍성한 색조합을 볼 수 있다. 꽃의 적색·분홍색 색조는 보통 잎이 마른 새풀이나 여러해살이풀의 마른 잎 색조와 잘 어울린다. 식물 생장이 정점에 이른 뒤 죽음을 맞이하게 되면 이른바 가을의 혼돈이라고 일컫는 분위기도 점점 더 강해진다. 새풀이나 꽃송이처럼 뚜렷하고 질서감이 느껴지는 점 형태가 대비를 연출하는 데 중요한 역할을 한다.

후멜로 정원에 있는 이 화단은 이제 스물다섯 해가 지났다. 원래 심었던 식물 중 일부는 사라졌지만, 별다른 문제 없이 여전히 매우 아름답다. 살아남은 것들은 확실히 수명이 긴 식물이고, 대부분 영양번식으로 몸집을 불렸을 뿐이다. 좀새풀의 경우는 몇 해가 지나면 죽어 버리지만, 틈새에 씨를 잘 퍼뜨려서 계속 살아남았다. 살아남은 여러해살이풀은 예상대로 제자리에서 굳건히 자라는 종들이었다.

장소 : 후멜로

가을

실루엣

완전한 공 모양을 이루는 절굿대속*Echinops* 식물의 꽃송이는 하늘이나 밝은 바탕이 배경으로 있을 때 대단히 아름답다. 너무 매력적이라 비교적 수명이 짧고 얼마 지나지 않아 낱낱의 씨앗으로 흩어져 버리는 특성을 무시해도 좋을 정도다. 절굿대속은 온대 지방 정원사가 쓸 수 있는 식물 중에서 형태가 독특한 식물로 손꼽힌다. 오른쪽에 있는 참여로*Veratrum nigrum*의 갈라진 꽃이삭도 형태가 남다르다. 잎은 끝부분이 갈색으로 변하기 시작했지만 주름지는 패턴이 독특하기 때문에 정원에서 여전히 제 몫을 한다.

이러한 가을 풍경은 페르시카리아 암플렉시카울리스 '알바'*Persicaria amplexicaulis* 'Alba'가 환하게 밝혀 준다. 마치 춤을 추는 듯한 꽃이삭 형태는 식물이 지닌 밝은 느낌을 한층 더 강조한다. 계속 늘어나고 있는 품종들 대부분이 아주 오랫동안 꽃이 피는데, 첫서리가 내리기 전까지는 계속 꽃이 핀다.

장소 : 후멜로

풍부한 혼합체 사진은 182-183쪽 참조

가을이 오랫동안 서서히 진행되는 곳에서는 일부 여러해살이풀에 여전히 잎이 달려 있는데, 심지어는 잎이 새롭게 돋아나기도 한다. 서안해양성 기후나 지중해성 기후에서는 꽤 흔한 일이고, 특히 게라니움 페움*Geranium phaeum* 같은 몇몇 쥐손이풀속*Geranium* 식물들에서 쉽게 볼 수 있다. 그 싱그러운 녹색 잎(이른 시기에 꽃이 핀 뒤 밑동까지 잘라 내서 다시 돋아난 잎)은 솔정향풀*Amsonia hubrichtii*처럼 좀 더 대륙성 기후에서 자라는 여러해살이풀의 노랗게 물든 잎과 잘 대비된다. 앞쪽에 있는 두해살이풀 큰에린지움*Eryngium giganteum* 같은 식물의 씨송이와 왼쪽의 큰개기장 '셰넌도어'*Panicum virgatum* 'Shenandoah'처럼 단풍이 아름다운 새풀과도 대비를 이룬다. 루나리아 레디비바*Lunaria rediviva* 씨송이(오른쪽 뒤 가운데에 있는 은빛 구조)도 잘 보인다.

꽃이 없어도 이처럼 잎과 씨송이를 풍부하게 조합하면 비교적 작은 공간도 아주 흥미롭게 연출할 수 있다.

장소 : 후멜로

빛과 어둠

가을이나 겨울 정원에서 쉽게 적용할 수 있는 기법 중 하나는 엷고 성긴 새풀 배경에 형태감이 뚜렷한 여러해살이풀의 씨송이를 조합하는 것이다. 이는 늦은 계절에 씨송이의 매력을 극대화하기 위해 햇빛에 의존하는 방식과는 다르다. 대왕금불초 '조넨슈트랄'*Inula magnifica* 'Sonnestrahl'은 몇몇 종류 새풀을 배경으로 남아 있다. 오른쪽에는 익숙한 좀새풀*Deschampsia cespitosa*이 있는데, 씨송이가 밝은 느낌을 주기 때문에 이러한 연출을 할 때 특히 좋다.

장소 : 후멜로

가을의 전형

여러해살이풀과 새풀은 뒤쪽에서 줄지어 자라는 큰키나무, 떨기나무 단풍과 함께 가을 빛깔을 수놓으며 통일감 있는 늦은 계절 풍경을 연출한다. 사진 앞쪽에는 앞서 이야기했던 명암 대비를 볼 수 있지만, 여기서는 길게 늘어선 여러해살이풀과 새풀에 내리비치는 햇살이 풍경의 핵심이다. 특히 온화한 가을 그늘에서 믿고 쓸 수 있는 스포로볼루스 헤테롤레피스*Sporobolus heterolepis*와 키가 큰 버지니아냉초*Veronicastrum virginicum*, 왼쪽 중앙가 눈길을 사로잡는다. 뒤쪽에 자라는 북미 원산 점등골나물*Eupatorium maculatum*은 그렇게 돋보이지는 않지만 키와 부피가 크고 튼튼하게 서 있기 때문에 늦은 계절에 존재감을 뿜낸다. 특히 나무들과 시각적으로 연결시킬 때 쓰임새가 좋다. 실루엣 역시 아주 일품이다.

장소 : 후멜로

겨울

색바램

겨울이 무르익은 풍경이다. 정원의 색이 거의 모두 사라진 이 시기에는 자연광으로 발현되는 연한 황갈색과 갈색 사이의 색조를 띤 마지막 한 조각까지도 전부 중요해진다. 식물의 구조는 훨씬 더 중요하다. 왼쪽에서 오른쪽으로 길게 늘어선 좀새풀*Deschampsia cespitosa*이 버지니아냉초*Veronicastrum virginicum*, 스타키스 오피시날리스*Stachys officinalis*, 한라노루오줌 '푸르푸를란체'*Astilbe chinensis var. taquetii* 'Purpurlanze'의 배경 역할을 톡톡히 하고 있다. 그 뒤쪽에는 더 키가 큰 몰리니아 세룰레아 아룬디나세아 *Molinia caerulea* subsp. *arundinacea* 품종과 보다 극적인 느낌을 주는 캘리포니아박새*Veratrum californicum*가 있다.
장소 : 후멜로

눈 - 위대한 평등자

눈은 곧게 선 여러해살이풀들을 실체적으로든 비유적으로든 평등하게 한다. 눈이 오면 나무들이 없는 곳에서는 땅에 하얀 담요가 덮인 듯하다. 몇몇 여러해살이풀은 다른 종들보다 더 오래도록 서 있는데, 사진에서는 퓨세다눔 베르티실라레*Peucedanum verticillare*가 가장 돋보인다. 퓨세다눔 베르티실라레는 튼튼한 줄기가 아주 곧게 서고 눈이 쌓일만한 잎이 거의 없기 때문에 형태를 잘 유지한다. 뒤쪽의 바늘새풀 '칼 푀르스터'*Calamagrostis* 'Karl Foerster'도 아주 꼿꼿이 서 있다. 눈이 내리면 디자인된 식재조합이 눈길을 사로잡는 게 아니라 남아 있는 식물의 모습 그 자체만으로도 깊은 인상을 남긴다.
장소 : 후멜로

4장

식물의 장기 활동성

식물은 자연에서 살아남기 위해 할 수 있는 모든 전략을 펼치며 살아간다. 식물 개체뿐만 아니라 더 근본적으로는 유전자를 존속시키기 위해서다. 이러한 생존전략은 정원은 물론 디자인된 다른 경관에서 식물이 자라는 방식에 영향을 미친다. 식물의 장기 활동성을 깨닫고 그것을 제대로 활용하려면 식물의 생존전략을 확실히 이해해야 한다.

여러해살이풀은 얼마나 여러 해를 살까?

자연을 언어로 포착하는 일은 쉽지 않다. 인간은 어떤 대상을 고정불변한 범주로 묶어서 생각하기를 좋아하지만 자연은 그렇지 않기 때문이다. 자연은 마치 흑백의 양극단 사이에 존재하는 무수한 회색으로 이루어진 그러데이션과 같다. 인간의 언어는 한 범주가 끝나는 지점과 다른 범주가 시작되는 지점을 확실히 구분해야 하기 때문에 미세한 부분들이 간과되기 십상이다. 특히 식물의 수명을 단순히 한해살이와 두해살이, 여러해살이 세 가지의 범주로 인식하는 것이 그렇다. 이 문제는 다양한 언어권에서 동일하게 나타난다.

많은 정원사들은 한해살이풀 중에서도 한 해 이상을 사는 식물이 더러 있고 여러해살이풀 중 일부는 서너 해만 지나도 영락없이 죽어 버린다는 것을 경험으로 알고 있다. 나는 이러한 주제에 관해 연구했었는데, 일부는 관찰을 했고 전문 정원사들 66명에게 설문지를 받았다을 대상으로 설문조사도 진행했다. 연구결과를 살펴보면 여러해살이풀이 정말로 여러 해를 사는지, 아니면 수명이 짧다고 표현하는 게 더 옳은지에 관한 광범위한 동의가 있었다.

일부 여러해살이풀은 이름에 걸맞지 않게 수명이 짧기 때문에 여러해살이풀을 식재계획에 반영하고 싶은 전문가들에게 큰 문제를 일으킬 수 있다. 관련 문헌의 저자들이나 여러해살이풀을 장려하는 사람들도 이 문제에 관해서는 거의 다루지 않았다. 누구도 이 문제를 다루지 않았다는 사실이 정말 충격적이다. 육묘업계는 이러한 문

자연발아 한 새풀 사이에서 자라는 여러해살이풀

제를 가중시켰는데, 일종의 기득권을 지키기 위해 어떤 식물이 진짜로 오래 살고 어떤 식물이 그렇지 않은지 명확하게 이야기하려 하지 않았기 때문이다. 실제로 육묘 시장은 식물 도매상이 소매점과 거래하는 방식이 주를 이룬다. 여기에서 거래되는 수많은 상품들은 효과는 빨리 볼 수 있지만 수명이 짧은 식물들이다. 지속가능성에 관심이 있는 전문가와 정원사는 정말로 오래 살 수 있는 식물에 더 눈길이 가겠지만 이에 비해 품종 개발의 성과는 턱없이 부족하다. 보다 정확히 말하자면 소매상과 거래하는 대규모 농장들이 그런 측면에 별로 관심을 기울이지 않는다. 하지만 규모는 작아도 이러한 측면을 더 중시하는 전문 농장들도 있다. 아우돌프가 바로 그런 예다. 아우돌프는 수년 간 약 70여 종의 신품종을 선발했는데, 거의 모든 식물이 태생적으로 오래 사는 것들이다. 그 목록에는 아스테르속Aster, 등골나물속Eupatorium, 모나르다속Monarda, 살비아속Salvia, 냉초속Veronicastrum 식물 등이 있다.

최근 아우돌프와 함께 쓴 책《식재디자인 Planting Design》(2005)에서 우리는 여러해살이풀을 몇 가지 기본 유형으로 구분했다. 최신 연구 결과와 의견을 받아들이며 이해가 더 깊어졌고 이를 토대로 유형을 보다 세분화할 수 있었다. 한 가지 문제는 쓸 수 있는 식물의 종류가 어마어마하게 많지만 몇 가지 유형으로 명확하게 구분할 수 없다는 점이다. 떨기나무도 생각보다 종류가 훨씬 더 많다. 진화적 관점에서 이 문제를 생각해 보면 식물이 풀과 나무, 한해살이와 여러해살이의 생활 방식으로 수차례에 걸쳐 진화해 왔다고 가정할 수 있다. 따라서 이러한 유형들에 격차가 있고 분명한 패턴이 없다는 사실이 놀랄 만한 일은 아니다.

수명과 생존전략

식물이 야생에서 살아남고 다른 종과 공존하는 방식을 밝히기 위해 생태학자들은 여러 모델을 제시했다. 그중 가장 성공적인 것으로 CSR모델을 꼽을 수 있다. 여기서 C는 경쟁식물Competitor, S는 스트레스내성식물Stress-tolerator, R은 교란지식물Ruderal을 뜻한다. 앞의 두 유형은 어떤 식물을 가리키는지 바로 이해가 되겠지만 마지막 유형은 별도의 설명이 필요할 듯하다. '교란지' 식물은 불안정한 환경 속에서 빠르게 번식하고 헐벗은 땅에 처음으로 침입해서 정착하는 수명이 짧은 식물을 뜻한다. 헐벗은 땅을 몇 주 만에 잠식해 버리는 잡초가 대표적인 예다. CSR모델은 1970년대에 셰필드대학교의 존 필립 그라임J. Philip Grime이 만들었다. 이 모델은 식물이 야생이나 인간이 조성한 환경에서 어떻게 살아남고 번식하는지 그 생존전략을 잘 설명해 준다. 나는 1990년 중반쯤에 처음으로 접했는데, 식물의 습성과 정원 관행의 많은 부분을 설명해 줄 수 있다는 점이 인상 깊었다. 예를 들어 헐벗은 땅은 교란지식물이 자라기 좋은 환경이기 때문에, 식물들 사이에 존재하는 맨땅을 계속 괭이질하는 전통적인 방식은 역효과를 낸다. 괭이질한 땅은 교란지식물이 자랄 수 있는 최적의 모종판인 셈이다! CSR모델은 독일에 지대한 영향을 미쳤고, 독일의 다양한 식재관리 방식의 기초가 되었다. 하지만 다르게 이해하거나 잘못 해석될 여지가 있고, 지나치게 중요시되고 있다는 생각도 든다.

이 책에서는 CSR모델을 간략히 다루고자 한다. 그 모델의 핵심 개념들이 정원사와 디자이너에게 도움이 되기 때문이기도 하고, 식물 활동성을 논하는 사람들이 이 개념을 이론적 틀로 삼기 때문이다. 하지만 너무 깊게 다루지는 않을 것이다.

경쟁식물은 말 그대로 경쟁적인 식물이다. 자원이 풍부한 환경(양지바르고 비옥하며 촉촉한 땅)에서 자란다. 자원을 효과적으로 활용할 수 있고 뿌리나 곁순을 이용해 빠르

청색의 심피툼 카우카시쿰*Symphytum caucasicum*은 컴프리의 한 종류로 아주 강한 경쟁식물이다. 비옥하고 촉촉한 땅에서는 여느 관상용 여러해살이풀보다 드세게 번져 나갈 수 있으며 청색 꽃을 몇 달간 즐길 수 있다. 이곳에서는 해를 거듭할수록 생장이 감소하고 있는데, 이는 중국복자기*Acer griseum*의 뿌리와 경쟁하기 때문이다. 건물 기초도 식물이 물과 양분을 흡수하는 데 방해가 될 것이다. 여기서 강한 경쟁식물은 자원 의존도가 매우 높아서 자원이 부족하면 생육이 불량해진다는 점을 기억해야 한다. 은빛을 띤 식물은 라미움 마쿨라툼 '핑크 낸시'*Lamium maculatum 'Pink Nancy'*로 좀 더 다소곳하게 자라고 스트레스에 강하다. 왼쪽 앞에 있는 피뿌리쥐손이*Geranium sanguineum*도 얌전하게 자라기는 하지만 꾸준히 번져 나가는 종으로 건조에도 강하다. 오른쪽 앞에 있는 식물은 오리가눔속*Origanum*으로, 잘 번져 나가지는 않아도 많은 정원에서 씨앗을 무수히 퍼뜨린다.

게 성장하고 번져 나간다. 이 모든 생장이 다른 식물과 벌이는 경쟁을 더욱 치열하게 만드는데, 경쟁 때문에 다른 식물들이 없어져 버릴 정도다. 유난히 토양이 비옥하고 촉촉한 서식처에서 종종 단 하나의 종이 우세하는 이유가 바로 여기에 있다. 경쟁식물로는 무성히 자라는 습지식물, 비옥한 초지나 프레리 서식처에서 자라는 새풀과 여러해살이풀이 있다.

스트레스내성식물은 식물이 자라는 데 핵심적인 세 가지 조건태양복사(빛과 열), 물, 양분이 부족한 곳에서도 살아남을 수 있는 식물이다. 자라는 속도는 느리지만 자원을 최대한 아껴서 쓸 수 있다. 척박하고 노출된 서식처에서 자라는 다발형 새풀을 비롯하여 건조하거나 바람이 많이 부는 곳에 사는 반떨기나무, 메마른 암석지대에 나는 야생화, 그늘에서 잘 견디는 여러해살이풀이 이러한 유형에 속한다.

교란지식물은 '짧고 굵게 사는' 식물이다. 변화하는 환경 속에서 기회를 살피다 빠르게 번식하는 기회종이며 헐벗은 땅에 제일 먼저 침입해 자리를 잡는 개척종이다. 새로운 환경이나 다른 식물들 사이 틈새에 씨앗을 퍼뜨린다. 빠르게 자라면서 꽃을 피우고 씨를 맺는 데 온 힘을 쏟는다. 수명이 짧은 편이라 유전자가 담긴 씨앗을 무수히 퍼뜨리면서 종을 존속시킨다. 경작지에 자라는 잡초나 계절에 따라 노출되는 강둑에서 자라는 한해살이풀, 황무지나 교란지에서 자라는 많은 식물들이 이에 속한다. 재배되고 있는 대다수 종을 비롯하여 수많은 교란지식물이 지중해성 기후나 반사막 기후처럼 우기와 건기가 뚜렷하게 구분되는 지역에서 자라는 한해살이풀이다.

식물을 이러한 관점에서 바라보면 큰 도움이 된다. 하지만 이런 식의 구분은 **경향성**을 설명할 뿐, 딱 맞아떨어지는 **범주**는 아니다. 완전한 의미의 경쟁식물·스트레스내성식물·교란지식물은 거의 존재하지 않고, 세 가지 유형이 뒤섞인 복합 형태로 존재하기 때문이다. 이것이냐 저것이냐 확실한 구분은 불가능하다. 내가 이 책에서 CSR 모델을 토대로 정리한 식물 활동성을 결정짓는 핵심 특성들은 실무에서 식재를 디자인하고 관리하는 이들에게 큰 도움이 될 것이다.

식물의 장기 활동성 지표

실무에서 디자이너와 정원사가 참고할 만한 식물의 장기 활동성을 결정짓는 네 가지 핵심 지표가 있다. 식물종마다 이 네 가지 지표가 다양한 방식으로 조합된다.

고유수명 : 어떤 식물은 오래 살지만 어떤 식물은 그렇지 않다. 심지어는 이상적인 조건에서도 생육이 불량한 경우도 있다. 전형적인 영국 코티지정원에서 즐겨 심는 접시꽃알세아속(*Alcea*) 교잡종을 키워 본 사람이라면 3년쯤 지났을 때 얼마나 상태가 안 좋아지는지 잘 알 것이다. 영 생기가 돌지 않고 나무처럼 단단해져 새롭게 싹을 틔워 낼 힘조차 없어 보인다. 하지만 그게 전부다. 빠르게 자라 씨앗을 맺고 그 뒤에는 생기를 잃고 죽어 버리게끔 유전적으로 정해져 있는 것이다.

증식력 : 씨앗이 아닌 영양생장으로 번식하는 능력을 뜻한다. 정원 가꾸기를 이제 막 시작한 사람이라도 얼마 지나지 않아 어떤 여러해살이풀은 넓게 번지지만 그다지 몸집을 키우지 않고 제자리에서 굳건히 자라는 종도 있다는 것을 알게 된다.

정착력 : 한곳에 자리를 잡아 머물러 사는 능력을 뜻한다. 식물이 어떻게 이곳저곳을 돌아다닐 수 있느냐 반문하겠지만, 이는 모나르다속*Monarda* 같은 식물을 키워 보지 않아서 하는 말이다. 모나르다를 어느 한 지점에 심으면 이듬해에는 그곳에서 멀리 떨어진 다른 지점에서 싹이 트고 원래 심었던 곳에서는 보통 자라지 않는다.

자연발아력 : 정원에서 씨앗을 퍼뜨려 효과적으로 번식할 수 있는 능력을 뜻한다.

이제 앞서 언급한 식물 활동성 지표들을 식재디자이너와 정원사가 활용할 수 있도록 좀 더 자세히 살펴보겠다.

고유수명

한해살이풀, 두해살이풀, 여러해살이풀은 정원 가꾸기를 처음으로 시작할 때 배우는 세 가지 핵심 단어다. 하지만 사실 유전적으로 정해진 식물 수명은 그러데이션처럼 일련의 연속적 단계들로 이루어지기 때문에 이와 같은 세 가지 구분은 임의적인 범주에 불과하다. 아래 표에서는 일반적인 정원식물들의 고유수명을 여러 단계로 더 세분화했다. 표 두 번째 행은 식물의 수명을 나타내고, 세 번째 행은 그에 해당하는 식물의 예다. 거듭 이야기했던 것처럼 이러한 범주가 명확하게 구분되지는 않는다!

나의 주된 관심은 표 오른쪽 부분에 있다. 안타깝게도 여러해살이풀의 수명에 관한 연구가 그다지 많지 않다. 정원사들의 이야기를 들어보면 어떤 종은 몇 해가 지나면 영락없이 죽어 버린다고 하나같이 말한다. 하지만 식물의 수명은 매우 가변적일 수 있다. 많은 종들이 3년에서 5년 정도 사는 것처럼 보이고, 어떤 종은 10년 이상은 아니지만 더 오래 살기도 한다. 일반적으로 여러 환

	단명식물	진정한 한해살이풀	진정한 두해살이풀	기능상 두해살이풀	수명이 짧은 여러해살이풀	진정한 여러해살이풀
기대 수명	몇 개월	한 세대	2년	2년 이상이지만 점점 쇠락함	3년 이상	영구적일 수 있음
식물 예	개양귀비 *Papaver rhoeas*	금잔화 *Calendula officinalis*	디기탈리스 푸르푸레아 *Digitalis purpurea*	알세아속*Alcea* 교잡종	에키나세아 *Echinacea purpurea*	게라니움 엔드레시이 *Geranium endressii*

이른 아침 햇살이 내려앉은 페르시카리아 암플렉시카울리스 '로세움'*Persicaria amplexicaulis* 'Roseum'과 몰리니아속*Molinia* 품종의 모습이다. 앞쪽에는 크나우티아 마세도니카*Knautia macedonica*의 진홍빛 단추 모양 꽃송이가 돋보인다. 크나우티아는 수명이 짧은 편이지만 씨앗을 무수히 퍼뜨린다. 계속 살아남기 위해서는 자연발아를 해야 하기 때문이다. 뒤쪽에는 버들마편초*Verbena bonariensis* 꽃송이가 보인다. 버들마편초의 경우 원산지인 아르헨티나에서는 건조한 계절 강둑에서 한해살이풀로 자라지만 재배환경에서는 아주 짧게 사는 여러해살이풀로 자란다. 하지만 정원에서는 자연발아가 아주 잘 된다. 사진은 노퍽주 펜스소프 정원의 8월 모습이다.

경 요인과 식물들 사이의 경쟁이 여러해살이풀의 생존에 큰 영향을 미친다. 사람들에게 인기가 많은 에키나세아 *Echinacea purpurea*가 좋은 예다. 에키나세아는 자연에서 5년 정도 산다고 알려져 있지만, 같은 식물속인 에키나세아 팔리다*E. pallida*는 20년까지도 살 수 있다고 한다. '진정한 의미의 여러해살이풀' 범주에 속하는 식물들은 자라는 습성이 가지각색이다. '증식력' 부분에서 다루겠지만, 크게 '복제성clonal' 여러해살이풀영양번식을 하는과 '비복제성non-clonal' 여러해살이풀영양번식을 하지 않는로 구분할 수 있다.

퓨세다눔 베르티실라레*Peucedanum verticillare*는 전형적인 산형과 식물이다. 여느 산형과 식물처럼 두세 해 자란 뒤 단 한 번 꽃이 피고 말라 죽는 1회결실성 식물이다. 하지만 대부분의 정원에서 자연발아가 잘 된다. 2.5미터에 달하는 높이에 달리는 씨송이가 겨울에 장관을 연출한다.

어떤 식물이 정말로 오래 사는 여러해살이풀인지 아닌지 어떻게 알 수 있을까? '토끼의 시점'으로 보면 된다. 식물 밑동 부분을 유심히 들여다보자. 각각의 독립된 뿌리계root system, 식물 지하부에 뿌리가 형성하는 공간적 구조계에서 싹이 돋아난 것이라면 영양번식을 하는 복제성 식물이다. 이러한 식물들은 몸집을 불리면서 오래도록 살아남는다. 분홍색 꽃이 피는 게라니움 엔드레시이*Geranium endressii*나 게라니움 옥소니아눔*Geranium ×oxonianum* 품종들이 그 예다. 반면에 모든 뿌리와 싹이 사람의 목처럼 한 지점으로 연결되고 각각의 싹마다 독립된 뿌리계를 갖춘 게 아니라면 영양번식을 하지 않는 비복제성 식물이다. 스스로 번져 나가지 못하고 수명은 짧을 것이다. 뿌리가 더 가볍고 수염처럼 뻗어날수록 수명이 짧을 가능성이 높다. 하지만 식물의 지상부와 뿌리가 좁게 이어져도 뿌리가 두툼하게 덩어리진 형태라면 아마도 오래 살 것이다. 어떤 여러해살이풀은 같은 종이라도 수명이 짧은 정도가 다를 수 있는데, 이러한 차이는 유전적 변이 양상에 따른 결과다.

식물의 수명이 짧다는 것은 교란지식물의 생존전략이 우세하다는 의미다. 따라서 개척종일 가능성이 매우 높고 기존 식생의 틈새나 교란이 일어난 곳들을 계속 찾아다녀야만 살아남을 수 있다. 재배되고 있는 대부분의 한해살이풀은 계절에 따라 건조해지는 서식처에서 자라는 식물들이다. 그곳에서 어린 식물체는 비가 많이 오는 우기에 자라고 건기에는 씨앗을 퍼뜨려서 생을 이어 간

다. 반면에 수명이 짧은 여러해살이풀은 서식처 범위가 다양하다. 매발톱꽃속*Aquilegia*과 디기탈리스속*Digitalis*처럼 대다수가 숲가장자리에서 자라는 식물들이다. 때로는 에키나세아속*Echinacea*도 그렇다. 숲가장자리는 큰키나무들이 계속 자라고 베어지거나 넘어지면서 환경이 끊임없이 변화하는 불안정한 곳이다. 초원지대에 자라는 식물들도 수명이 짧다. 초원지대에서는 방목 때문에 비탈면이 유실되거나 땅이 교란되면서 어린 식물체가 뿌리내릴 수 있는 미세한 틈새들이 계속 생겨난다. 그러한 틈새에는 크나우티아속*Knautia*이나 옥스아이데이지*Leucanthemum vulgare* 같은 식물이 자란다. 습지대에서 자라는 일부 식물도 계절에 따른 수위 변화나 침수 때문에 노출되는 맨땅을 잘 활용한다. 아울러 이러한 식물들은 전부 왕성하게 자라기 때문에 CSR모델에 대입하면 경쟁-교란지식물이라고 할 수 있다.

수명은 식물의 기대수명을 가리킨다. 정원사들은 종종 이를 식물이 자리 잡는 속도와 혼동하기도 한다. 정원사라면 한 번쯤 어린 식물이 죽어 버리는 현상을 경험해 보았을 텐데, 그렇게 되면 곧장 수명이 짧은 식물이라고 낙인을 찍는다. 하지만 실은 수명이 길지만 자리 잡는 속도가 느린 식물일지도 모른다. 매우 오래 사는 일부 여러해살이풀이 첫해에는 뿌리를 내리는 데 온 힘을 쏟고 잎은 거의 내지 않는다는 게 역설적으로 보인다. 뿌리가 튼튼해야 장기적으로 회복력이 강하고 오래도록 살아남을 수 있다. 하지만 제대로 자리 잡을 때까지는 지상

새매발톱꽃*Aquilegia vulgaris*은 영양번식을 하지 않는 비복제성 여러해살이풀의 좋은 예다. 왼쪽 사진은 몇 년 묵은 식물체의 모습인데, 각각 독립된 뿌리계에 싹이 돋아나는 게 아니라 지상부와 뿌리가 한곳에 모여 있다.

오른쪽 사진은 어린 주름미역취*Solidago rugosa*의 모습으로, 식물의 싹과 뿌리는 덩어리진 상태고 일부 새싹들이 오른쪽에서 돋아나고 있다. 묵은 싹마다 독립된 뿌리계가 있기 때문에 전체적으로 피해를 입어도 각각의 식물로 살아갈 수 있다. 영양번식을 하는 복제성 식물이라는 의미다.

부가 빈약하기 때문에 민달팽이나 건조에 취약하고, 더 빨리 자라는 식물이 드리우는 그늘 때문에 햇빛이 부족해지기도 한다. 이러한 식물들은 아마도 경쟁식물과 스트레스내성식물의 생존전략이 결합된 형태일 것이다. 중유럽의 건조한 서식처에 자라는 야생화 딕탐누스 알부스*Dictamnus albus*가 좋은 예다. 밥티시아속*Baptisia*이나 프레리에 자라는 스포로볼루스 헤테롤레피스*Sporobolus heterolepis*도 마찬가지다. 밥티시아속은 프레리의 핵심 식물로 아주 느리게 자라지만 일단 자리 잡기만 하면 아주 오래 살 수 있다.

유포르비아 시파리시아스*Euphorbia cyparissias*는 사방으로 뻗어 가며 번지기로 유명한 식물이다. 부모식물로부터 20센티미터 정도 떨어진 곳으로 뻗어가서 뿌리를 내리고 싹을 틔운다. 이러한 습성 때문에 키가 큰 식물들이 쉽게 제압해 버릴 수 있는 곳에 채움식물로 심으면 좋다. 새순이 돋아나는 식물은 밥티시아 알바*Baptisia alba*다.

정원에 활용하기

사람들에게 아주 인기가 많은 대부분의 여러해살이풀들은 '수명이 짧은' 범주에 속할 것이다. 그렇다면 수명이 짧은 식물을 기르는 이유가 뭘까? 한해살이풀과 두해살이풀은 씨앗으로 번식해 계속 살아남을 수 있도록 꽃을 피워 내는 데 힘을 집중한다. 대체로 여러해살이풀보다 한해살이풀이나 두해살이풀이 오랫동안 꽃이 피기 때문에 사람들로 하여금 키워 보고 싶다는 생각을 하게 한다. 수명이 짧은 여러해살이풀도 마찬가지다. 꽃을 피우고 씨앗을 맺는 데 힘을 집중하기 때문에 제자리에서 굳건히 자라거나 영양생장을 하는 일에 소홀해진다. 그래도 대다수가 오래도록 풍성하게 꽃이 피고 화려한 느낌을 주기 때문에 이런 식물들을 기르고 싶어 한다. 자기 정원을 가꾸는 개인정원사나 공공공간이라도 관리가 잘 되고 자원이 충분한 곳에는 심어도 괜찮을 것이다. 하지만 장기적인 계획을 바라거나 번식을 위한 예산과 자원이 제한적일 때는 식재에서 비중을 낮게 하여 심는 게 바람직하다.

헤리퍼드셔주Herefordshire의 몬트필리어 코티지Montpelier Cottage 정원에서 자연발아는 중요한 부분이다. 자연발아를 왕성하게 하는 종들이 자연스레 번져 나가도록 두어서 잡초가 들어서는 것을 최대한 방지할 수 있는 빽빽한 식생을 만들기 때문이다. 사진은 초여름의 모습인데, 형형색색의 새매발톱꽃*Aquilegia vulgaris*과 숲제라늄*Geranium sylvaticum*. 앞쪽이 꾸준히 번져 나가는 페르시카리아 비스토르타 '수페르바'*Persicaria bistorta* 'Superba' 무더기 옆에서 씨앗을 퍼뜨린다.

늦여름 몬트필리어 코티지 정원의 모습이다. 자연발아 하는 버들마편초 *Verbena bonariensis*가 사진 앞쪽으로 보인다. 버들마편초는 한해살이풀 또는 수명이 짧은 여러해살이풀로 자란다. 전통적인 코티지정원에 즐겨 심는 접시꽃 *Alcea rosea* 역시 다양한 종류의 토양에서 자연발아가 잘 된다. 노란색 꽃은 삼잎국화 *Rudbeckia laciniata*로 드세게 번지면서 자라는 키가 크고 아주 경쟁력이 강한 여러해살이풀이다. 따라서 왕성하게 자라도 되는 곳에서만 심는 게 좋다.

증식력

경험 있는 정원사와 대화를 해 보면 어떤 여러해살이풀은 유난히 잘 번진다고 말한다. 유포르비아 시파리시아스*Euphorbia cyparissias*가 대표적이다. 너무 잘 번지는 탓에 심고 나서 후회하는 정원사가 있는 반면, 쓰임새가 아주 좋다고 여기는 정원사도 있다. 자연이 늘 그러하듯 식물이 번져 나가는 성향은 이거다 저거다 명확하게 구분되지 않는다. 생태학자들은 이를 그러데이션처럼 연속적으로 이루어진다고 간주한다. 곁순을 전혀 내지 않거나 번지는 습성이 없는 식물이 한쪽 끝에 위치할 것이고, 한 해 동안 다수의 기는줄기를 옆으로 뻗어 가며 새싹을 내는 식물이 다른 한쪽에 위치할 것이다. 이처럼 영양번식으로 새롭게 돋아난 식물체를 영양분체ramet라고 한다. 영양분체는 독립된 개체로 살아갈 수 있는 뿌리가 난 새싹을 뜻한다. 이제부터는 편의상 영양분체라는 용어를 사용해 설명하겠다.

영양분체를 만드는 정도와 양상은 식물마다 가지각색이다. 유포르비아 그리피티이*Euphorbia griffithii* 같은 일부 여러해살이풀은 부모식물로부터 수십 센티미터 가량 멀리 떨어진 곳에 영양분체를 만들어 낸다. 따라서 싹들이 여기저기 흩어진 양상이 아니라 무더기를 이루기까지는 여러 해가 걸린다. 이와 달리 게라니움 엔드레시이*Geranium endressii* 같은 종들은 부모식물로부터 몇 센티미터 떨어지지 않은 곳에서 한 해 동안 수많은 영양분체가 만들어지기 때문에 꾸준히 번져 가면서 무더기를 이룬다. 물론 게라니움 프실로스테몬*Geranium psilostemon*처럼 훨씬 더 느리게 자라는 종들도 있다. 무더기를 이룬 식물이 독립적으로 살아갈 수 있는 영양분체로 갈라져 나뉘는 정도는 종마다 차이가 난다. 예를 들어 모나르다 피스툴로사*Monarda fistulosa* 같은 경우는 한 해 정도면 영양분체로 분리되지만 게라니움 프실로스테몬은 식물체가 손상되어 갈라진 부분이 재생하는 게 아니라면 결코 갈라져 나뉘지 않을 것이다. 오래된 영국 코티지정원에서 즐겨 심던 점좁쌀풀*Lysimachia punctata*도 매우 드세게 번지는 여러해살이풀로 손꼽힌다. 한번 심으면, 심지어 길가에 내다 버려도 결코 죽지 않는다. 몇 센티미터 길이의 많은 영양분체를 만들어 내면서도 제자리에서 굳건히 자라기 때문에 다른 식물이 들어설 수 없도록 촘촘한 무더기를 이룬다.

생태학자들은 영양생장으로 번져 나가는 식물의 번식전략을 밀집대형phalanx과 게릴라guerrilla라는 단어로 표현한다. 사방으로 동시에 뻗어 나가며 무더기를 이루는 방식을 밀집대형에, 부모식물로부터 좀 떨어진 곳에 드문드문 싹을 내면서 경쟁이 거의 없는 곳에서만 무더기를 이루는 방식을 게릴라에 빗댄 것이다. 정원식물 중에서는 게릴라 방식으로 번져 나가는 식물이 비교적 드물다. 옛 정원사들은 기는줄기로 뻗어 나가는 습성을 지닌 식물을 골칫거리로 여겼기 때문이다. 이제는 그렇게 선택적으로 번져 나가는 능력이 식물들 사이의 빈 공간

피크난테뭄 무티쿰*Pycnanthemum muticum*은 영양번식을 잘 하는 복제성 여러해살이풀들 중 하나다. 식물 왼쪽 부분은 길게 뻗은 줄기에서 새롭게 싹이 난 모습이다. 나머지 부분은 독립된 뿌리계를 갖춘 싹들이 덩어리진 모습이다. 새로 돋아난 싹들은 이듬해에 뿌리와 싹이 한데 뭉쳐 있는 오른쪽 부분처럼 되고 잇달아 새롭게 싹을 낼 것이다.

좀새풀*Deschampsia cespitosa* 잎 사이로 유포르비아 그리피티이*Euphorbia griffithii* 줄기가 솟아오른 초여름의 모습이다. 유포르비아 그리피티이는 서서히 번지지만 그 양상은 게릴라처럼 일정치 않다. 다른 식물들 사이에서 성글게 무리 지어 자라는 모습이 대단히 매력적이고 꽃은 6월에 핀다. 뒤쪽에 있는 알리움 홀란디쿰*Allium hollandicum*은 많은 정원들에서 해마다 꽃을 피우는데, 모래가 많이 섞인 땅에서는 자연발아 하기도 한다.

을 채우는 데 도움이 되는 장점으로 생각되기도 한다.

증식력이 있는 여러해살이풀은 전형적인 경쟁식물로 자기 영역을 넓히기 위해 다른 식물을 희생해 가며 넓게 뻗어 나간다. 정원에서 오래 살아남을 수 있는 믿을 만한 식물이며, 식물체가 다쳐도 잘 회복하며, 잡초가 들어서지 못하게 한다. 증식력이 더 강한 식물은 공간을 빠르게 채워 줄 수 있다는 유용한 특성을 지녔다. 이를 두고 많은 사람이 '잡초'처럼 자랄 수 있다며 걱정하지만, 빠르게 번지는 식물은 경쟁력이 떨어지기 때문에 다른 식물과 경쟁하면 자취를 감춘다. 유포르비아 시파리시아스 *Euphorbia cyparissias*, 게릴라 방식을 취하는 대표적 식물가 바로 그런 예다. 야생에서는 새풀이나 그 밖의 야생화들 사이에서 드물게 싹을 내지만 정원에서는 더 키가 큰 식물과 경쟁하다 도태될 수 있다기껏해야 30센티미터 정도로 자란다. 쥐손이풀속*Geranium*, 아스테르속*Aster*, 미역취속*Solidago*의 여러 종들처럼 꾸준히 번지면서 촘촘한 무더기를 이루는 식물들은 잡초가 들어서도 크게 영향을 받지 않고, 상처를 입어도 스스로 회복할 수 있다. 따라서 오래 지속될 수 있는 식재에서 중추적인 역할을 한다. 이러한 식물들은 시간이 지나면서 큰 무더기를 이루기 때문에 수명은 짧지만 자연발아 하는 식물과 비복제성 여러해살이풀을 밀어내고 화단에서 우세해질 것이다. 바로 이때 사람이 개입해 포기나누기를 해 주고 다른 식물들이 자랄 공간을 마련해 주어야 한다. 그래야 다양성이 유지될 수 있다.

정원에 활용하기

빠르게 번지는 식물은 예로부터 성가신 존재로 여겨졌다. 하지만 방금 했던 말을 되새겨 보면, 문제가 될지 안 될지는 해당 식물이 얼마나 경쟁적인가에 달려 있다. 진짜 문제는 그런 판단을 하기 위한 자료가 충분치 않다는 것이다. 정원사들은 더 오래된 식재와 자신의 경험을 토대로 식물이 정원에서 어떠한 양상을 보이는지 관찰할 수 있다. 빠르게 번지지만 원래 자라던 곳에서 다른 곳으로 옮겨 다니며 자라는 연약한 식물은 보다 큰 식물들 사이의 틈새를 채우기에 좋다. 제자리에서 굳건히 자라거나 이웃한 식물들과 경쟁을 할 때도 살아남을 수 있는 강한 식물들은 관리요구도가 낮은 환경에 적합하다. 잡초가 거의 자라지 않거나 최소한의 개입으로 유지해야 하는 그런 곳들 말이다. 게릴라 방식으로 번져 나가는 식물들의 일부 줄기가 정원 이곳저곳에 드문드문 솟아 있으면 마치 자연발아 한 식물처럼 저절로 자라난 듯한 인상을 줄 수 있다. 이런 방식으로 번지는 대부분의 종들은 이미 무더기를 이룬 식물 안쪽으로 파고들 수는 없기 때문에 다른 식물들과 한데 어우러질 수 있다.

정착력

일부 여러해살이풀은 오래 살 수 있는 잠재력이 있음에도 불구하고 보통 정원에서 그렇게 오래 살지 못한다. 야생에서도 마찬가지일 거라고 짐작해 볼 수 있다. 모나르다속Monarda과 톱풀속Achillea이 대표적인 예다. 이곳저곳 옮겨 다니면서 싹을 내고 보통 한두 해 밖에 살지 못한다. 새싹을 낼 만한 좋은 곳을 찾지 못하거나 이미 무더기를 이룬 식물과 맞닥뜨리게 되면 원래는 수명이 짧은 식물이 아님에도 불구하고 쉽사리 죽어 버리곤 한다. 이 같은 식물들이 정착력이 낮다고 말할 수 있다. 새로운 영역을 찾으려 끊임없이 돌아다니기 때문에 경쟁식물과 교란지식물이 결합된 형태로 볼 수 있다. 이러한 식물들이 정원에서 얼마나 오래 살아남을지는 여러 조건에 따라 큰 차이가 난다. 땅과 기후, 영양번식으로 만들어진 개체의 특성에 따라 달라지는 것이다. 예를 들어 여러 모나르다속·톱풀속 품종은 겨울에 춥고 습한 날씨가 종잡을 수 없이 오락가락하는 해양성 기후보다는 여름과 겨울이 뚜렷이 구분되는 대륙성 기후에서 더 잘 살아남는 것처럼 보인다.

어떤 여러해살이풀은 자라는 속도가 느리지만 중심 바깥쪽으로 나오듯이 자라서 무더기 중심부는 죽어 버리고 가운데에 구멍을 남긴다. 시베리아붓꽃Iris sibirica이 좋은 예다. 오래된 무더기는 가운데가 비면서 갈려져 나뉘지만 다양한 이유에서 경쟁력이 강한 종으로 여겨진다. 그렇기 때문에 이 같은 습성을 보인다고 해서 식재된 대부분의 장소에서 오래도록 머물며 자라는 식물이 지닌 유용성이 줄어드는 것은 아니다.

영양번식을 하는 대부분의 복제성 정원식물은 제자리에서 굳건히 자란다. 그중에서도 땅속 부분이나 땅 표면 근처 식물 밑동 부분이 나무처럼 단단한 식물들은 정착력이 특히 뛰어나다. 일부는 비복제성 여러해살이풀로 여겨지기도 하는데, 독립된 개체를 새롭게 만들어 낼 능력이 없어 보이기 때문이다. 세둠속Sedum, 큰꿩의비름(S. spectabile), 자주꿩의비름(S. telephium) 식물이 그러한 좋은 예다. 그 밖의 식물들 중에서는 확실히 영양번식을 하기는 하지만 갈라져 나뉘는 데 매우 오래 걸리는 보통 10년 이상 버지니아냉초Veronicastrum virginicum 같은 식물도 있다. 나무처럼 단단한 밑동 부분은 많은 떨기나무의 밑동에 나타나는 판 모양 목질 구조를 생각나게 한다. 이러한 구조를 갖춘 식물은 수십 년을 살기도 한다. 심지어 야생에서는 무더기를 이루어 수백 년을 살아왔을지도 모른다.

밑줄기가 서로 연결되어 있는지는 쉽게 확인해 볼 수 있지만, 식물이 이러한 밑동 구조를 지녔는지 가늠하기는 어려울 수 있다. 가장 손쉽게 확인할 수 있는 방법은 봄에 밑동 부근의 겉흙이나 잔여물을 살짝 걷어 보는 것이다. 식물 중심 쪽을 모종삽으로 찔렀을 때 '통통'거리는 소리가 난다면 밑동이 나무처럼 목질로 이루어진 식물일 것이다.

좀새풀Deschampsia cespitosa과 몰리니아 세룰레아Molinia caerulea 같은 여러 다발형 새풀 정확히는 총생형 새풀 역시 정착력이 매우 뛰어나다. 이러한 식물들은 특유의 방식으로 양분을 순환시킨다. 식물체 가까이에 멀칭처럼 덮이는 묵은 잎이 점점 썩어 가면서 식물이 새롭게 자랄 수 있도록 양분을 만들어 내는 것이다. 야생에서 자라는 총생형 새풀 중에서는 수백 년을 살아온 식물도 있다고 한다.

제자리에서 굳건히 자라지 못하는 여러해살이풀은 정원사에게는 잘못된 선택일 수도 있는데, 오늘날의 기

정착력이 높은 여러해살이풀은 왼쪽 그림처럼 탄탄하게 무더기를 이루고 여러 해 동안 한곳에 머물러 산다. 반면에 정착력이 낮은 여러해살이풀은 오른쪽 그림처럼 작은 무더기들로 빠르게 갈려져 나뉜다. 이 두 상반된 유형 사이에는 그러데이션처럼 수많은 유형이 존재한다.

유포르비아 시파리시아스 *Euphorbia cyparissias*, 가는잎나래새 *Nassella tenuissima*와 함께 자라고 있는 밥티시아 알바 *Baptisia alba*의 6월 말 모습이다. 밥티시아는 커다란 뿌리계를 만들기 때문에 북미 프레리에 자라는 일부 다른 종들처럼 자리 잡는 속도가 느리다. 하지만 매우 오래 살 수 있다.

준에서는 더욱 그렇다. 하지만 많은 식물이 전통적인 초화화단에서 제 몫을 톡톡히 하고 있고 꾸준히 가치 있다고 여겨진다. 주된 이유는 화려한 모습을 뽐내는 수많은 식물이 정원에 심을 수 있는 교잡종의 범위를 넓히고 풍성하게 해 주었기 때문이다. 뉴욕아스터 *Aster novi-belgii*와 가을에 매력적인 풀협죽도 *Pholx paniculata* 교잡종들이 대표적이다. 이 두 식물은 적당히 번지지만 제자리에서 굳건히 자라는 습성은 없다. 엄밀히 따지면 경쟁-교란지식물이다. 자연에서 그들의 조상들은 숲가장자리나 강둑, 개울가, 해안이나 습지처럼 불안정하지만 비옥한 서식처에서 자라곤 했을 것이다. 이런 환경에서는 한곳에 머물러 살면 오히려 손해이기 때문에 줄곧 자리를 옮겨 다니게끔 진화가 이루어졌다. 따라서 정원에 심으려면 토양이 아주 비옥해야 한다. 식물의 성장세를 유지하려면 두세 해마다 포기를 나누어 주고 다시 심어야 한다는 게 일반적인 통념이지만, 실제로는 품종에 따라 그 양상이 다르다. 느리게 번지지만 씨앗을 퍼뜨려 대를 잇는 종들도 인기가 많다. 예를 들어 아주 비옥하지만 빠르게 환경이 변하는 산속 숲 서식처에서 주로 자라는 제비고깔속 *Delphinium*과 투구꽃속 *Aconitum*이 그러한 예다. 정원에서는 식물 무더기의 성장세가 빠른 속도로 떨어지기도 하기 때문에 계속 유지하려면 포기나누기를 해 줄 필요가 있다.

정착력이 높은 식물은 여러 해 동안 같은 곳에 머물며 오래도록 자란다. 왼쪽 촛대승마 '제임스 콤프턴' *Actaea simplex* 'James Compton'은 아주 느리게 번지면서 싹과 뿌리가 촘촘한 덩어리를 이룬다. 오른쪽 피뿌리쥐손이 *Geranium sanguineum*는 훨씬 더 빨리 자라고 비교적 빠르게 번진다. 하지만 사진처럼 뿌리가 튼튼하고 거의 나무 같은 모습으로 보이기도 하는데, 이런 경우 오래도록 살고 제자리에서 굳건히 자란다. 따라서 죽어 버리지 않고 촘촘한 무더기를 이룬다.

정원에 활용하기

느리게 번지고 정착력이 높은 식물이 정원사와 디자이너에게 얼마나 가치가 있는지는 두말할 필요가 없다. 이런 식물들은 오래 지속될 수 있는 식재에서 믿고 쓸 만하다. 정착력이 높지만 더 왕성하게 번지는 식물과는 달리 몇 해마다 손을 봐야 하는 문제도 그다지 일어나지 않는다. 잘 번지는 식물은 땅을 파서 손쉽게 포기나누기를 할 수 있지만, 영양번식을 하지 않거나 아주 느리게 번지고 정착력이 높은 식물은 잘 갈라지지 않기 때문에 포기나누기가 어려울 수 있다.

정착력이 낮은 식물은 관리가 아주 잘 되는 개인정원이나 재정 지원이 충분하고 전담 직원이 있는 공공정원을 제외하면 쓸 수 있는 곳이 제한적이다. 하지만 이러한 식물들 중 일부는 유전적 변이가 워낙 다양하기 때문에 우선적으로 재배했던 것인지도 모른다. 이러한 유전 변이가 일어나는 부분은 꽃 색과 개화기뿐만 아니라 식물의 습성, 키, 자라는 속도와 성장세까지 다양하다. 따라서 식물의 정착력 역시 가지각색일 수 있다. 예를 들어 풀협죽도 Phlox paniculata나 더 튼튼하게 자라는 플록스 암플리폴리아 P. amplifolia 같은 관련 종들은 꽃의 특성뿐만 아니라 정착력과 성장세를 기준으로 새 품종을 선발하려는 육묘인들에게 여전히 풍부한 원천으로 쓰인다.

자연발아력

정원에서 식물이 스스로 씨앗을 퍼뜨려 싹을 틔운다는 것은 참으로 반가운 일이다. 식물이 행복하다는 신호이기 때문이다. 인공생태계라도 수명이 짧은 식물이 적당히 자연발아 하는 모습은 정원이 건강한 상태라는 인상을 준다. 하지만 너무 심하게 자연발아 해서 다른 식물들과 경쟁을 일으킨다면 그 즐거움이 괴로움으로 바뀔 수 있다. 또는 다른 식으로 문제가 되기도 한다. 수명이 길고 제자리에서 굳건히 자라는 여러해살이풀들은 주로 크고 튼튼한 뿌리계를 갖춘 경쟁식물이기 때문에 자연발아 비율이 낮지만, 아주 적게나마 자연발아를 한다면 장기적으로는 골칫거리가 될 수 있다.

일부 정원식물은 씨앗을 지나치게 퍼뜨리는 식물로 악명 높다. 정원 이곳저곳에 싹을 틔우는데, 때로는 잡초처럼 느껴질 정도로 자연발아 하기도 한다. 식물종마다 자연발아 정도를 가늠하기란 아주 어렵다. 영양생장으로 얼마나 번식할지는 어느 정도 예측할 수 있지만 자연발아 정도는 그렇지 않다. 토양 종류, 기온, 물 같은 수많은 조건에 따라 달라지기 때문이다.

일반적으로 기대수명이 짧을수록 씨앗으로 더 많은 새싹을 낸다. 두해살이풀은 아주 자유롭게 씨앗을 퍼뜨리는데, 무더기로 싹이 났을 때가 가장 문제다. 우단담배풀속 Verbascum 식물은 빈 공간이 있으면 모조리 씨앗을 뿌려 자기 새싹으로 뒤덮어 버리기로 악명 높다. 윌모트 양의 유령 Miss Willmott's Ghost이라고도 불리는 큰에린지움 Eryngium giganteum도 마찬가지다. 20세기 초 영국의 식물 애호가였던 윌모트는 자기가 방문한 정원마다 이 식물의 씨앗을 남몰래 뿌리곤 했는데, 이 식물만 보면 계속 윌모트 양이 생각난다고 해서 이런 이름이 붙었다. 새매발톱꽃 Aquilegia vulgaris처럼 수명이 짧은 일부 여러해살이풀도 씨앗으로 수많은 새싹을 틔우지만 큰에린지움에는 비할 바 없다.

두해살이풀이나 수명이 짧은 여러해살이풀은 영양생장으로 번식하지 않는다. 그래서 각각의 식물이 식재를

분홍색 점등골나물 '리젠쉬름' Eupatorium maculatum 'Riesenschirm'과 선홍색 모나르다 '제이컵 클라인' Monarda 'Jacob Cline'이 함께 자라고 있고, 그 앞쪽에는 스타키스 오피시날리스 '후멜로' Stachys officinalis 'Hummelo'의 분홍색 꽃이 보인다. 점등골나물은 수명이 길고 제자리에서 굳건히 자라며 서서히 무더기를 이룬다. 반면에 모나르다는 오랫동안 살 수는 있지만 무더기가 자리를 옮겨 다니면서 새롭게 영역을 넓혀야만 가능하다. 따라서 정착력은 낮을 것이다.

용골부추 *Allium carinatum* subsp. *pulchellum* 와 함께 자라고 있는 가는잎나래새 *Nassella tenuissima*의 5월 모습. 가는잎나래새는 수명이 짧지만보통 3년, 대부분의 정원에서 씨앗을 잘 퍼뜨리고 가끔은 그 정도가 어마어마하다. 사진의 용골부추 또한 포장블록 틈새에 스스로 씨앗을 퍼뜨렸는데, 이러한 틈새에서는 보통 자연발아가 잘 된다.

구성하는 다른 식물들을 몸으로 짓눌러 버리는 경우가 거의 없다. 반면에 영양번식으로 몸집을 키우면서 치열하게 경쟁하는 식물들은 대개 씨앗을 거의 맺지 않는다. 수명이 짧고 씨앗을 넉넉히 퍼뜨리는 많은 식물은 가늘고 곧게 자라는 습성이 있기 때문에 이웃한 식물들 쪽으로 뻗어 가거나 경쟁을 해서 다른 식물을 압도해 버리는 일이 비교적 드물다. 예를 들어 수많은 매발톱꽃속*Aquilegia*과 디기탈리스속*Digitalis* 식물은 진정한 의미의 여러해살이풀들과 함께 자랄 수 있고 별다른 문제를 일으키지 않는다. 물론 전부 다 그렇다고는 할 수 없다. 크나우티아 마세도니카*Knautia macedonica*나 베르베나 하스타타*Verbena hastata*처럼 뿌리잎이 촘촘히 자라고 꽃줄기가 사방으로 뻗어 나가는 식물과도 함께 잘 자랄 수 있는지는 한번 따져 보아야 하기 때문이다.

식재디자인을 할 때 자연발아 하는 식물들을 자연발아력에 기대어 영구적 또는 반영구적 식재 요소로 봐도 되는지는 의문이다. 규모가 작은 정원에서는 더 세심하게 가꿀 수 있기 때문에 심어도 괜찮을 수 있다. 규모가 큰 정원의 경우 정원이 잘 자리 잡은 뒤에는 자연발아가 더 허용될 수 있다. 식물의 자연발아 정도에 관한 지식은 아직 체계적으로 정리된 바가 없고 주로 개인의 경험에 의지한다. 수명이 짧고 자연발아 하는 식물들은 식재에서 보조적인 역할을 할 수 있다. 그런 식물들이 얼마나 오랫동안 역할을 해 나갈 수 있을지는 관리하는 사람의 기술과 직감, 지식에 달려 있다. 아우돌프는 이렇게 말했다. "식재디자인에서 두해살이풀과 왕성하게 자연발아 하는 식물을 쓰는 나만의 원칙이 있다. 보통은 거의 쓰지 않지만, 정원이 잘 자리 잡은 뒤에 남은 공간이 거의 없거나 지나치게 자리를 차지하지 못하도록 식물간 경쟁이 충분히 일어나는 경우라면 추가적인 요소로 심기도 한다."

정원에 활용하기

식물이 얼마나 자연발아 할지는 가늠이 전혀 안 되기 때문에 관리를 생각하면 많이 권하기 어렵다. 대부분의 여러해살이풀은 비교적 모래가 많이 섞인 땅에서 자연발아를 잘하는데, 일부는 자갈처럼 무기질 멀칭재로 덮인 곳에서도 씨앗으로 무수히 싹을 내기도 한다. 하지만 결

에키나세아 '페이틀 어트랙션' *Echinacea purpurea* 'Fatal Attraction'과 칼라민타 네페타 네페토이데스 *Calamintha nepeta* subsp. *nepetoides*가 함께 자라고 있다. 칼라민타는 에키나세아 무더기 사이의 공간을 효과적으로 채워 준다. 에키나세아는 시간이 지나면 죽어서 없어지지만 일부 환경에서는 자연발아 하기도 한다. 특유의 매력적인 꽃이 인기가 아주 많기 때문에 수명이 짧다는 단점에도 불구하고 제값을 톡톡히 한다는 평가를 받는다.

국에는 정원사가 식물의 활동을 유심히 살피고 배우면서 종마다 차이가 나는 자연발아 정도를 염두에 두고 작업해야만 한다. 수명이 짧고 적당히 자연발아 하는 식물은 정말로 요긴하다. 너무 번지지만 않으면 수명이 길고 적당히 자연발아 하는 여러해살이풀도 쓸 만하다. 자연발아를 지나치게 하는 식물은 문제가 될 수 있으니 극단적인 경우라면 없애야 할 것이다. 하지만 시간이 흘러 식재가 자리 잡고 수명이 긴 식물들이 번져 나가서 공간과 자원을 독차지하게 되면 짧게 사는 교란지식물이 맨땅에 들어설 기회는 점차 줄어들 것이다. 교란지식물은 처음 몇 년간의 시기를 이점으로 활용하기 때문에 정원사가 적극적으로 돌보지 않으면 시간이 흐르면서 그 수가 줄고 그 자리에 튼튼하고 수명이 긴 여러해살이풀이 들어서게 된다.

8월의 후멜로 정원 뒤뜰에는 흰색 점등골나물 '스노볼' *Eupatorium maculatum* 'Snowball'과 선명한 붉은색 페르시카리아 암플렉시카울리스 *Persicaria amplexicaulis*가 어우러져 자란다. 점등골나물은 느리게 무더기를 이루는 반면, 페르시카리아는 속도가 좀 더 빠르다. 수명이 긴 대부분의 여러해살이풀이 그렇듯 두 식물 모두 정원에서 자연발아 할 수 있지만, 정도가 심하지는 않다.

여러해살이풀 이해하기 - 그냥 키워 보는 게 더 쉬울까?

정원식물, 특히 여러해살이풀은 유형 구분이 대단히 어렵다. 하지만 식물은 시간이 흐르면서 다양한 양상을 보이기 때문에 그러한 다양성을 이해할 수 있는 방법이 필요하다. 현실적으로 보았을 때, 식물을 그러데이션처럼 일련의 연속된 단계들로 구분 지어 생각하는 게 가장 좋다. 수명이 짧은 식물부터 수명이 긴 식물, 영양번식을 하지 않는 비복제성 여러해살이풀부터 드세게 번져 나가는 여러해살이풀, 무더기가 제자리에서 굳건히 자라는 식물부터 끊임없이 갈라져 나뉘는 식물, 그리고 천차만별한 자연발아 능력을 보여 주는 정원의 여러해살이풀까지. 앞에서 이 같은 식물 활동성에 관련된 많은 내용을 다루었다.

이러한 연속적 단계들 사이에는 서로 연관성이 있다. 이를 보다 잘 이해하려면 많은 연구가 필요하다. 특히 각 단계가 서로 어떻게 연관되어 있는지 밝혀야 한다. 이렇게 하나로 이어지는 단계들을 격자로 구성해서 대조해 볼 수도 있다.

식물 활동성에 관한 특성들을 아래처럼 정리한 표는 다양한 종류의 식재를 계획할 때 매우 유용할 수 있다. 정원 분야에서 계속 연구해 볼 만한 여지가 확실히 있다. 하지만 식물은 결코 한결같지 않다. 물론 그렇기 때문에 더 흥미롭고 매력적으로 느껴지기도 한다. 따라서 지금 바로 어떠한 범주로 구분하겠다는 생각을 버리는 편이 좋다. 수많은 '조건'과 '이견', 끝없는 예외가 늘 방해할 것이기 때문이다. 대신 식물이 그러데이션처럼 하나로 이어지는 단계들 위에 놓여 있다고 생각하자. 책 마지막의 '식물 목록'에서는 이러한 기준으로 식물들을 정리했다. 그렇지만 가장 중요한 점은 식물 기르기를 즐기면서 때로는 혼란스럽고 복잡하게 뒤얽혀 있는 자연을 우리 일과 열정의 핵심적인 부분으로 받아들이는 것이다.

	정착력 낮음	정착력 중간	정착력 높음
증식력 낮음	디기탈리스 페루기네아 *Digitalis ferruginea*	숲제라늄 *Geranium sylvaticum*	자주꿩의비름 *Sedum telephium*
증식력 중간	풀협죽도 *Phlox paniculata*	시베리아붓꽃 *Iris sibirica*	게라니움 엔드레시이 *Geranium endressii*
증식력 높음	모나르다 피스툴로사 *Monarda fistulosa*	유포르비아 시파리시아스 *Euphorbia cyparissias*	점좁쌀풀 *Lysimachia punctata*

사진은 요즘 정원과 조경에서 즐겨 심는 세 종류의 새풀, 몰리니아 '트랜스패어런트'*Molinia* 'Transparent' 왼쪽 위와 큰개기장 '셰넌도어'*Panicum* 'Shenandoah' 오른쪽 위, 스포로볼루스 헤테롤레피스 *Sporobolus heterolepis* 앞쪽가 자라고 있는 모습이다. 각각의 새풀마다 번져 나가는 정도가 다르다. 큰개기장은 무더기를 이루며 자랄 가능성이 가장 높고, 몰리니아는 진정한 의미의 총생형 새풀이기 때문에 촘촘한 다발식물체에서 결코 벗어나지 않을 것이다. 가장 앞쪽의 식물은 피크난테뭄 무티쿰*Pycnanthemum muticum*이다. 미국 원산 여러해살이풀로 자생지에서는 커다란 무리를 이루며 자란다. 하지만 여름이 더 서늘한 기후에서는 성장세가 훨씬 떨어질 것이다.

― 5장 ―

현대 식재디자인의 혼합 경향

식재디자이너는 자연에서 영감을 받아 식물이나 씨앗을 혼합하여 조합을 구성한다.
이 장에서는 현재 영국·미국·독일에서 적용되고 있는 방식 중 혼합 경향이
가장 흥미롭고 분명하게 드러나는 몇 가지 접근법을 살펴볼 것이다.

현대 식재디자인을 아우르는 하나의 시대정신이 있다고 단정할 수 있다. 많은 사람들이 같은 시기에 동일한 생각을 하고 있다는 느낌이 분명히 들기 때문이다. 지금은 식물생태학에서 영감을 받았거나 그저 자연에서 식물들이 자라는 방식을 재현하고자 하는 바람에서 비롯된 다양한 접근법이 존재한다. 각각의 접근법은 다른 점도 있지만 여러 종류의 식물이 섞인 여러해살이풀 혼합체를 만들어 내려고 한다는 점에서 서로 연관성이 있다. 과거에는 디자인이 식물들의 정확한 위치와 나란히 배치하는 방식에 초점을 맞추었다면, 오늘날의 기법들은 자연식생에 드러나는 외형적 자생성을 담아내려고 한다. 이러한 기법들은 도면 그대로 땅에 옮기는 방식이 아니라 혼합체를 심는 방식이다. 다르게 말하면 하나의 식생을 만드는 것이다.

시카고에 있는 설리번아치가든 Sullivan Arch Garden

잉글랜드와 웨일스가 접하는 헤리퍼드셔주에 위치한 노엘 킹스버리 정원의 8월 모습. 공공공간에 적용할 목적으로 자연의 고경초본식생을 본떠서 만든 혼합체다. 땅이 비옥하고 식물의 생장기가 길다는 지역 특성을 반영하여 잡초와 최소한으로 경쟁할 수 있도록 아주 튼튼한 여러해살이풀들을 선택해 심었다. 노란색 꽃은 텔레키아 스페시오사*Telekia speciosa*고, 연보랏빛을 띤 청색 꽃은 캄파눌라 락티플로라*Campanula lactiflora*다. 빨간색 꽃은 페르시카리아 암플렉시카울리스*Persicaria amplexicaulis*고, 앞에는 연분홍색 꽃이 피는 게라니움 엔드레시이*Geranium endressii*가 있다.

독일 바인하임 헤르만스호프에 카시안 슈미트가 개발한 프레리 아침Prarie Morning 혼합체의 한 가지 버전. 땅이 건조하거나 토양수분이 적당한 곳에 알맞은 혼합체다. 데이지 모양 분홍색 꽃은 테네시에키나시아 '로키톱'*Echinacea tennesseensis* 'Rocky Top'이고 탁한 보라색 꽃은 털족제비싸리*Amorpha canescens*다. 가는잎나래새*Nassella tenuissima*와 컵 모양 분홍색 꽃이 피는 칼리레 부시이*Callirhoe bushii*도 자란다.

무작위식재

무작위식재라는 발상은 처음 들으면 이상하게 느껴질 것이다. 디자인의 정의에 완전히 반하는 내용이기 때문이다. 유사한 맥락에서 야생식물군락에 비유해 보자. 야생화 초지나 프레리에서 식물이 무작위로 자라는 것처럼 보이지만 실제로는 그렇지 않다. 식물들이 서로 어우러지는 나름의 방식과 이유, 생태학자들이 말하는 이른바 집합규칙이 존재하기 때문이다. 하지만 우리 눈에는 이러한 야생식물군락이 사실상 무작위로 이루어진 것처럼 느껴진다. 의도적으로 무작위 혼합체를 만드는 방식의 핵심은 사전에 미리 디자인해서 현장에 적용할 수 있는 식물들의 혼합체를 만드는 것이다. 동일한 간격에서 사이좋게 자랄 수 있고, 특히 계절성과 색, 높이 등 일정한 디자인 기준에 부합하는 식물들을 주어진 환경에 맞게 선택한다. 아울러 식물의 다양한 구조를 잘 섞는 것도 중요하다. 이렇게 디자인한 혼합체는 환경 조건이 비슷한 곳이라면 어디서든 활용될 수 있다. 수십, 수백, 수천 제곱미터까지도 쓸 수 있는 일종의 규격화된 모듈인 셈이다.

디자이너 중 일부는 무작위식재라는 발상에 매우 불편한 심기를 드러내기도 한다. 이는 혼합체를 만든 사람들때로는 디자이너가 아닌 식생전문가나 기업인, 농장주을 향한 디자인 분야 종사자들의 시기심으로 해석될 수 있다. 더 핵심적인 이유는 아마도 모듈 방식은 대량으로 만들어지기 때문에 불변의 진리인 양 받아들여졌던 장소맞춤형 디자인 원칙에 반하기 때문일 것이다. 하지만 무작위식재는 일종의 민주화된 형태다. 공장에서 가구를 대량으로 생산하게 되면서 가구를 살 여력이 없거나 때로는 돈이 있어도 살 수 없었던 사람들이 양질의 디자인을 누릴 수 있게 된 것처럼, 무작위식재는 대규모 식재디자인을 의뢰할 여력이 없는 이들도 수준 높은 식재를 할 수 있게 해 주었다. 무작위식재는 지자체와 비영리단체, 지역공동체, 또는 정원이 넓거나 관리하기 어려운 구역이 있는 개인정원사, 학교, 그 밖의 기관들에 적합하다.

상업공간에서는 일반적으로 조경 예산을 적게 책정하는 편이다. 건물이 최우선이기 때문에 비용이 초과되면 조경 예산에서 가져다 쓴다. 더구나 식재는 조경공사 중에서도 마지막 단계라 예산이 더 삭감될 수 있다. 이렇게 비용이 줄어들면 당연히 식재 품질이 떨어진다. 하지만 무작위식재는 이런 상황에서도 보다 시각적으로 흥미롭고, 계절에 따라 다채롭게 변화하며, 생물다양성에도 기여하는 식재조합을 만들어 낼 수 있다는 기대감을 준다. 특히 과거에 조경을 속되게 이르던 말인 '녹색 시멘트'를 대체할 수 있는, 시각적으로 풍부한 식재를 제공할 것이다.

1970년대 영국과 독일 전문가들이 처음으로 선보였던 야생화 초지 혼합체와, 같은 시기 미국 중서부에서 개발된 프레리 혼합체는 씨앗을 뿌려 만드는 방식이었기 때문에 식재를 무작위로 하는 일이다. 이러한 파종은 셰필드 대학교의 제임스 히치모와 그의 동료들이 자연식생모델에 기초한 혼합체를 만드는 과정의 일부이기도 하다. 무작위 혼합체를 식재조합에 적용하는 아이디어는 1990년대 독일의 발터 콜프Walter Kolb와 볼프람 키르허가 처음으로 제시했고, 2001년에는 은빛 여름Silbersommer이라는 혼합체가 개발되어 공공식재에 최초로 적용되었다. 그 뒤로 독일과 스위스의 여러 교육기관과 연구소에서는 스무 종이 넘는 '혼합식재' 상품을 개발했다. 또한 정원·조경디자이너와 개별 육묘장들도 자기들만의 혼합체를 만들어 냈다.

이제부터 무작위식재의 여러 접근법을 먼저 살펴보고, 가장 깊이 연구되고 영향력이 있는 독일의 '혼합식재' 방식을 자세히 다루고자 한다.

댄 피어슨 - 모듈식재 실험

댄 피어슨은 영국을 대표하는 정원디자이너로 명성이 자자하다. 댄 피어슨을 제대로 이해하려면 그가 모종삽을 손에 쥔 채로 태어났다고 해도 믿을 수 있을 정도로 아주 어릴 적부터 정원을 접해 왔다는 사실을 알아야 한다. 식물과 정원 일은 늘 생활의 일부였고, 그의 디자인 역량

2006년에 조성된 도카치 천년의 숲Tokachi Millennium Forest 도면 일부. 각 구역에 적힌 알파벳은 식물들의 혼합체를 가리키는데, A부터 N까지 있다. 다른 도면에 표시된 떨기나무와 키가 큰 여러해살이풀도 별도의 층위를 이룬다.

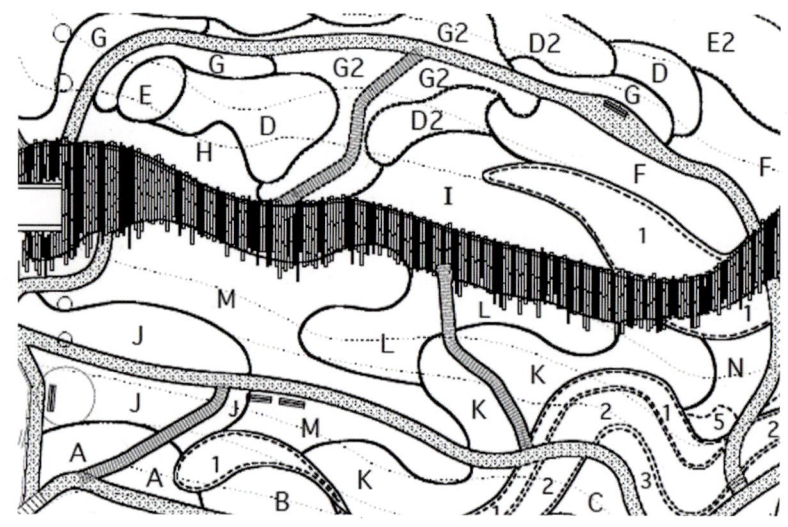

도카치 천년의 숲 초지정원Meadow Garden에 활용된 혼합체 중 하나. 아래쪽에 있는 띠 모양의 식물 배열을 모듈 삼아 마치 타일로 패턴을 만드는 것처럼 반복해서 심었다. 승마속Cimicifuga, 20퍼센트과 도깨비부채Rodgersia podophylla, 3퍼센트, 가는오이풀Sanguisorba tenuifolia, 10퍼센트은 돌출형 식물로 꽃송이가 위로 우뚝 솟는다. 아스테르 디바리카투스Aster divaricatus, 43퍼센트와 유포르비아 그리피티이Euphorbia griffithii, 20퍼센트는 공간을 채우는 역할을 한다. 반면에 두 종류의 작약속Paeonia, 5퍼센트 식물은 '깜짝 선물'처럼 뜻밖의 즐거움 준다. 식재 간격은 각 식물의 중심에서 30센티미터인데, 작약과 도깨비부채의 경우는 50센티미터 간격으로 심었다. 도면에 표기된 추가 설명을 읽어 보면 더 도움이 될 것이다.

- 줄 안에서 식물 배열을 반복한다.
- 줄을 새로 시작할 때는 식물 배열의 시작점을 달리한다.
- 줄을 새로 시작하기 위해 난수표 0에서 9까지의 숫자를 각 숫자가 나오는 비율이 같도록 무질서하게 배열한 표를 활용한다.
- 난수가 더 필요할 때는 www.random.org에서 만든다.
- 혼합체를 적용하는 각 구역마다 줄 방향을 달리한다.

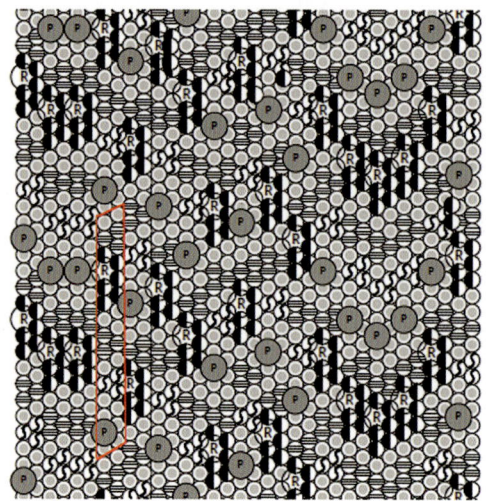

- 아스테르 디바리카투스Aster divaricatus
- 시미시푸가 라세모사 코르디폴리아Cimicifuga racemosa var. cordifolia
- 유포르비아 그리피티이 '파이어글로'Euphorbia griffithii 'Fireglow'
- (R) 도깨비부채Rodgersia podophylla
- 가는오이풀 '알바'Sanguisorba tenuifolia 'Alba'
- (P) 작약속Paeonia - 산작약P. obovata 60%, 코카서스작약P. mlokosewitschii 40%

은 이런 개인적인 경험과 깊은 지식에서 비롯된다. 야생식물군락은 피어슨에게 언제나 영감의 원천이었다. 그는 10대 때 스페인 북부 피코스 데 에우로파Picos de Europa 산맥에서 석회암 초지를 발견하기도 했고, 예루살렘식물원Jerusalem Botanic Garden에서 일하며 경험을 쌓던 초기에는 중동 지역의 매력적인 봄꽃들을 접하기도 했다. 그 뒤로도 줄곧 풍부한 야생식물군락을 다양하게 접했다. 여느 디자이너와 마찬가지로 피어슨 역시도 디자인을 할 때 충분히 검증된 식재조합과 실험적인 식재조합 사이에서 절묘하게 균형을 맞추어야만 했다. 피어슨은 홋카이도에서 특별한 프로젝트를 의뢰받았다. 그의 표현대로 '어느 누구도 시도해 보지 않은 모험적인 실험' 같은 프로젝트였는데, 지금까지는 성공적으로 구현된 것으로 보인다.

일본 홋카이도에 있는 도카치 천년의 숲은 약 240만 제곱미터약 72만평에 달하는 대규모 생태공원이다. 지역 언론사 대표 미츠시게 하야시Mitsushige Hayashi가 신문 발행으로 배출되는 탄소를 흡수하기 위한 탄소상쇄숲을 목표로 조성했다. 피어슨은 조경가 다카노 후미아키Takano Fumiaki와 협업하여 방문자센터 주변으로 '방문객주로 도시민을 유도해 식물과 자연에 점점 동화시키는' 정원 양식의 진입공간을 디자인했다. 훼손된 숲이 회복되면서 바닥층에 다채로운 식생이 자라는, 프로젝트의 핵심 부분인 숲 경관을 감상하기 전에 방문객들의 마음을 차분하게 해 주는 것이 디자인 의도였다. 바로 이 초지정원에 모듈식재 방식을 적용했다.

홋카이도는 미국 북동부의 뉴잉글랜드와 같은 위도에 있지만, 보다 대륙성 기후 특성이 뚜렷하다. 식물 생장기가 짧고4월에서 9월, 겨울은 추우며섭씨 영하 25도 미만 여름은 짧고 덥고 습하다. 약 1만2000제곱미터 면적의 초지정원은 방문객들이 인상적인 경험을 할 수 있도록 디자인되었지만, 식물 대부분이 외래종이라 일부가 야생으로 번져 갈 위험성이 있었다. 이를 방지하기 위해 정원 경계부에 소나무와 버드나무, 그 밖의 식물들로 생울타리를 만들었고, 폭 10~20미터 정도 바닥에는 잡초가 섞이지 않은 멀칭재를 두껍게 깔아서 씨앗 발아를 최소화했다. 이러한 경계 안쪽으로 14개의 식재 구역이 있고, 각 구역마다 5~6종의 여러해살이풀을 섞어 심었다. 각각의 구역에는 색 주제가 있는데, 띠처럼 길게 식재된 바늘새풀 '칼 푀르스터'Calamagrostis 'Karl Foerster'는 색들의 시각적 충돌을 막아 주는 가림막 역할을 한다. 피어슨은 "산책로 양편에 동일한 혼합체를 배치하여 식물들 사이로 거니는 듯한 느낌을 주고 싶었다. 일부 혼합체에는 한 구역에서 다른 구역으로 자연스럽게 이어지도록 특정 식물을 추가로 심었다"고 말했다. 전체적인 장면을 고려할 때 디자인의 핵심 부분은 돌출형 식물의 활용이다. 로사 글라우카Rosa glauca 같은 떨기나무나 아코노고논 '요하니스볼케'Aconogonon 'Johanniswolke'처럼 키가 큰 여러해살이풀이 그러한 예인데, 피어슨은 이에 관해 이렇게 말했다. "서로 다른 구역을 이어 주고 전체를 통합하는 요소다. 마치 돌 주변으로 모든 것이 흘러가듯이 말이다. … 아이디어는 그렇게 우연히 만들어지는 강을 닮게 하는 것이었다."

각 구역의 혼합체는 여러 종으로 이루어진 조합 모듈을 반복해서 만들었다. 피어슨은 이러한 조합 모듈에 관해 "한 가닥의 DNA 같은 것이다. … 식재를 하나의 체계로 디자인한 셈인데, 조합은 혼합체 내에서 결코 동일한 방식으로 반복되지 않고 무작위하게 놓인다. … 혼합체가 자기만의 균형과 리듬을 형성해 나가도록 하는 게 아이디어였다"라고 설명했다. 디자인을 의뢰한 고객에게는 모듈을 반복하여 패턴을 만들 수 있는 컴퓨터 프로그램이 제공된다. 프로그램으로 도출한 계획안을 격자로 나눈 다음에 그 격자를 땅에다가 그대로 옮겨 식물을 배치하는 방식이다.

조합이 다르면 결과도 달라졌다. 어떤 혼합체에서는 특정 식물이 너무 드세게 번지는 탓에 다른 종으로 바꿔야만 했다. 하지만 조합의 대다수는 결과가 만족스러웠고, 실제로 혼합체들은 "자기만의 역동성을 만들어 나가기" 시작했다.

독일에서 개발된 혼합식재체계와 마찬가지로 각각의 혼합체를 이루는 식물들은 몇 가지 구조 유형으로 구분된다. 피어슨은 그 유형에 '돌출형, 포복형땅 위를 기면서 자라는 식물, 채움형, 반짝형가끔씩 색이나 형태로 뜻밖의 볼거리를 제공하는 식물'이 있다고 설명했다.

도카치 천년의 숲에 있는 초지정원. 진보라색 살비아 네모로사 '카라돈나'*Salvia nemorosa* 'Caradonna'와 길레니아 트리폴리아타*Gillenia trifoliata*, 청색 밥티시아 아우스트랄리스*Baptisia australis*가 꽃을 피웠다.

로이 디블릭이 제시한 화단 식재 모듈의 한 가지 예. 여러해살이풀과 알뿌리식물 둘 다 심었다. '우아한#4'라고 이름 붙인 이 조합은 토양 조건이 무난한 탁 트인 곳에 알맞다. 키가 40~60센티미터 정도 되는 식물들이 필요할 때 쓰기 좋은 조합이다.

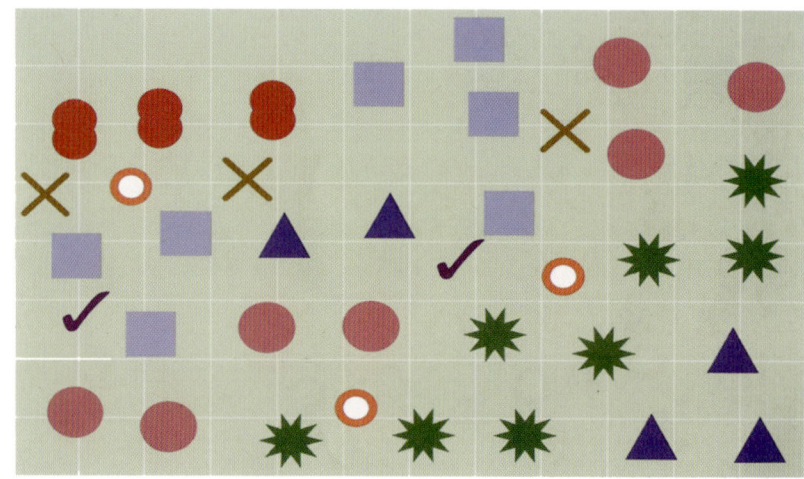

- ● 원추리 '해피 리턴스'*Hemerocallis 'Happy Returns'* 7개
- ■ 에키나세아 '루빈글로'*Echinacea purpurea 'Rubinglow'* 7개
- ▲ 살비아 '베수베'*Salvia 'Wesuwe'* 5개
- ⬣ 솔잎금계국 '골든 샤워스'*Coreopsis verticillata 'Golden Showers'* 3개
- ✹ 알리움 앙굴로숨 '서머 뷰티'*Allium angulosum 'Summer Beauty'* 8개
- ✕ 알리움 아트로푸르푸레움*Allium atropurpureum* 구역당 3~4개
- ✓ 튤립 '퓌어 엘리제'*Tulipa 'Fur Elise'* 구역당 6~8개
- ○ 튤립 '오렌지 토론토'*Tulipa 'Orange Toronto'* 구역당 6~8개

로이 디블릭 - 격자에 식재하기

로이 디블릭은 위스콘신주 북부에서 농장을 운영하는 육묘인이다. 선구자처럼 늘 새로운 시도를 하는 디블릭은 미국 중서부 자생종을 처음으로 용기에 담아 키운 사람 중 한 명이다. 그가 일하는 지역에서는 여러해살이풀을 정원식물로 키워 본 사람이 거의 없었고, 가꾸는 데 손이 많이 간다는 잘못된 믿음이 존재했다. 그래서 디블릭은 이른바 '알면 가꾸기 쉬운Know Maintenance' 식재 체계를 개발했다. 식물 내한성 구역Plant Hardiness Zone, 식물이 생존할 수 있는 최저온도를 기준으로 기후대 지역을 구분한 것이 5b최저온도 섭씨 영하 26도인 위스콘신주 북부 주택 보유자들을 목표로 한 방식이다. 가로 3.7미터, 세로 2.4미터의 '구획'을 30센티미터 간격으로 세분한 격자를 기반으로 식재한다. 이러한 구획은 서로를 연결해 주는 식물을 활용해 하나의 모듈 체계로 반복할 수 있다. 디블릭은 각각의 모듈 사이에서 이런 역할을 하는 식물을 '통합자식물Integrated Action Plant'이라 표현한다. 책을 요약하자면책 제목은 뒤쪽의 '더 읽을거리' 참조, 주택에 자기 정원이 있는 사람들을 위한 매뉴얼로 볼 수 있다. 책에는 주택정원에서 활용할 수 있는 40여 개의 조합이 소개된다. 하지만 디블릭은 자신이 제안한 조합은 하나의 시작점일 뿐이고, 여러 번 시도해 보면서 경험이 쌓이면 자신만의 조합을 만들 수 있다는 자신감이 생길 것이라고 강조한다.

디블릭이 작업한 공공 프로젝트 중에는 시카고미술관The Art Institute of Chicago에서 작업한 것도 있다. 미술관 건물 측면에 있는 약 1400제곱미터 규모의 식재로, 아우돌프가 디자인한 루리가든에서도 잘 보인다. 그래서 서로 이어진 듯 보이지만 격자 체계를 활용했기 때문에 뚜렷이 구분된다. 디블릭은 "미술관에 있는 작품인 피에르 보나르Pierre Bonnard의 '지상낙원Earthly Paradise'에서 영감을 받았다. 그림에 있는 색조를 추출해서 정원에 적용하고자 했다"고 설명한다.

일리노이주 시카고미술관에 있는 설리번아치가든의 6월 모습. 로이 디블릭은 혼합 방식의 식재를 구현하기 위해 약 60여 종의 여러해살이풀을 섞어 심었다. 연노란색 꽃은 톱풀 '잉카 골드'*Achillea* 'Inca Gold'로 제자리를 굳건히 지키며 자라는 비교적 믿을만한 종이다. 분홍색은 스타키스 오피시날리스 '후멜로'*Stachys officinalis* 'Hummelo'이고 청색은 가새쑥부쟁이 '블루 스타'*Kalimeris incisa* 'Blue Star'다.

10월에는 새풀 종류인 스포로볼루스 헤테롤레피스*Sporobolus heterolepis*와 꽃그령 *Eragrostis spectabilis*이 돋보이는데, 특히 아침 이슬이 내려앉은 모습이 인상적이다. 노란색 꽃은 풀기다루드베키아 '비에츠 리틀 수지' *Rudbeckia fulgida* 'Viette's Little Suzy'다.

혼합식재체계

독일에서 발전된 혼합식재체계스위스의 통합식재체계와 아주 비슷하다는 공공공간을 꾸미고 개선하기 위한 식재 연구·개발을 목표로 진행된 일종의 공공투자대학교와 그 밖의 고등교육·연구 기관들이 담당한다다. 이 같은 연구개발이 진행되지 않는 나라들은 놀라움과 부러움의 시선으로 바라보기만 할 뿐이다. 공공부분에 적용되고 있는 이런 작업의 장점 중 하나는 국가적 또는 문화적으로 규정된 단위를 최대한 활용하고 대중에게 공개되는 방식으로 시범 적용이 이루어진다는 점이다. 예를 들어 '은빛 여름'이라는 이름의 조합은 독일과 오스트리아 13개 장소에 시범 적용되었다.

혼합체는 서식처별로 다양할 뿐만 아니라 색과 같

인디언 서머Indian Summer는 보통 또는 건조한 모래땅에 알맞은 혼합체다. 사진은 한여름에 아스클레피아스 투베로사Asclepias tuberosa의 주황색 꽃이 핀 모습이다. 아스클레피아스 투베로사는 건조한 프레리에 자라는 식물로 제왕나비의 먹이식물로도 잘 알려져 있다. 갈색 중심에 노란 꽃잎이 달린 식물은 에키나세아 파라독사Echinacea paradoxa다. 앞쪽에는 자잘한 노란 꽃을 피운 큰금계국Coreopsis lanceolata이 자란다. 새풀은 가는잎나래새Nassella tenuissima다.

은빛 여름은 혼합식재체계 중에서 가장 처음으로 개발된 혼합체다. 건조한 알칼리성 토양에 사용할 목적으로 만들어졌다. 사진은 독일 만하임Mannheim에 식재된 은빛 여름 혼합체의 모습이다. 노란 꽃이삭은 터키세이지 *Phlomis russeliana*, 청색은 헝가리방패꽃 '크날블라우'*Veronica teucrium* 'Knallblau', 흰 꽃은 피뿌리쥐손이 '알붐'*Geranium sanguineum* 'Album'이다.

은 시각적 주제를 고려해서 만든다. 식재를 상품화하여 판매하고 대중의 관심을 끌기 위해서는 특히 이러한 시각적 주제들이 중요하다. 혼합체 대다수는 독일 동부 베른부르크Bernburg에 위치한 안할트응용과학대학교 Hochschule Anhalt에서 만들었는데, 베른부르크는 뚜렷한 대륙성 기후에 강수량이 적은 곳이다. 혼합체를 개발한 독일과 스위스의 다른 지역들은 극단적인 기후가 별로 없는 곳이다. 혼합체가 만들어지고 유통되는 과정에서 독일여러해살이풀육묘협회Bund deutscher Staudengärtner, BdS가 핵심 역할을 해 왔다. 고객들이 협회에 속한 업체에서 혼합체를 구매할 수 있기 때문이다.

성공적인 혼합식재는 비교적 관리하기 쉬우면서도 거의 인공생태계처럼 기능한다. 식재를 구성하는 식물들은 최소 10년 정도는 별다른 관리 없이도 서로 잘 공존할 수 있어야 한다. 물론 식물 개체의 생존은 식재 전체가 살아남는 것에 비하면 덜 중요하다. 선택된 식물들은 거의 대부분 수명이 길고 회복력이 뛰어난 종이다. 하지만 이러한 종들은 오래 살기는 해도 자리 잡는 속도가 느리기 때문에 처음 몇 년 동안에는 흥미를 끌 수 있도록 수명이 짧은 식물을 조금 심기도 한다. 수명이 짧은 식물은 자연발아를 잘하지만 시간이 지날수록 더 오래 사는 종이 점차 공간을 장악해 버리기 때문에 싹을 틔워 낼 틈새를 찾기가 더 어려워진다. 기는줄기를 뻗어 내면서 빠르게 영양번식 하는 종들도 마찬가지다. 하지만 이러한 식물들은 작게 자라기 때문에 키가 큰 식물이 드리우는 그늘에 피해를 입기 마련이다.

혼합식재는 구조적 균형이 중요하기 때문에 성공적인 혼합체를 만들기 위해서는 앞서 3장에서 언급했던 식물 유형인 구조식물·동반식물·지피식물의 역할이 핵심적이다. 수명이 짧은 채움식물은 쓸 때도 있고 안 쓸 때도 있다. 일부 알뿌리식물이나 그 밖의 땅속식물들을 심기도 한다. 몇몇 혼합체에서 이러한 식물들의 역할이 실질적으로 중요하기 때문이다. 일반적으로 여름철을 위한 혼합체에서 여러해살이풀은 구조식물 5~15퍼센트, 동반식물 30~40퍼센트, 지피식물 최소 50퍼센트 정도로 구성한다. 1년 내내 꽃이 계속 피면서 볼거리를 제공하는데, 겨울에는 씨송이나 상록성 잎으로 구조적 흥미요소를 일부 더한다. 하지만 한 해 동안 즐길 수 있는 꽃에 관련된 흥미요소는 해당 서식처에서 활용할 수 있는 식물 종에 달려 있다. 그늘진 곳이나 땅이 건조한 곳 같은 일부 조건에서는 늦은 계절에 꽃이 피는 식물 종류가 더 적기 때문이다.

스위스 베덴스빌Wädenswil의 취리히응용과학대학교 Zürcher Hochschule für Angewandte Wissenschaften 악셀 하인리히 Axel Heinrich 교수와 그 동료들이 만든 혼합체는 한해살이풀도 활용한다. 여러해살이풀식재가 완성된 뒤에 한해살이풀 씨앗을 뿌리는 방식이다. 캘리포니아포피*Eschscholzia californica*, 니겔라 다마세나*Nigella damascena*, 알리섬*Alyssum* maritimum 같은 종들은 씨앗에서 빠르게 싹이 터서 첫해에는 여러해살이풀들 사이의 틈새를 채우다가 이듬해에 자연발아 한다. 디기탈리스 루테아Digitalis lutea와 새매발톱꽃Aquilegia vulgaris처럼 수명이 짧은 여러해살이풀도 일부 혼합체에서 돋보이는 요소다. 이러한 식물들이 얼마나 오래 살아남을지는 수명이 긴 식물들과 경쟁했을 때 얼마나 도태되는가에 달려 있다. 가장 최근에 개발된 그늘 진주Shade Pearl 혼합체에는 떨기나무인 애기병꽃Diervilla sessilifolia도 포함되어 있다. 애기병꽃은 두세 해마다 지면까지 바짝 잘라 주어야 한다.

아래 표는 안할트응용과학대학교의 볼프람 키르허 교수가 동료들과 함께 개발한 '베른부르거 여러해살이풀 혼합체 자생꽃 스텝Bernburger Staudenmix Native Perennial Flower Steppe'의 식물 목록이다. 알칼리성 토양으로 이루어진 건조하고 탁 트인 곳에 적합한 혼합체다. 푸른아마 Linum perenne는 수명이 짧지만 자연발아를 잘하는 반면, 캄파눌라 로툰디폴리아Campanula rotundifolia는 땅속에서 사방으로 뻗어 나간다. 이러한 종들은 짧은 기간 동안 공간을 채우기에 좋지만 결국에는 더 크게 자라거나 사초속Carex 식물처럼 촘촘하게 무더기를 이루는 식물들로 대체된다. 이름 앞에 표기된 숫자는 10제곱미터당 심는 식물 개수를 뜻한다.

'베른부르거 여러해살이풀 혼합체 자생꽃 스텝'의 계절별 흥미요소

N°		봄	초여름	한여름	늦여름	초가을	늦가을	겨울
	구조식물							
3	스타키스 렉타Stachys recta		■	■				
	동반식물							
20	두메부추Allium senescens subsp. senescens			■	■			
8	안테리쿰 라모숨Anthericum ramosum			■	■			
8	아스테르 아멜루스 '스테른쿠겔'Aster amellus 'Sternkugel'				■	■		
5	아스테르 리노시리스Aster linosyris					■	■	
8	카르리나 아카울리스 심플렉스Carlina acaulis subsp. simplex		■	■		■	■	■
10	카르투시아노룸패랭이꽃Dianthus carthusianorum		■	■				
5	별용담Gentiana cruciata			■	■			
5	푸른아마Linum perenne		■	■				
10	붉은유럽할미꽃Pulsatilla vulgaris	■						
5	세둠 텔레피움 막시뭄Sedum telephium subsp. maximum				■	■	■	
5	스티파 페나타Stipa pennata		■					
	지피식물							
5	캄파눌라 로툰디폴리아Campanula rotundifolia		■	■	■			
8	카렉스 디기타타 '더 비틀스'Carex digitata 'The Beatles'	■	■	■	■	■	■	■
15	카렉스 후밀리스Carex humilis	■	■	■	■	■	■	■
8	포텐틸라 타베르네몬타나Potentilla tabernaemontana		■	■				
5	담곽향Teucrium chamaedrys			■	■			
5	프래콕스백리향Thymus praecox		■	■				
8	누운방패꽃Veronica prostrata		■	■				

■ 꽃   ■ 잎 흥미요소   ■ 구조적 흥미요소 : 씨송이, 줄기, 새풀이삭

베티나 야우크스테터Bettina Jaugstetter가 은빛 여름 혼합체를 기반으로 디자인한 ABB그룹 산업단지의 식재. 초여름에서 한여름까지는 황금빛 톱풀 '코로네이션 골드'Achillea 'Coronation Gold', 연한 색감의 톱풀 '테라코타'A. 'Terracotta', 진한 청보라색 살비아 네모로사 '카라돈나'Salvia nemorosa 'Caradonna', 연청색 네페타 '워커스 로'Nepeta 'Walker's Low'로 구성된 진노랑과 청보랏빛 색조 조화가 인상적인 색채 계획이 두드러진다. 알리움 '마운트 에베레스트'Allium 'Mount Everest'와 알리움 '글로브마스터'A. 'Globemaster'의 공 모양 씨송이도 보인다.

'베른부르거 여러해살이풀 혼합체 꽃 그늘'의 계절별 흥미요소

N°		봄	초여름	한여름	늦여름	초가을	늦가을	겨울
	구조식물							
3	처진사초 Carex pendula		▨	▨	▨	▨	▨	▨
	동반식물							
5	아스테르 스크레베리 Aster schreberi				■			
10	돌부채 '슈네쿠페' 또는 '슈네쾨니긴' Bergenia 'Schneekuppe' or 'Schneekönigin'			■				
10	캄파눌라 트라켈리움 Campanula trachelium			■				
3	헬레보루스 히브리두스 Helleborus ×hybridus			■	■	■		
10	큰비비추 '프랜시스 윌리엄스' Hosta 'Frances Williams'			■	■	■	▨	
8	미국솜대 Smilacina racemosa			■	■			
	지피식물							
15	유럽은방울꽃 Convallaria majalis	■						
20	빈카 '거트루드 지킬' Vinca minor 'Gertrude Jekyll'	■	■	■	■	■	■	■
	알뿌리식물과 그 밖의 알줄기·덩이줄기 식물							
100	아네모네 블란다 '블루 셰이즈' Anemone blanda 'Blue Shades'	■						
50	아네모네 블란다 '화이트 스플렌더' Anemone blanda 'White Splendour'	■						
50	노랑너도바람꽃 Eranthis hyemalis	■						
50	실라 시베리카 Scilla siberica	■						

■ 꽃   ▨ 잎 흥미요소

위의 표는 '베른부르거 여러해살이풀 혼합체 꽃 그늘Bernburger Staudenmix Flower Shade'의 식물 목록이다. 이 또한 안할트응용과학대학교에서 개발했다. 그늘진 곳을 위한 혼합체인데, 나무뿌리와 경쟁이 일어나는 건조한 그늘에서도 어느 정도 적용될 수 있다. 표 왼쪽 열에 적힌 숫자는 10제곱미터마다 심는 식물의 개수다. 꽃이 피는 시기는 봄에 집중되어 있는데, 한여름이나 늦여름 기후가 건조한 중유럽에는 보통 안정적으로 꽃이 피는 그늘 식물이 별로 많지 않기 때문이다. 하지만 한 해의 나머지 기간을 위한 매력적인 잎이 있다. 여름에 비가 충분히 오거나 폭우가 내리는 극동 지역이나 미국 동부 지역 같은 기후에서는 훨씬 더 다양한 종을 사용할 수 있을 것이다.

식재 간격은 어떻게 하면 좋을지 다양한 실험이 진행되었다. 보통 제곱미터당 4개에서 6개로 간격을 넓게 심는 것이 더 좋다고 여겨진다. 제곱미터당 8개에서 12개로 간격을 좁게 심으면 초기에 식물 간 경쟁이 치열해져서 손실되는 식물이 많아지고 드세게 번지는 종들이 우세해진다. 식재 간격이 넓은 경우에는 식물들 사이의 틈새에 일시적으로 한해살이풀을 채워 심기도 한다스위스의 혼합식재체계도 마찬가지다. 또는 아주 작은 세둠속Sedum 품종들로 채우기도 하는데, 옥상정원에 하는 것처럼 지면 위 여기저기에 싹을 흩뿌려 주는 방식제곱미터당 30그램 비율으로 식재할 수 있다.

혼합식재체계를 지지하는 이들은 식물종의 개수가 많을수록 장기적으로 잘 살아남을 수 있다고 주장한다. 베른부르거 여러해살이풀 혼합체라는 상품명으로 판매되고 있는 혼합체들은 15~19개의 종이 사용되는데, 은빛 여름의 경우는 30개가 쓰인다. 식물생태학에 따르면 종다양성은 식재의 회복력을 높여 준다고 한다. 다양한 종이 함께 있으면 폭넓은 생태적 공간에서 제각기 적합한 자리를 차지하기 때문에 식재의 손실된 부분이나 틈새를 잘 채워 줄 수 있다. 디자인된 식재에서도 그러한지는 아직 확실히 입증되지 않았다.

혼합식재가 단지 몇 제곱미터의 작은 면적에서도 효과적인지는 의심스럽다. 작은 곳에서는 식물을 무작위로 심지 않을 뿐더러 그런 방식이 옳다고 여겨지지도 않을 것이다. 특히 '화단 앞쪽'에는 공간에 맞게 특정 식물을 심는데, 예를 들어 '호리호리한' 식물보다는 단정한 덤불형 식물이 어울릴 것이다. 또한 작은 공간이라면 식물종의 개수가 많을 경우 같은 종을 반복해서 심기가 어려워지기 때문에 종의 개수도 제한할 필요가 있다.

혼합식재는 비용과 인력을 적게 들이고 관리할 수 있게 디자인한다. 식재를 하나의 전체로 다루는 것이지 각각의 식물을 개별적으로 관리하는 게 아니다. 주요 일거리는 한 해의 끝 무렵에 식물체의 죽은 부분을 제거하는 것인데, 예초기나 그 밖의 중기계를 활용해 작업할 수 있다. 독일에서는 한 해가 끝나갈 무렵에 식물체를 잘라 주는 대신, 식물 생장기 중반에 잘라 주는 방식을 일부 혼합체에 적용해 보기도 했다. 한여름에 건초를 잘라 주는 많은 유럽국가들의 전통 농법을 모방한 것인데, 이러한 방식에는 여러 장점이 있다. 잎이 산뜻하고 매력적으로 다시 돋아나며, 일부는 다시 꽃이 피기도 하고, 무스카리속Muscari 처럼 가을과 겨울에 자라는 알뿌리식물은 햇빛을 더 많이 받을 수 있다. 아울러 늦은 시기에 꽃이 피는 식물이 좀 더 작게 자라고, 식물들 사이로 쉽게 드나들 수 있어 쓰레기를 치우기에도 편하다.

자갈이나 잘게 부순 돌 같은 무기질 멀칭재를 쓰면 식재 비용이 상당히 높아지지만 잡초의 침입을 막아 주기 때문에 이후에 계속적으로 투입되어야 할 관리비가 줄어들어 돈이 절약된다. 관리가 규칙적이지 않거나 접근성 때문에 관리하기 힘든 공공공간에 특히 중요한 점이다. 아울러 무기질 멀칭재는 개인정원처럼 눈에 잘 띄는 곳에는 단정함을 더하고, 식물들이 아주 어린 시기에도 식재의 완성도를 높여 준다.

아래 표는 2011년까지 개발된 혼합식재체계들을 정리한 것이다. 독일의 노르베르트 퀸Norbert Kühn 교수가 쓴 《새로운 여러해살이풀 적용학Neue Staudenverwendung》 2011에서 인용했다.

혼합체 상품명과 제작기관*	시각적 특성	서식처
은빛 여름, AP Silbersommer	중간 키, 대부분 한여름에 피는 노란색과 청색 꽃	건조지, 석회토, 양지
인디언 서머, HHOF	중간 키, 프레리 식물, 다양한 색, 늦은 계절에 흥미를 더하는 새풀	건조하거나 적당히 양지바른 곳
프레리 아침, HHOF Präriemorgen	위와 같지만 중심색은 청색과 자주색	위와 같음
프레리 여름, HHOF Präriesommer	위와 같지만 키가 더 크고 중심색은 분홍색에서 자주색	위와 같음

자생꽃 변신, AN Heimischer Blütenwandel	키 작은 식물들 사이에 중간 키 식물이 흩어져 자람, 봄에 은은한 색	양지에서 반음지
외래꽃 변신, AN Exotischer Blütenwandel	중간 키, 노란색과 보라색	반음지에서 음지
가장자리화단, AN Blütensaum	작거나 중간 키, 봄과 초여름에 피는 은은한 청색과 보라색 꽃	양지에서 반음지
외래꽃 가장자리화단, AN Exotischer Blütensaum	중간 키, 다양한 색	양지에서 반음지
꽃 그늘, AN Blütenschatten	잎이 매력적인 여러해살이풀과 봄에 꽃이 피는 종들이 어우러진 키 작은 혼합체	나무 아래 하부식재, 건조하거나 촉촉한 곳
꽃 물결여름 풀베기 미포함, AN Blütenwoge	키 작은 식물들 사이에 중간 키 식물이 흩어져 자람, 노란색과 청색의 강한 대비	건조지, 양지
꽃 물결여름 풀베기 포함, AN	위와 같지만 늦여름에 산뜻한 모습	건조지, 양지
자생꽃 스텝, AN Heimische Blütensteppe	작은 키, 은은한 청보라색과 노란색	건조지, 양지, 자연의 스텝 서식처와 비슷함
외래꽃 스텝, AN Exotische Blütensteppe	작은 키, 은은한 연두색에서 청색	건조지, 양지, 자연의 스텝 서식처와 비슷함
꽃 면사포, AN Blütenschleier	작은 키, 회색 잎, 봄에 다양한 색, 이후에는 노란색과 보라색, 일부 분홍색	건조지, 양지
새풀 춤, ERF Tanz der Gräser	키 작은 여러해살이풀과 키 큰 새풀, 다양한 색	건조하거나 촉촉한 곳, 양지
꽃 모자이크, VT Blütenmosaik	작은 키, 노란색과 청색	건조지, 양지
꽃 마법, VT Blütenzauber	중간 키, 중심색은 청색, 이후에는 청색과 노란색, 빨간색	건조하거나 촉촉한 곳, 양지
꽃 꿈, VT Blütentraum	중간 키, 다양한 색	건조하거나 촉촉한 곳, 양지
색깔놀이, VT Farbenspiel	초기에는 키가 작지만 이후에 더 커짐, 다양한 색	건조하거나 촉촉한 곳, 양지

색 가장자리화단, VT Farbensaum	작거나 중간 키, 노란색과 청색, 흰색	양지에서 반음지
여름 바람, WÄD Sommerwind	작은 키, 보라색과 노란색 파스텔 색조, 은색 잎	건조지, 양지
여름 휴가, WÄD Sommerfrische	작은 키, 일부는 키가 크고 보라색과 노란색, 새풀이 중요함	건조하거나 촉촉한 곳, 양지
인디언 서머, WÄD	노란색에서 주황색의 따뜻한 색조, 빨간 가을 단풍	건조하거나 촉촉한 곳, 양지
분홍빛 낙원, WÄD	다양한 분홍색	건조하거나 촉촉한 곳, 양지
한여름 밤의 꿈, WÄD Sommernachtstraum	자주색 잎과 어우러지는 청보라색, 새풀이 중요함	촉촉한 곳
그늘 진주, WÄD Schattenperle	중간에서 큰 키, 노란색과 청보라색, 이후에는 빨간색, 분홍색이 도드라짐.	그늘진 곳, 큰키나무 아래 하부식재

* 혼합체 우리말 상품명 밑에 작게 표기된 내용은 독일어 상품명이며, 제작기관 약어의 의미는 다음과 같다.

AP = 식물적용학 연구회, 독일여러해살이풀육묘협회Arbeitskreis Pflanzenverwendung, BdS
HHOF = 헤르만스호프 시험정원, 바인하임Sichtungsgarten Hermannshof, Weinheim
AN = 안할트응용과학대학교, 베른부르크Hochschule Anhalt, Bernburg
모든 혼합체에는 '베른부르거 여러해살이풀 혼합체'라는 상품명이 붙는다.
ERF = 국립원예연구소, 에르푸르트Landesversuchsanstalt für Gartenbau, Erfurt
VT = 국립포도원예연구소, 파이츠회흐하임Landesanstalt für Wein- und Gartenbau, Veitshöchheim
WÄD = 취리히응용과학대학교, 스위스 베덴스빌Zürcher Hochschule für Angewandte Wissenschaften, Wädenswil, Switzerland

혼합식재체계는 실로 인상적이고 상업적인 면에서도 성공을 거둔 듯하다. 2009년 이래로 이 같은 혼합식재를 구현하는 데 필요한 식물을 공급하는 육묘장의 수가 급격히 늘었다. 이 글을 쓰고 있는 지금 시점에서는 독일여러해살이풀육묘협회에 속한 약 40여 개 육묘장에서 은빛 여름 같은 오래된 혼합체에 필요한 식물을 공급하고 있고, 약 25개 육묘장에서는 최근 개발된 혼합체에 필요한 식물을 제공하고 있다. 협회에 속하지 않은 일부 육묘장들도 그 흐름에 동참하고 있다. 혼합체는 실험과 과학에 기초한 방법론을 적용해 만들어지고 대규모 시범 적용이 이루어진다. 또한 공공재원을 투입해 개발하기 때문에 누구나 허가 없이 자유롭게 쓸 수 있다. 새롭게 부상하는 동유럽 국가들에서는 공공이나 민간 부문 조경을 위한 예산이 넉넉하기 때문에 혼합식재체계의 영향력이 점점 더 커지고 있는 현상은 놀라운 일이 아니다.

독일 라인계곡 라덴부르크Ladenburg에 있는 ABB그룹 산업단지에 베티나 야우크스테터가 프레리 식재 개념을 적용해 디자인한 여러해살이풀 혼합식재. 주제색은 노란색과 흰색이다. 키가 큰 노란색 꽃 식물은 헬레니움 '라우흐토파스' *Helenium* 'Rauchtopas', 흰색은 아스테르 디바리카투스*Aster divaricatus*이며 은색 잎은 루이지애나쑥 *Artemisia ludoviciana*이다. 또한 에키나세아 '알바'*Echinacea purpurea* 'Alba'와 '선 라이즈' *E. p.* 'Sunrise', '선돈' *E. p.* 'Sundawn'도 있고 가새쑥부쟁이 '블루 스타'*Kalimeris incisa* 'Blue Star'와 리아트리스 스피카타 '알바'*Liatris spicata* 'Alba', 오리엔탈레수크령 '톨 테일스'*Pennisetum orientale* 'Tall Tails', 솔잎금계국 '그란디플로라'*Coreopsis verticillata* 'Grandiflora' 도 자란다. 세슬레리아 아우툼날리스*Sesleria autumnalis*가 지피식물로 사용되었다.

하이너 루츠와 계절별 주제식물

혼합식재체계 접근법과 관련하여 하이너 루츠의 작업에 주목할 필요가 있다. 하이너 루츠는 3대째 조경 분야에서 일하고 있는 집안 출신의 조경가다. 디자인 전문가인 루츠는 식재조합에 관한 자신의 생각들을 명쾌한 용어로 잘 설명했다는 평가를 받는다. 루츠는 익히 알려진 '적을수록 더 좋다'는 경구를 충실히 따르면서도 '전체적으로는 통일성 있고 세부적으로는 다양하게'라는 기본 원칙을 세우고 디자인했다. 이러한 원칙은 그의 회사가 진행한 모든 작업의 근간을 이룬다. 혼합식재를 적용한 루츠의 정원디자인 프로젝트들은 부지가 매우 크다. 주로 식재 면적이 수만 제곱미터에 달하는 정원박람회용 부지들이다. 독일에서 정원박람회는 지역의 경관과 원예 산업을 이끄는 중요한 부분이다. 여름 행사를 위해 부지를 선정하는데, 박람회에 사용된 양질의 기반시설과 식재는 도시공원의 일부분으로 영구 존치한다. 지역 재생을 위한 수단인 셈이다. 독일에서 여러해살이풀 중심의 식재디자인이 혁신을 이룩할 수 있었던 건 조경디자이너에게 작업을 맡긴 정원박람회의 공이 컸다.

루츠의 핵심 개념은 **계절상형성식물의 원리**Prinzip der Aspektbildner다. 번역하기 쉽지 않은 말인데, '계절별 주제식물'이라고 옮기는 게 가장 이해하기 쉬운 설명일 것이다. 각각의 '주제식물Aspektbildner'은 몇 주 동안 식재에서 시각적으로 돋보이는 종인데, 전체적으로 극적인 효과를 낸다. 혼합체는 보통 3~6종의 주제식물이 전체의 70~75퍼센트 정도를 차지하고 나머지는 동반식물Begleiter로 이루어진다. 주제식물은 자신의 역할을 드러낼 시기에는 꽃이나 잎, 구조가 매우 돋보여야 하지만 그 전이나 후에는 그다지 두드러지지 않을 수도 있다. 동반식물은 보조적인 역할을 하는 식물이다. 보통 주제식물의 특성과 대비되거나 서로 보완해 주면서 주제식물과는 다른 시기에 매력을 뽐낸다. 전체적으로는 시각적 효과가 크지 않은데, 다양한 종을 쓰는 탓에 그 효과가 희석되기 때문이다. 하지만 식재 옆을 나란히 거닐 때처럼 가까이에서 볼 때는 이러한 동반식물이 다양성과 지속적인 변화감을 느끼게 해 준다. 주제식물과 함께 나란히 배치되는 조합이 가지각색이기 때문이다.

꽃은 풍성하게 피는 편이다. 생장기 동안 꽃들이 장관을 이루는 두세 번의 절정기가 있고 각 기간은 몇 주간 지속된다. 절정기 사이의 기간에는 더 은은한 느낌의 동반식물이 흥미를 유지시킨다. 모든 식물은 무작위로 배치하며, 빠른 효과를 위해 제곱미터당 10~12개 정도로 비교적 촘촘하게 심는다.

계절별 주제식물의 원리가 적용된 예를 들자면 뮌헨 인근 리머파크Riemer Park에 만들어진 일련의 식재들이다. 리머파크는 2005년 정원박람회 개최를 위해 1995년부터 개발이 진행된 곳으로 현재는 전시나 박람회를 위한 공원으로 유지되고 있다. 루츠가 디자인한 약 2만5000 제곱미터 규모의 식재공간은 붓꽃-박하류 초지, 관상용 갈대밭, 습한 초지대, 이렇게 세 구역으로 나뉜다. 붓꽃-박하류 초지에 사용된 주제식물은 아래 표에서 볼 수 있다. 동반식물에는 알케밀라 에핍실라Alchemilla epipsila, 카마시아 쿠시키이Camassia cusickii, 우단쥐손이Geranium wlassovianum, 털부처꽃Lythrum salicaria, 페니로얄민트Mentha pulegium, 스피아민트M. spicata, 멘타 롱기폴리아M. longifolia, 몰리니아 세룰레아 아룬디나세아Molinia caerulea subsp. arundinacea, 오이풀Sanguisborba officinalis, 발레리아나 오피시날리스Valeriana officinalis가 있다. 이 프로젝트를 위해 23만 개에 달하는 식물을 심었고 엄청난 식재 비용이 들었다.

수많은 식물을 촘촘하게 심는 데서 비롯되는 높은 식재 비용은 기존 조합과 비슷한 비율로 맞춤 제작된 혼합씨앗을 활용하면 절감될 수 있다. 계획의 시작 단계부터 식재를 어떻게 관리하고 향후에 어떤 방식으로 발전시키며 다른 요소를 더해 나갈지 고려하는 것은 루츠의 모든 작업에서 핵심적인 부분이다. 해마다 실시하는 풀베기는 잔디깎기나 예초기를 사용한다.

뮌헨 리머파크의 계절별 흥미요소

	봄	초여름	한여름	늦여름	초가을	늦가을	겨울
아스테르 레비스Aster laevis				■	■		
볼토니아 라티스쿠아마Boltonia latisquama			■	■			
시베리아붓꽃Iris sibirica		■	■		■	■	■
멘타 스페시오사Mentha ×speciosa			■	■			
네페타 시비리카Nepeta sibirica			■				
프리물라 베리스Primula veris	■						
긴산꼬리풀Veronica longifolia		■	■				

■ 꽃   ■ 구조적 흥미요소 : 씨송이, 줄기, 새풀이삭

하이너 루츠 스튜디오가 디자인한 뮌헨 리머파크의 식재. 5월에는 시베리아붓꽃*Iris sibirica*이 돋보이며위 사진, 8월에는 볼토니아 라티스쿠아마*Boltonia latisquama*가 눈에 띈다아래 사진.

일부 볼토니아는 9월에도 여전히 꽃이 피어 있다(위 사진).
아래 사진은 12월의 모습이다.

그 밖의 혼합식재 접근법

무작위 식재 혼합체를 향한 관심이 더욱 커지고 있다. 해마다 정원 분야에 종사하는 이들이 식물로 가득한 육묘상자를 판매하는 일이 늘고 있다. 비유하자면 각각의 육묘상자는 식재체계의 한 모듈을 이루기에 충분한 식물을 담고 있는 셈이다. 주로 미적인 면에 주안점을 두거나 토양 조건에 알맞은 식물들을 선정해 조합한다. 독립적으로 일하는 정원전문가가 어떤 혼합체를 개발하는 경우도 있고, 초보 정원사나 정원디자이너에게 판매할 목적으로 온라인에서 도면으로만 판매하는 경우도 있다. 공공공간을 다루는 조경디자이너나 지자체 담당자를 타깃으로 한 혼합체를 판매하는 육묘장들도 있다. 물론 이러한 혼합체들은 독일과 스위스의 혼합식재 방식처럼 철저하게 검증되거나 시험되지 않았을 뿐만 아니라 누구나 허가 없이 자유롭게 쓸 수도 없다.

식재 혼합체는 점점 더 장소맞춤형으로 디자인하기 때문에 한곳에서만 쓰고 다른 곳에서는 반복하지 않는다. 다양한 서식처 조건이나 특정한 시각적 기준을 충족시키기 위해 맞춤형으로 디자인한 여러 혼합체를 계획하는 일은 아주 흔하다. 늘 혁신적인 시도를 하는 워싱턴디시Washington D.C. 외메 밴스위든 어소시에이츠Oehme, van Sweden & Associates는 개인 고객과 공공 발주처 모두에 이러한 접근법을 적용하기 시작했다. 수년간 내가 시도해왔던 접근법이기도 하다. 내 경우는 샘플용보통 100제곱미터 면적으로 혼합체를 먼저 디자인한 뒤에 그것을 전체 부지에 반복하는 식으로 적용했다. 이 방식은 계획 비용을 줄여 주는데, 특히 예산이 충분치 않은 고객들내 경우는 지자체 부서였다에게 중요한 고려사항이다. 잉글랜드 남부에서 작업할 때 내가 초점을 맞추었던 부분은 지자체가 민간에 위탁해 최소한의 엉성한 관리를 진행하는 환경에서도 회복력을 보여 주는 식물 혼합체를 만드는 일이었다.

에이치티에이 랜드스케이프HTA Landscape와 협업하여 노엘 킹스버리가 식재한 잉글랜드 서식스주Sussex 벡스힐온시Bexhill-on-Sea의 산책로. 산책로는 염분이 섞인 물보라가 심하게 들이치는 해안가에 있다. 때문에 해안에서도 잘 살아남을 수 있는 종들을 활용해서 다섯 종류의 무작위 혼합체를 디자인했다. 각 혼합체마다 15종의 식물을 섞어서 심었는데, 그중 절반 정도는 다른 혼합체에서 반복된다. 사진에서는 회색 발로타 프세우도딕탐누스Ballota pseudodictamnus와 네페타 파세니이Nepeta ×faassenii, 노란색 터리톱풀Achillea filipendulina, 풀기다루드베키아 '골트슈투름'Rudbeckia fulgida 'Goldsturm'이 보인다.

벡스힐에 노엘 킹스버리가 디자인한 해안 식재에서는 여러 식물 중에서도 분홍색 꽃이 피는 오스테오스페르뭄 유쿤둠*Osteospermum jucundum*과 은색 잎 램스이어*Stachys byzantina*, 쑥 '포이스 캐슬'*Artemisia 'Powis Castle'*, 플로미스 이탈리카*Phlomis italica*, 지중해에린지움*Eryngium bourgatii*이 눈에 띈다. 잎이 은회색인 식물은 발로타 프세우도딕탐누스*Ballota pseudodictamnus*다. 이러한 종들의 자생지인 해안가나 그 밖의 노출된 곳에서는 식물들이 기대어 서로를 지지하고 보호할 수 있도록 촘촘하게 뒤섞여 자란다. 이 점에 착안하여 시간이 지나면서 다양한 식물 잎이 서로 뒤섞일 수 있도록 식물들을 무작위로 심었다.

2011년 독일 코블렌츠Koblenz 연방정원박람회BUGA를 위해 페트라 펠츠가 디자인한 식재. 키가 큰 노란색 꽃이삭은 에레무루스 '머니메이커'*Eremurus* 'Moneymaker'고, 붉은색은 펜스테몬 바르바투스 코시네우스*Penstemon barbatus* subsp. *coccineus*다. 긴 줄기에 가느다란 잎 무더기가 달린 버들잎해바라기*Helianthus salicifolius*는 매력적인 잎 무더기가 돋보인다.

새롭게 단장한 뉴욕식물원New York Botanical Garden 진달래원Azalea Garden의 식재로 외메 밴스위든 어소시에이츠의 실라 브래디Sheila Brady가 디자인했다. 기존 맥락을 살려 여러해살이풀과 알뿌리식물을 적절하게 심었고, 정원이 흥미롭게 연출되는 기간을 늘렸다. 사진 속 새풀은 몰리니아 세룰레아 세룰레아 '슈트랄렌크벨레'Molinia caerulea subsp. caerulea 'Strahlenquelle'고 보라색 꽃은 마키노용담 '마샤'Gentiana makinoi 'Marsha'다.

잉글랜드 남부는 식물 생장기가 길어서 잡초가 매우 억세게 자라는 곳이다. 따라서 튼튼하게 무더기를 이루며 자라는 종들에 초점을 맞출 필요가 있다.

장소맞춤형 혼합식재는 독일 정원박람회의 오래된 특징이다. 1996년 뮌헨 국제정원박람회IGA에서 로제마리 바이세Rosemarie Weisse가 처음으로 선보여 전 세계적으로 영향을 미쳤다. 특히 스텝을 재해석한 초지 식재가 일품이었는데, 오랜 시간이 지난 뒤에도 여전히 아름답다. 우르스 발저Urs Walser가 수년 동안 많은 작업을 했고 점차 다른 디자이너들도 이러한 방식을 따르기 시작했다. 그중에서 단연 눈에 띄는 디자이너가 페트라 펠츠다. 펠츠는 미국의 외메 밴스위든의 작품을 연상시키는 방식으로 오랜 기간 여러해살이풀을 커다란 단일종 블록으로 모아 심곤 했다. 하지만 이제는 정원박람회에서 혼합식재를 적용해 일부 흥미로운 조합들을 선보이고 있다.

'셰필드학파'

산업도시로 가장 잘 알려진 셰필드는 원예·산업 분야에서 놀라운 혁신들을 이루어 내며 사람들의 관심을 집중시키고 있다. 이러한 명성을 얻기까지 셰필드대학교 조경학과 교수인 제임스 히치모와 나이절 더닛의 공이 컸다. 두 사람 모두 식물생태학을 디자인된 식재에 적용하는 원예생태학이라는 새 분야를 개척했다. 히치모는 "어떻게 하면 지속가능하면서도 사람들이 좋아할 만한 식물군락을 디자인할 수 있을지 거의 평생을 고민했다. 특히 디자인된 식재에 어떻게 생태적 원리를 적용할 수 있을지 연구했다. … 생태적 원리는 식물에 상관없이 보편적이다. 식물이 야생종이든 재배종이든 다르게 적용되지 않기 때문이다"라고 말한다. 나이절 더닛은 다양한 환경에 적용할 수 있는 지속가능한 식재를 만드는 일에 매진했고 한해살이풀 혼합씨앗을 활용한 작업으로 수많은 사람들의 눈길을 사로잡았다. 이러한 혼합씨앗은 비용이 크게 들지 않으면서도 지자체나 그 밖의 공공공간 관리자들이 활기찬 색채를 지닌 동시에 야생생물 친화적인 여름 식재를 위해 쓸 수 있는 방법이다. 제임스 히치모의 작업은 디자인된 혼합

제임스 히치모가 프레리 식재를 적용해 디자인한 서리주 영국왕립원예협회 위슬리가든의 9월 풍경. 위로 솟는 돌출형 식물을 돋보이게 하려고 디자인된 혼합씨앗을 뿌려 만들었다. 노란색 실피움 라시니아툼 *Silphium laciniatum*은 그러한 돌출형 식물 중 하나다. 분홍색 에키나세아 팔리다 *Echinacea pallida*는 일반적인 에키나세아*E. purpurea*보다 더 오래 사는 식물로 꽃이 잎 무더기 위에 살짝 놓여 있는 듯하다.

씨앗을 파종하여 여러해살이풀을 키워 내는 방식으로, 자연적으로 발생하면서도 시각적으로 흥미로운 식물군락을 토대로 작업한다. 이러한 식물군락들에는 중유럽 초지, 북미 프레리, 남아프리카 산악초원, 이렇게 세 종류가 있다. 셰필드학파의 접근법에서 가장 중요한 부분은 감탄이 절로 나올 만한 흥미요소를 도입하는 것이다. 식재는 사람들의 일상에 활력을 줄 수 있도록 디자인되어야 하기 때문이다. 이와 관련해 히치모는 자신이 경험했던 일을 이야기하곤 한다. "목이 짧고 몸 이곳저곳에 문신이 있는 거구의 사내가 사슬로 묶인 핏불테리어를 데리고 다가와, 자신을 아침에 일어나게 하는 건 오직 당신이 만든 정원 밖에 없다고 한다면, 제대로 디자인한 게 맞다."

셰필드학파에서는 자생식물의 활용이 꼭 적합하다고 판단되는 프로젝트에서만 제한적으로 자생종을 쓴다. 영국의 식물상이 너무 감소되었기 때문이기도 하고 자생종에는 드세게 번지는 식물주로 거친 목초도 많아서 자생식물을 무분별하게 심으면 역설적으로 생물다양성이 향상될 가능성이 더 줄어들 수 있기 때문이다. 어떤 경우든 많은 도시환경에서 추구하는 주된 목표는 비교적 안정적인 인공생태계를 만드는 것이다. 히치모의 말을 빌리자면 "자생식물군락을 그대로 본떠서 만드는 게 아니라 사람과 야생생물 모두의 요구를 충족시키는 것"이 목표다.

식재는 땅의 비옥도에 알맞은 식물을 심는 것을 목표로 한다. 예를 들어 비옥한 토양에 시도하는 여러해살이풀식재는 잡초의 침입에 매우 취약하다. 특히 대부분의 여러해살이풀이 겨울에 잎이 떨어지고 휴면에 들어가기 때문에, 드세게 번지는 새풀이나 겨울철 잎이 푸른 그 밖의 식물들이 이러한 시기를 기회로 활용할 수 있다. 하지만 땅이 촉촉하고 비옥한 생태계에 톨그래스프레리tallgrass prairie, 비교적 키가 큰 풀이 자라는 북미의 대초원지대에서 자라는 식물들을 심으면 이러한 현상이 최소화될 수 있다. 잎이 무성하게 나는 싹과 뿌리계가 촘촘하게 자라면서 햇빛과 땅을 독차지해 버리기 때문에 원치 않는 식물이 자리잡는 것이 억제된다. 반면 척박한 곳에는 유럽의 건조한 초지처럼 제한된 범위의 식물군락에 속하는 식물들이 적합하다.

히치모가 디자인한 여러해살이풀군락은 주로 파종 방식으로 만든다. 씨앗을 뿌려 만든 식물군락은 식물을 직접 심어서 만든 것보다 잡초 침입이 훨씬 덜하다. 제곱미터당 식물 개수가 150개에 달할 정도로 식물이 아주 빽빽하게 자라기 때문이다. 물론 파종하기 전에 현장 토양에서 잡초가 자라날 만한 여지를 완전히 없앤다는 전제 하에 그렇다. 씨앗은 지면 위에 모래나 그와 비슷한 자재로 만든 75밀리미터 깊이의 토양층에 뿌린다. 파종 방식으로 만들면 자연에서 일어나는 과정처럼 식물 스스로 자기 자리를 잡고 서로 관계를 맺으면서 생태적 지위를 결정한다. 디자이너가 식물 배치를 전부 결정하는 것과는 다른 방식이다. 아울러 유전적 다양성 덕분에 스트레스나 병충해에도 훨씬 더 회복력이 뛰어나다. 문제에 저항하는 정도가 식물마다 다르기 때문이다. 식물을 직접 심는 방식과 파종 방식을 함께 활용해서 식재를 할 수도 있다. 어떤 식물의 씨앗이 부족해서 쓰기 어렵거나 특정한 품종을 심어야 할 경우에 두 가지 방식을 접목하면 좋다. 또한 식물이 씨앗으로 자리 잡는 속도가 느려서 다른 식물과 경쟁하면 도태될 가능성이 있는 경우에도 알맞다. 꼭 기억해야 할 사실은 식물을 직접 심는 방식은 결과를 더 쉽게 예측할 수 있기 때문에 굳이 위험을 감수하고 싶지 않은 고객에게 적합하다는 점이다.

식물군락 혼합체는 잎이 여러 층위를 만든다. 이러한 잎 층위는 땅을 잘 가려 주고 수분 증발이나 토양 침식을 줄이고 잡초의 침입을 막아 준다, 서식처를 위한 식재의 쓰임새를 높이며, 풍부한 시각적 효과도 더한다. 특히 꽃을 볼 수 있는 기간이 늘어난다. 미적인 면을 고려한 층위 구성도 가능하다. 히치모는 잎은 뿌리 근처에 나고 잎 없이 매끈한 줄기가 위로 길게 올라와 꽃이 피는 식물을 즐겨 심는다. 낮게 잎 무더기를 이루는 층위에는 봄이나 초여름에 꽃 피는 여러 종이 포함되고 대개 그늘에서 비교적 잘 견딘다 늦여름이나 가을에는 흥미를 더하는 키 큰 돌출형 식물도 심는다. 새풀도 포함되기는 하지만 야생군락과 달리 아주 조금만 심는다. 야생이나 반자연 초원지대의 식물군락처럼 새풀이 높은 비율로 있으면 보통 생물량의 80퍼센트 이상을 차지한다 시각적 효과가 줄어들기 때문이다. 두말할 것도 없이 모든 식물종은 재배환경에서 어떤 조건이 요구되는지 평가하기 위해 먼저 대규모로 시험재배를 해 보고 지나치게 번질 만한 조짐은 없는지 확인해야 한다. 실제로 히치모가 심는 식물의 상당수는 영국에서 재배하고 있는 종이거나 그와 아주 밀접한 관계에 있는 종이고, 문제를 일으킬 정도로 번져 나가는 습성이 보이지 않는 식물들이다.

제임스 히치모가 디자인한 남아프리카 산악지대 식물군락의 층위 구성. 풍부한 종으로 이루어진 하부 층위에 키가 더 큰 종들이 더해진다. 이런 키 큰 종들은 1년의 시간 동안 꽃이 늦게 피지만 그 빈도는 줄어드는 종이다. 그늘에 취약한 하부 층위에 그늘이 지는 것을 피하기 위해서다.

제임스 히치모가 디자인한 런던올림픽파크의 남아프리카 구역 식재 2012. 흰색 꽃은 갈토니아 칸디칸스*Galtonia candicans*고, 분홍빛을 띤 적색은 글라디올루스 파필리오 '루비'*Gladiolus papilio 'Ruby'*, 분홍색은 디에라마 풀케리뭄*Dierama pulcherrimum*, 청색은 아가판투스속*Agapanthus* 품종, 낮게 자란 분홍색 꽃은 디아시아 인테게리마*Diascia integerrima*다. 새풀은 솔새*Themeda triandra*다.

런던올림픽파크에 있는 영국 자생종 구역의 식재. 새풀은 없고 전부 '꽃'이다. 흰색 옥스아이데이지*Leucanthemum vulgare*와 분홍색 오노시스 스피노사*Ononis spinosa*, 노란색 레온토돈 아우툼날리스*Leontodon autumnalis*, 연분홍색 모스카타접시꽃*Malva moschata* 등으로 구성했다. 오노시스를 제외하면 전부 파종을 해서 조성했다.

식재는 비용과 인력을 적게 들이는 방식으로 관리하기는 하지만, 원예 방식으로 선택적 관리를 추가해 주는 것은 늘 좋다. 히치모는 이렇게 말한다. "식재는 유지관리 작업이 부지 전반에 걸쳐 모든 식물에 적용될 수 있도록 디자인해야 한다. 원치 않는 식물에게는 불이익을 주고 원하는 식물에게는 혜택을 주는 것이다. … 많은 디자이너가 이런 개념을 이상하게 생각한다." 풀베기는 분명한 관리 기법 중 하나다. 잡초 싹이 나지 않도록 멀칭을 하는 것도 중요하다. 또한 해양성 기후에서 초봄부터 싹이 트는 한해살이 잡초나 이르게 잎을 내는 여러해살이 잡초, 달팽이를 없애기 위해 땅에 불을 놓는 일도 매우 효과적인 방법이다. 불을 놓더라도 휴면상태에 있는 여러해살이풀에는 영향을 주지 않을 뿐만 아니라, 식물이 나중에 싹을 내는 데도 도움이 된다. 독일의 혼합식재체계에서 하듯이 한여름이나 늦여름에 줄기를 잘라 주면 잡초처럼 무성히 자라는 식물의 생장을 제한하고 더 경쟁력이 강한 식물들의 생장률을 감소시킨다. 단점은 늦여름이나 가을에 흥미요소가 줄어들 수 있다는 것이다.

이와 같은 인공식물군락들은 식물생태학적 지식을 보고 즐기기 위한 원예에 어떻게 접목시킬 수 있는지 연구하고 그 연구 결과를 알릴 목적으로 만들어졌다. 식물 군락이 가능하다는 게 입증되면 그 다음 단계는 다른 전문가들이 다양한 군락을 조합하여 실제로 세계 어디에서든 사용할 수 있는 식재조합들을 만들어 내는 일이 될 것이다.

아래의 표는 2012년 런던올림픽파크에 적용한 드라켄즈버그 남아프리카 군락Drakensberg South African community에 사용된 식물 목록이다. 숫자는 제곱미터당 식물 개수를 의미하는데, 키가 큰 식물은 식재 밀도가 더 낮다는 사실을 알 수 있다. 0.1이라는 식재 비율은 10제곱미터당 식물 1개를 심는다는 의미다.

2012년 런던올림픽파크의 드라켄즈버그 남아프리카 식재에 사용된 식물

낮은 잎무리 층 30cm 미만	제곱미터당 식물 수
유코미스 비콜로르 Eucomis bicolor	1
헬리크리숨 아우레움 Helichrysum aureum	0.5
디아시카 인테게리마 Diascia integerrima	1
하플로카르파 스카포사 Haplocarpa scaposa	0.5
솔새 Themeda triandra	1
카렉스 테스타세아* Carex testacea	1.5
베르크헤이아 푸르푸레아 Berkheya purpurea	0.25
합계	5.75

중간 잎무리 층 30~60cm	제곱미터당 식물 수
아가판투스 '브레싱엄 블루' Agapanthus 'Bresssingham Blue'	0.5
디에라마 풀케리뭄 Dierama pulcherrimum	0.2
글라디올루스 파필리오 '루비' Gladiolus papilio 'Ruby'	0.25
트리토니아 드라켄스베르겐시스 Tritonia drakensbergensis	0.5
삼각니포피아 Kniphofia triangularis	1.5
피겔리우스 에쿠알리스 '사니 패스' Phygelius aequalis 'Sani Pass'	0.1
합계	3.05

높은 잎무리 층 60cm 초과	제곱미터당 식물 수
숙은아가판서스 Agapanthus inapertus	0.1
갈토니아 칸디칸스 Galtonia candicans	0.5
크니포피아 로페리 Kniphofia rooperi	0.1
합계	0.7

*남아프리카 식물이 아니라 뉴질랜드 식물

히치모의 동료인 나이절 더닛도 식재에 무작위 접근법을 활용한다. 하지만 사용되는 식물 대부분이 정원에 즐겨 심는 종들이기 때문에 아마도 그 식물 팔레트가 정원사들에게 더 익숙할 것이다. 특히 더닛의 작업은 빗물정원이나 옥상정원처럼 기능적인 면과 구체적인 디자인 적용에 초점을 맞춘다. 나이절 더닛은 런던올림픽파크 작업을 할 때 서유럽 건초지나 동아시아 숲가장자리 식생을 토대로 디자인했고, 파종 방식으로만 만들지 않고 식물을 직접 심는 방식과 파종 방식을 함께 접목해 식재했다. 유럽 자생종은 사용할 수 있는 식물 범위가 넓었기 때문에 더닛은 색을 주제로 몇 가지 혼합체를 만들었다. 이러한 지역들에서 자라난 식물을 쓰면 영국과 유럽 전반, 북미에서 시중에 판매되고 있는 수많은 품종을 이용할 수 있다는 것이 장점이다. 빗물정원과 옥상정원을 위한 혼합체는 각각의 환경 조건에 맞게 디자인한다. 빗물정원에는 가뭄이나 가끔씩 물에 잠기는 일이 발생해도 이에 대처할 수 있는 식물이 필요하다. 반면 옥상정원에는 건조함과 극단적 온도, 뿌리를 뻗기에 제약이 있는 토심에서도 살아남을 수 있는 식물을 심어야 한다.

아래의 표는 나이절 더닛이 런던올림픽파크에 디자인한 아시아정원Asia Garden의 식물 목록이다. 식재 밀도는 다양하지만 식물명 뒤에 표기된 숫자는 혼합체 안에서 해당 식물의 비율을 의미한다. 식재는 일련의 띠들로 구성되는데, 각각의 띠마다 특정한 식물조합으로 구성된다.

2012년 런던올림픽파크 아시아정원에 사용된 식물

대상화 띠		원추리·비비추 띠		선명한 띠	
위로 높게 솟은 식물		**위로 높게 솟은 식물**		**위로 높게 솟은 식물**	
참억새 '질버페더' Miscanthus 'Silberfeder'	2	바늘새풀 '칼 포르스터' Calamagrostis 'Karl Foerster'	2	아코노고논 '요하니스볼케' Aconogonon 'Johanniswolke'	1
참억새 '플라밍고' Miscanthus 'Flamingo'	2	참나리 '스위트 서렌더' Lilium tigrinum 'Sweet Surrender'	2	터키대황 Rheum palmatum	3
중간 높이 식물		붉은일본나리 Lilium speciosum var. rubrum	2	**중간 높이 식물**	
호북대상화 '하스펜 어번던스' Anemone hupehensis 'Hadspen Abundance'	1	**중간 높이 식물**		도깨비부채 Rodgersia podophylla	2
대상화 '오노린 조베르' Anemone ×hybrida 'Honorine Jobert'	1	원추리 '존 시니어' Hemerocallis 'Joan Senior'	2	깃도깨비부채 '수페르바' Rodgersia pinnata 'Superba'	2
대상화 '프린츠 하인리히' Anemone ×hybrida 'Prinz Heinrich'	1	비비추 '트루 블루' Hosta 'True Blue'	2	유포르비아 그리프티이 '딕스터' Euphorbia griffithii 'Dixter'	2
대상화 '쾨니긴 샤를로테' Anemone ×hybrida 'Königin Charlotte'	1	비비추 '톨 보이' Hosta 'Tall Boy'	2	풍지초 Hakonechloa macra	1
대상화 '셉템버 참' Anemone ×hybrida 'September Charm'	1	이리스 크리소그라페스 '블랙 나이트' Iris chrysographes 'Black Knight'	1	**땅을 낮게 덮는 식물**	
페르시카리아 암플렉시카울리스 '로세아' Persicaria amplexicaulis 'Rosea'	1	프리물라 베시아나 Primula beesiana	1	프리물라 풀베룰렌타 Primula pulverulenta	1
페르시카리아 암플렉시카울리스 '파이어테일' Persicaria amplexicaulis 'Firetail'	1	오이풀 '푸르푸레아' Sanguisorba officinalis 'Purpurea'	1	자주꽃돌부채 Bergenia purpurascens	2

맺음말

새로운 식재

이 책에서 살펴본 식재디자인 양식은 이전 방식들과는 다르다. 그렇다면 어떤 점이 다를까? 또 그런 차이가 향후 식재디자인의 발전에 어떤 의미가 있을까?

맺음말에서는 피트 아우돌프의 작업이나 그와 비슷한 다른 전문가들의 작업을 살펴보려 한다. 식재디자인이 계속 발전하고 진화하며, 우리가 바라는 대로 진보하고 개선되는 분야라는 맥락에서 다루어 볼 것이다. 또한 자연을 대상으로 계속해야 하는 협상, 그리고 도시·교외·정원을 위해 우리가 디자인하는 경관의 미래라는 더 큰 맥락과도 관련지어 생각해 보고 싶다.

전반적으로 볼 때 식재디자인은 자연을 완전히 통제하는 방향에서 자연과 협상하는 방향으로 변화했다. 온전히 자생적이지는 않더라도 적어도 자생적으로 보일 수 있게 디자인하는 것이다. 하지만 아우돌프의 작업에서도 알 수 있듯이 식재의 효과가 드러나기 위해서는 때때로 전통적인 식재에서처럼 식물의 위치를 분명히 정해 주는 일이 매우 중요하다. 보다 범위를 넓혀 보면 식물들이 스스로 정원 이곳저곳을 돌아다닐 수 있게 내버려 두는 전통은 과거에서도 찾아볼 수 있다. 20세기 정원 가꾸기에서는 이러한 자생성을 활용하는 움직임이 있었다. 제1차 세계대전과 제2차 세계대전 사이에 독일의 빌리 랑게 Willy Lange, 1864~1941는 자생종을 활용한 자연형식재를 제시했다. 하지만 영국에서는 코티지정원 양식이 시골 사람들에게 이상적인 정원의 모습으로 여겨졌다. 마저리 피시는 땅을 전부 식생으로 채우고 식물들이 번지거나 자연발아 할 수 있게 하는 방식을 널리 알리는 데 큰 역할을 했다.

2011년 4월, 책을 쓰기 위해 자료를 수집하던 시기에 아우돌프 부부의 정원을 방문했었다. 날씨가 화창했기 때문에 정원을 거닐면서 이제 막 싹이 트고 자라는 여러해살이풀들의 모습을 관찰하기에 완벽한 때였다. 이 시기에는 식물의 장기적 생장 패턴을 손쉽게 살펴볼 수 있다. 아울러 아우돌프가 계획한 새롭고 대단히 실험적인 프로젝트를 진행하기에도 이상적인 조건이었다. 2010년 육묘장 문을 닫으면서 아우돌프는 고민을 하게 되었다. '600제곱미터 정도 되는 네모반듯한 빈 모래땅에 무엇을 심어야 할까?' 바로 그 주말에 아우돌프가 시작한 식재는 이제까지 볼 수 없었던 가장 급진적인 방식이었다. 아우돌프는 그곳에 심을 여러해살이풀과 새풀을 선정했고, 주된 구조식물로 바늘새풀 '칼 푀르스터'*Calamagrostis* 'Karl Foerster'를 먼저 심었다. 그다음에 네덜란드 자생 새

노엘 킹스버리의 몬트필리어 코티지 정원의 가을 모습. 이곳에 있는 일련의 시험용 식재는 식물들의 경쟁 습성을 평가하는 데 사용된다. 앞쪽 흰색 꽃은 히말라야떡쑥*Anaphalis triplinervis*이고 청색은 아스테르 '리틀 칼로' *Aster* 'Little Carlow'다. 두 식물 모두 아주 오랫동안 꽃이 피는 튼튼한 여러해살이풀이다.

가을철 독일 헤르만스호프 식재의 모습. 자주꿩의비름 '헤르프스트프로이데'*Sedum* 'Herbstfreude'의 진홍색 꽃과 씨송이, 그리고 멋진 구조가 계속 아름다움을 뽐내며 혼합식재가 지닌 힘을 잘 보여 주고 있다. 톱풀 '코로네이션 골드'*Achillea* 'Coronation Gold'는 꽃이 한 번 더 피었다. 오른쪽 새풀 크리소포곤 그릴루스*Chrysopogon gryllus*는 멀지 않은 야생에 여전히 정원에 도입할 만한 좋은 식물이 많다는 사실을 일깨워 준다. 크리소포곤 그릴루스는 중유럽과 동유럽의 건조한 땅에 자라는 식물인데, 정원에서는 아직 많이 쓰이지 않는다.

풀과 야생화의 혼합씨앗을 뿌렸다. 8월에 다시 방문했을 때 여러해살이풀들은 튼튼하게 자라고 있었고, 새풀과 야생화들이 자리를 잡아가는 중이었다. 야생 캐모마일과 톱풀을 비롯한 몇몇 종들이 저절로 나기도 했다. 정원을 잘 모르는 사람들이 이러한 풍경을 본다면 야생화가 들어선 정원처럼 보일까, 아니면 반대로 야생 풀밭을 정원으로 만든 것처럼 보일까?

이처럼 자생적 요소가 가미된 식재디자인을 하는 방식은 여전히 변함이 없다. 디자이너로 활동해 온 아우돌프의 여정을 살펴보면 질서에서 자생성으로 계속 변화해 왔다는 사실을 알 수 있다. 초기 작업에서는 현대적이고 건축적으로 다듬은 생울타리에 여러해살이풀과 꽃이 피는 떨기나무를 조합하는 민 라위스의 모더니즘 양식이 두드러졌다. 그러다가 서서히 여러해살이풀과 새풀의 비중이 높아지고 2000년부터는 식물들을 좀 더 섞어 심는 방식을 실험하기 시작했다. 파종했을 때 무작위로 일어나는 결과를 세심하게 계획된 식재와 결합하는 방식도 그러한 여정의 일부로 볼 수 있다.

그해 4월 주말에 아우돌프와 나는 1980년대에 작업했던 아우돌프의 몇몇 초기 식재들을 살펴보기도 했다. 잡초 제거나 해마다 봄이 오기 전에 줄기를 밑동까지 바짝 잘라 주는 일 외에는 거의 손을 대지 않은 상태였다. 식물종의 수는 시간이 지나면서 줄었다. 아우돌프는 '절반 정도'가 줄었다고 했다. 하지만 나머지 종들은 잘 자라서 일부는 주변으로 번지거나 씨앗을 뿌려 싹을 틔워 내기도 했다. 그 결과 보통의 여러해살이풀식재보다 빽빽하게 자라는 식생을 이루었고 전체적으로 시각적 효과 늦여름에 볼 수 있다가 인상적이었다.

아우돌프의 식재가 오래도록 지속될 수 있는 핵심 요인은 그가 쓰는 식물들의 수명이 길다는 점이다. 하지만 단지 오래 사는 식물들에만 의존하게 되면 시간이 흐르면서 너무 변화가 없는 것처럼 느껴질 수 있다. 이것이 우리가 바라는 것일까? 기념공원 같은 일부 환경에서는 장기적인 예측 가능성이 중요할 수도 있지만 현실에서는 많은 부분이 다를 수 있다. 수명이 길면서도 제자리에서 굳건히 자라는 식물종의 개수가 실제로는 그다지 많지 않기 때문이다. 더 중요한 것은 식물이 이처럼 같은 자리에서 계속 머무는 모습이 나중에는 꽤 지루하게 느껴진다는 점이다. 심지어 다듬어 모양을 낸 떨기나무도 시간이 흐르면서 변화하는 경향이 있다. 질서정연한 모습으로 나무를 다듬은 정형화된 옛 정원에서 누릴 수 있는 커다란 즐거움 중 하나는 나무를 다듬는 사람의 의도와는 다르게 식물들이 자신의 본성대로 특징적이며 때때로는 별난 모습을 드러내는 것을 보는 일이다.

나는 후멜로에서 아우돌프를 처음 만났던 1994년에 브라질 리우데자네이루에서 호베르투 부를리 마르스가 디자인한 정원과 조경공간을 볼 기회가 있었다. 부를리 마르스는 전통 기하학 방식의 식물 배치에서 탈피했지만 시간이 지나도 계속 필요한 유지관리 측면에서는 벗어나지 못했다. 나 역시도 정원의 정적인 특성 때문에 애를 먹었다. 모든 식물은 제자리가 있고, 제 위치에서 벗어나면 그 효과가 줄어든다는 특성 말이다. 정원을 그렇게 한결같은 모습으로 유지하는 일은 높은 수준의 관리가 이루어질 때만 가능하다. 값싼 인력을 넉넉히 쓸 수 있는 곳에서나 가능한 호화로운 방식인 셈이다.

내가 정원을 가꾸는 방식은 좀 더 식재에 초점을 맞추고 식물이 자라고 태어나서 죽는 자연의 과정을 포용하는 것이다. 또는 적어도 정원을 예의 주시하는 나만의 관리 방법으로 그러한 과정이 진행되게 한다. 그 결과 보통의 여러해살이풀식재보다 훨씬 더 빽빽한 식생을 이룬다. 아우돌프의 정원과 내 정원에 시간이 흐르면서 구현되는 식물의 밀도는 제임스 히치모 식재의 식물 밀도에 가까워진다. 높은 식물 밀도는 과거의 식재와 완전히 다른 중요한 부분이다. 제임스 히치모는 자연식물군락에서 볼 수 있는 정도의 밀도로 심으면 식물들 사이에 공간이 있는 전통 방식보다 훨씬 더 회복력이 뛰어나고 정원을 가꾸기 위해 해야 할 일들도 줄어든다고 주장한다.

회복력이 뛰어난 이유는 다음과 같다.
• 잡초가 들어설 수 있는 공간을 줄이고, 설사 자리를 잡더라도 경쟁이 더 치열한 환경을 만든다.
• 지나치게 씨앗을 퍼뜨리는 종들이 싹을 틔울만한 공간을 줄인다.

• 드세게 번지는 종을 제한할 수 있도록 경쟁이 더 치열한 환경을 만든다.
• 경쟁이 심한 환경을 만들어 식물을 작게 키운다. 그렇게 하면 줄기 위쪽이 무겁게 자라는 양상이 덜하기 때문에 지지대를 세울 필요도 줄어든다.
• 줄기가 연약한 종을 지지해 준다.

셰필드학파제임스 히치모와 나이절 더닛, 그리고 이들과 함께 일하는 사람들이나 셰필드대학교 졸업생는 생태적 과정과 역동성을 강조한다. 식재는 시간이 흐르면서 변화하며, 정원사나 관리자의 역할은 그러한 생태학적 과정들을 식재의 시각적 특성과 그 밖의 종다양성 같은 바람직한 특성을 유지하거나 향상시키는 방식으로 이끌어 주는 것이다.

5장에서 파종 방식으로 만드는 제임스 히치모의 식재가 기존 식재와는 아주 다른 관리법이 필요하다는 사실을 살펴보았다. 전통적인 정원이 아니라 자연식물군락에 가깝게 높은 밀도로 만드는 식재에서는 식물을 하나하나 돌보는 게 아니라 하나의 전체로 보고 가꾸면서 상황에 따라 계속 조정해 나갈 수 있는 관리 방식이 필요하다. 많은 비용을 들여 집약적으로 관리하지 않고 비용과 인력을 적게 들이는 조방적인 방식으로 관리하는 것이다.

이처럼 하나의 식생으로 작업하는 새로운 식재에서 정원사에게 요구되는 기술들은 이전과는 확연히 다르다. 관리를 위해 필요한 시간이 줄어드는 게 사실일 수도 있지만, 더 많은 기술과 전문 지식이 요구되기도 한다. 또한 대규모 공공공간에 쓰일 복잡한 식재가 풀베기나 불놓기처럼 간단한 작업으로 관리될 수 있다는 사실은 관리 책임자가 능숙하기만 하면 실제 관리 업무의 대부분은 비교적 전문적이지 않은 사람들만으로도 이루어질 수 있음을 의미한다. 앞으로는 숙련된 정원사나 조경 관리자가 복잡한 식재를 관리하기 위해서는 생태학적 기초 지식과 그러한 지식을 직관적으로 활용할 수 있는 능력이 필요할 것이다. 이러한 점은 원예·조경 전문가를 위한 교육에 있어서도 중요한 시사점을 던져 준다.

향상된 자연

식생을 강조하는 식재 양식, 즉 식물을 하나하나 배치하지 않고 하나의 식물군락으로 디자인하는 방식은 분명 인공생태계 조성을 목표로 한다. 어떤 이들에게는 이런 발상이 매우 불편하게 느껴지기도 하는데, 이러한 일은 오직 자연만이 해낼 수 있다는 생각이 널리 퍼져 있는 탓이다. 이러한 문제는 자연계를 바라보는 우리의 태도와 생태학이라는 개념의 역사에서 비롯된다. 바로 이 지점에서 우리가 제안하는 새로운 식재 체계가 인간과 자연계가 맺고 있는 관계라는 큰 그림, 그리고 자연이나 자연계의 특성과 어떻게 어우러질 수 있는지 살펴보고자 한다.

우리는 자연계를 인간의 손길이 닿지 않고 조화롭게 균형을 이루고 있는 완전무결한 것으로 여겨 왔다. 하지만 우리가 조화로운 자연생태계라고 여겼던 것들이 실제로는 그렇지 않다는 사실을 이제는 안다. 사람들이 자연식생을 볼 때는 한순간에 포착된 장면을 보는 것임에도 불구하고, 그 모습이 앞으로도 계속 영원할 거라 여기는 경향이 있다. 이제는 과학적 근거들을 바탕으로 우리가 자연이라 여기는 많은 것들이 실은 역동적으로 변화하는 상태로 존재한다는 사실을 받아들여야 한다. 아울러 자연의 많은 부분에 인간의 손길이 닿아 있다는 사실도 말이다. 심지어 농경사회 이전의 옛 조상들도 수천 년 동안 자연계에 막대한 영향을 미쳤다. 주로 불을 사용하기 시작하면서 거대한 동물들을 집단으로 멸종시키기도 했고, 생태계에 커다란 변화를 일으키기도 했다.

1995년에 출간된 스티븐 부디안스키Stephen Budiansky 의 《자연의 보호자: 자연관리의 새로운 과학Nature's

몬트필리어 코티지 정원에 있는 연못의 모습. 습지 뒤쪽으로 큰터리풀 *Filipendula camtschatica*과 아스테르 푸니세우스 *Aster puniceus*의 마지막 꽃이 보인다.

Keepers: The New Science of Nature Management》은 이러한 이슈를 아주 잘 다룬 책이다. 제임스 히치모는 이 책이 인공적으로 기능하는 식물군락을 만드는 것에 관한 자신의 생각을 발전시키는 데 도움이 되었다고 말했다. 부디안스키는 우리가 너무 오랫동안 과학 영역에 있는 생태학과 정치철학 영역에 있는 생태학을 혼동해 왔다고 주장한다. 부디안스키는 어떤 장소와 그곳에 사는 동식물군락 사이에 서로 떼어 놓을 수 없는 근본적인 연결고리가 있다는 생각에 정면으로 맞선다. 그는 동식물이 어떤 종이든 상관없이 자연군락은 어떤 지역에 유입되어 스스로 자리를 잡는 종들로 이루어지고 이 과정에서 우연하게 무작위로 일어나는 사건들이 큰 역할을 한다는 사실이 이제 과학으로 밝혀졌다고 말한다. 역사라는 테이프를 뒤로 감아 재생하면 다른 종들로 이루어진 군락이 발생할 것이다. 예를 들어, 영국에서 많은 이들이 미워하라고 배워 온 두 가지 침입외래식물인 플라타너스단풍 Acer pseudoplatanus과 유럽만병초 Rhododendron ponticum는 빙하기 이전에는 자생종이었을지도 모른다. 지질학적 역사를 재생하면 자생종일 수도 있기 때문이다.

최근에 나온 책에서는 이러한 주장이 한층 더 발전되었다. 아우돌프는 특별히 내게 책을 추천하는 편은 아니다 책보다는 식물을 추천해 주겠지만. 그래서 그가 내게 에마 매리스 Emma Marris가 쓴 《활기찬 정원: 야생 이후 세계의 자연 구하기 Rambunctious Garden: Saving Nature in a Post-Wild World》 이야기를 해 주었을 때 바로 사서 읽었다. 매리스는 인간이 자연생태계에 지대한 영향을 미치면서 자연을 훼손시키기만 한 게 아니라 자연의 새로운 양상도 이끌어 냈다는 사실을 기본적으로 낙관적인 입장에서, 때로는 꽤 즐거워하는 태도로 보여 주고 있다. 외래종과 자생종이 서로 적응해 가며 그 과정에서 완전히 새로운 생태계를 형성하는 것이다. 매리스는 이러한 과정을 정원 만들기에 비유하는데, 정원 만들기는 예측하기 어려우면서도 때로는 거의 혼란에 가까운 과정들이 결과적으로는 생기발랄한 꽃들의 향연을 연출하기 때문이다. 또한 아메리카 원주민의 옛 조상들이 수만 년 전에 없애 버렸던 종들을 대체하기 위해 아프리카의 초식동물 얼룩말과 코끼리 등을 미국에 도입하겠다는 사례처럼 야심만만한 대규모 생태계 재창조 프로젝트들에 관해서도 다룬다.

버려진 산업부지에 자라는 다양한 식물 주로 희귀한 종을 관찰하면서 시간을 보내 본 사람이라면 누구든 활기찬 정원이라는 매리스의 개념을 쉽게 이해할 것이다. 뉴욕 하이라인에 원래부터 자라고 있던 자생식생이 좋은 예다. 자생종과 외래종이 한데 어우러지고 빈약한 토양은 더 왕성하게 자라는 종들의 생장을 제한하면서 풍부하고 다채로운 식물상을 이루어 낸다. 실제로 이러한 식물들의 다양성은 주로 심하게 오염된 버려진 탈산업환경에서 흔하게 볼 수 있다. 너무 늦은 감이 있지만 환경보전주의자들도 생물다양성으로 넘쳐나는 이러한 장소가 얼마나 가치 있는지를 깨닫기 시작했다. 이런 흐름은 독일이 주도하고 있는데, 베를린에서는 과거에 열차를 잇거나 떼어 내는 조차장으로 쓰이던 부지를 활용한 쥐트겔렌데파크 Südgelände Park 같은 장소가 만들어지기도 했다. 이 같은 부지들을 잠재적인 자연보호구역으로 보는 것은 자연에 관한 우리의 관습적인 생각들 또는 우리가 가치있게 고려해야만 한다고 여기는 것들에 도전하는 일이다. 여기서 배워야 할 점은 자연은 저항과 재생을 아주 잘한다는 것, 그리고 이러한 사례들을 간직해 두었다가 향후 식재디자인을 위한 본보기로 삼아야 한다는 것이다.

《활기찬 정원》을 읽으면 우리 정원사들이 있을 곳이 분명해진다. 우리는 향상된 자연이 용어는 제임스 히치모와 나이절 더닛이 제안했다을 만드는 일에 동참하고 있다. 이 아이디어는 이용자인 사람들을 위한 시각적 아름다움의 중요성 생태학에 관해 모르는 사람들이 압도적으로 많다과 인공생태도 생물다양성을 증진시키는 데 큰 도움이 된다는 사실을 일깨워 준다. 자생종과 외래종을 조합해서 사람이나 그 밖의 이용자들에게 가치 있고 실용적인 식재디자인을 하는 일에는 어떤 모순도 존재하지 않는다. 아우돌프의 작업은 아름다움을 향한 우리의 사랑과 질서 감각을 충족시킬 뿐만 아니라, 생물다양성을 위해 필요한 높은 수준의 다양성과 역동적인 변화에 개방적인 태도를 가진 식재를 구현하는 데 눈부신 진보를 이루어 냈다.

식물 목록

이 목록은 피트 아우돌프가 즐겨 쓰는 식물들로 구성되어 있다.
비교적 겨울이 온화한 해양성 기후에 적합한 식물도 포함시켰다.
주로 사방이 탁 트이고 양지바른 곳에 자라는 식물들이다.
목록에서 그늘을 좋아하는 식물들은 초여름부터
구조적 흥미요소를 제공하는 경향이 있다.

※학명 abc순

키

식물의 키는 생육 조건에 따라 크게 달라진다. 대략적인 이해를 위해 다음과 같이 구분했다.

아주 작음	0.3미터 미만
작음	0.3~0.8미터
중간	0.8~1.4미터
큼	1.4~2.0미터
아주 큼	2.0미터 초과

너비

3년이 지났을 때 식물 잎무리에서 가장 넓은 부분의 대략적인 지름이다. 밑동부터 측정한 반지름이 아니다!

<0.25	0.25미터 미만
0.25~0.5	0.25~0.5미터
0.5~1.0	0.5~1.0미터
>1.0	1미터 초과

제곱미터당 개수

여기에서 제안하는 식재 밀도는 식재한 그해부터 완성된 모습이길 원하는 상업시설이나 그 밖의 공간에 적합하다. 식물 너비 개념과는 다른데, 식물마다 자리 잡는 속도가 다르기 때문이다.

피트 아우돌프는 주로 9센티미터 포트에 담긴 여러해살이풀을 사용하고 등골나물속*Eupatorium*이나 참억새속*Miscanthus*처럼 크게 자라는 식물은 11센티미터 포트를 쓴다. 아우돌프는 더 규격이 큰 포트보통 2리터, 약 17센티미터를 사용할 경우 식재 밀도를 10~15퍼센트 줄여서 심을 것을 권장한다.

잎

상록성	사철 내내 늘푸른 잎
반상록성	생육 조건에 따라 늘푸른 잎
가을 단풍	단풍이 아름다운 잎

형태구성

3장에서 다루었던 것처럼 줄기와 잎이 관계 맺는 방식에 따라 구성되는 식물 형태를 말한다. 이론상으로는 객관적 설명이지만 여기에서는 좀 더 주관적 해석을 추가하여 모든 식물 형태의 기본적인 외형을 좀 더 쉽게 이해할 수 있게 했다.

좁은잎	좁은잎, 사실상 전부 뿌리잎
넓은뿌리잎	잎이 넓은 뿌리잎
돌출형	튼튼한 줄기 아래쪽에 잎이 주로 남
잎무더기형	연약한 줄기 아래쪽에 잎이 주로 남
직립형	곧은 줄기에 여러 잎이 남
떨기형	늘어지거나 누워 자라고 여러 줄기에 잎이 남
분지형	가지가 갈라짐

추가로:

포복형	땅위를 기면서 자람

새풀은 다음과 같이 구분된다139쪽 참조.

총생형
무더기형 또는 매트형

꽃

색을 의미한다.

개화기

매력적인 열매가 달리는 시기도 일부 포함된다. 새풀의 개화기에는 이삭이 아름다운 시기도 포함된다.

봄
여름
가을
겨울
초-
한-
늦-

구조적 흥미 144쪽 참조

9개월	9개월 이상, 매력적인 씨송이
3~9개월	3~9개월, 꽃과 씨송이
짧음	틈새를 채우거나 짧은 시기 동안 구조적 흥미를 주는 식물

장기 활동성

식물 활동성에 관한 정보는 개인적인 경험과 주로 북서유럽에서 활동하는 동료들의 경험을 바탕으로 정리했다. 또한 2010년에 진행되었던 킹스버리의 연구가 큰 도움이 되었다. 더 읽을거리 289쪽 참조.

고유수명 190~195쪽 참조

<5년	5년 미만
<10년	10년 미만
여러 해	진정한 의미의 여러해살이풀
장수	특히 수명이 긴 식물

증식력. 씨앗이 아닌 영양생장으로 번식하는 능력을 의미한다. 이전 장의 '너비'에서 다루었던 잎무리 너비와도 완전히 다른 부분이다 198~199쪽 참조.

없음	비복제성, 번지지 않음
제한적	아주 제한적임
느림	느리게 번짐
적당	적당히 번짐
빠름	빠르게 번짐

정착력. 정착력이 낮을수록 무더기 중심부의 잎이 말라 죽거나 원래 자리에서 멀리 떨어진 곳에 새롭게 자라는 식물이다 200~203쪽 참조.

아주 낮음	아주 낮음
낮음	낮음
중간	중간
높음	높음

자연발아력 203~204쪽 참조. 이 특성은 예측하기가 대단히 어렵기 때문에 대략적인 지표로 참고하기 바란다.

낮음	낮음, 대체로 미미함
적당	적당
높음	높음, 가끔씩 문제가 될 정도

정원 서식처

햇빛:

양지	양지바른 곳
반음지	반 정도 그늘진 곳
음지	그늘진 곳

토양:

모든 식물이 적당히 비옥하고 수분이 있는 토양에서 잘 자란다.

습윤	젖은 토양, 즉 물에 잠긴 토양에서 어느 정도 견딤
적습	촉촉한찾지 않은 토양을 선호하고 건조에 그다지 강하지 않음
건조	건조에 강하지만 보통의 촉촉한 토양에서 더 잘 자라는 편임
비옥	아주 비옥한 토양을 좋아함
척박	척박한 토양에서 잘 견디지만 보통의 비옥한 토양에서 더 잘 자라는 편이며, 그런 경우 수명이 더 짧을 수 있음

내한성 구역

미국농무부USDA, United States Department of Agriculture에서 만든 식물 내한성 구역Plant Hardiness Zone은 식물이 추위에 견딜 수 있는 최저온도를 알려 준다.

북서유럽처럼 해양성 기후가 뚜렷한 지역보다는 대륙성 기후에 속하는 지역에서 식물들이 얼마나 추위에 잘 견디는지 확인하는 데 적합하다. 각각의 구역은 특정 종을 기르는 데 가장 핵심적인 제약요소인 겨울철 최저온도에 근거하여 지리적으로 구분한 것이다. 예를 들어 구역5Zone 5에 속하는 식물은 영하 섭씨 28도까지는 추위를 견디며 겨울나기를 할 수 있다.

구역 zone	온도 범위 ℃
1	-51.1 ~ -45.6
2	-45.6 ~ -40.0
3	-40.0 ~ -34.4
4	-34.4 ~ -28.9
5	-28.9 ~ -23.3
6	-23.3 ~ -17.8
7	-17.8 ~ -12.2
8	-12.2 ~ -6.7
9	-6.7 ~ -1.1
10	-1.1 ~ 4.4
11	4.4 ~ 10.0
12	10.0 ~ 15.6
13	15.6 ~ 21.1

planthardiness.ars.usda.gov

	키	너비 m	제곱미터당 개수	잎 형태구성	꽃 개화기	구조적 흥미	
아세나속 종·품종 Acaena spp. and cvs.	아주 작음	0.25~0.5	9~11	돋보이는 색, 깃 모양, 상록성 **분지형, 포복형**	적갈색 씨송이 **초-한여름**	3~9개월· 짧음	
아칸투스 스피노수스 Acanthus spinosus	중간-큼	0.5~1.0	7~9	어두운 색, 깊은 치아 모양 톱니, 큼지막함 **잎무더기형, 돌출형**	흰색, 자주색 **한-늦여름**	3~9개월	
터리톱풀 원종·품종 Achillea filipendulina and cvs.	큼	0.5~1.0	9	어두운 색, 아주 잘게 갈라짐 **직립형, 돌출형**	노란색 우산 모양 **한-늦여름**	3~9개월	
서양톱풀 원종·품종, 교잡종 Achillea millefolium, cvs. and hybrids	중간	0.25~0.5	9	어두운 색, 아주 잘게 갈라짐 **직립형**	다양함 **한-늦여름**	3~9개월	
투구꽃속 유럽종 Aconitum European spp.	중간	0.25~0.5	9	어두운 색, 깃 모양 **직립형**	청보라색 **초여름**	짧음	
투구꽃속 동아시아종 Aconitum East Asian spp.	중간-큼	0.25~0.5	9	어두운 색, 깃 모양 **직립형**	청보라색 **한-늦여름**	짧음	
아코노고논 '요하니스볼케'(대왕여뀌) Aconogonon 'Johanniswolke'(Persicaria polymorpha)	아주 큼	>1.0	1	조밀함, 어두운 색 **떨기형, 분지형**	흰색, 분홍색 **초-늦여름**	3~9개월	
미국흰노루삼 Actaea pachypoda	중간	0.25~0.5	9	깊게 갈라짐 **돌출형**	흰색 열매 **가을**	짧음	
노루삼속 종(이전에는 승마속) Actaea spp.(former Cimicifuga)	큼	0.25~1.0	9	깊게 갈라짐 **돌출형**	크림색 **늦여름-가을**	3~9개월	
아가판투스속 종·품종 Agapanthus spp. and cvs.	중간	0.25~1.0	7	넓음, 띠 모양 **좁은잎**	청색 **한-늦여름**	3~9개월	
알케밀라속 종 Alchemilla spp.	작음	0.25~0.5	9	매력적인 잎 모양 **잎무더기형**	노란연두색 **초-한여름**	3~9개월	
털족제비싸리 Amorpha canescens	중간	0.5~1.0	3	깃 모양, 아주 작은 쪽잎 **떨기형, 직립형**	회색빛 자주색 **한-늦여름**	3~9개월	
정향풀속 종 Amsonia spp.	중간	0.25~0.5	5~7	작음, 가을 단풍 **떨기형, 직립형**	검푸른색 **초-한여름**	9개월	
산떡쑥 Anaphalis margaritacea	중간	0.25~0.5	7	어두운 회녹색 **떨기형**	흰색, 종이 같음 **한-늦여름**	3~9개월	
대상화·유사종 Anemone ×hybrida and similar species	큼	0.25~1.0	7	큼지막함, 깊게 갈라짐 **돌출형**	분홍색, 흰색 **늦여름-가을**	3~9개월	

고유수명	증식력	정착력	자연발아력	서식처		내한성 구역	참고사항·관련 종
				햇빛	토양		
여러 해	적당-빠름	높음	적당	양지		6~7	해양성 기후에서는 너무 잘 번짐
장수	적당	높음	낮음	양지		7	자리 잡는 데 오래 걸릴 수 있음
여러 해	적당	중간	낮음	양지	건조, 척박	3	
<10년	적당	낮음	적당	양지	건조, 척박	3	
여러 해	느림	낮음-중간	낮음-적당	양지-반음지	비옥	3	여름철 휴면에 들어가기도 함
여러 해	느림	낮음-중간	낮음-적당	양지-반음지	비옥	3	
장수	제한적	높음	낮음	양지-반음지	비옥	3	커다란 식물!
장수	느림	높음	낮음	반음지-음지	적습	3	
장수	느림	높음	낮음	반음지-음지	적습	3	일부 품종은 잎이 구릿빛
장수	적당	높음	낮음	양지		7	생각보다는 추위에 강함
여러 해	적당	높음	높음	양지-반음지		3	
여러 해	없음	높음	적당	양지	건조	2	덤불로 자라는 습성, 키 작은 새풀과 잘 어울림
장수	느림	높음	낮음-적당	양지-반음지		4	선명한 노란색 가을 단풍
여러 해	제한적	높음	낮음	양지		3	
장수	적당	높음	낮음	양지-반음지		4	보통 자리 잡는 데 오래 걸림

아칸투스 스피노수스

털족제비싸리

동방정향풀

산떡쑥

	키	너비 m	제곱미터당 개수	잎 형태구성	꽃 개화기	구조적 흥미
새매발톱꽃 *Aquilegia vulgaris*	중간	0.25~0.5	11	깊게 갈라짐 **돌출형**	다양함 **초여름**	짧음
두릅나무속 풀 종류 *Aralia herbaceous* spp.	중간-큼	0.5~1.0	1	아주 큼, 깊게 갈라짐 **떨기형**	매력적인 꽃송이 **한-늦여름**	3~9개월
흰꽃쑥 *Artemisia lactiflora*	큼	0.25~0.5	7	어두운 색, 깊게 갈라짐 **직립형**	옅은 황백색 **한여름**	3~9개월
루이지애나쑥 '라틸로바' *Artemisia ludoviciana* 'Latiloba'	작음	0.5~1.0	5	은색, 깊게 갈라짐 **떨기형, 직립형**	미미함	3~9개월
참눈개승마 *Aruncus dioicus*	큼	0.5~1.0	3	깊게 갈라짐, 우아한 느낌 **떨기형**	크림색 **초-한여름**	9개월
유럽족도리풀 *Asarum europaeum*	아주 작음	0.25~0.5	11	광택 있음, 상록성 **넓은뿌리잎**	미미함	3~9개월
자관백미꽃 *Asclepias incarnata*	중간	0.25~0.5	7~9	창 모양 **직립형**	분홍색 **한-늦여름**	3~9개월
아스클레피아스 투베로사 *Asclepias tuberosa*	중간	0.25~0.5	9	창 모양 **직립형**	주황색 **한-늦여름**	3~9개월
선갈퀴 *Asperula odorata(Galium odoratum)*	아주 작음	0.25~0.5	11	작음, 옅은 색 **분지형, 포복형**	흰색 **봄**	짧음
까실쑥부쟁이 *Aster ageratoides*	중간	>1.0	5	작음, 풍성함 **직립형, 떨기형**	연청색 **한-늦여름**	3~9개월
아스테르 코르디폴리우스 *Aster cordifolius*	큼	0.5~1.0	5	작음, 풍성함 **직립형**	청색 **늦여름-가을**	3~9개월
아스테르 디바리카투스 *Aster divaricatus*	중간	0.25~0.5	7	작음, 풍성함 **직립형**	흰색 **늦여름-가을**	9개월
아스테르 에리코이데스 *Aster ericoides*	중간	0.25~0.5	5	아주 작음, 풍성함 **직립형**	다양함 **늦여름-가을**	3~9개월
아스테르 레비스 *Aster laevis*	중간-큼	0.25~0.5	7	작음, 회색빛을 띰, 풍성함 **직립형**	자줏빛을 띤 청색 **늦여름-가을**	3~9개월
아스테르 라테리플로루스 '호리존탈리스' *Aster lateriflorus* 'Horizontalis'	중간	0.5~1.0	7	작음, 어두운 색 **직립형**	흰색 **늦여름-가을**	9개월

고유수명	증식력	정착력	자연발아력	서식처		내한성 구역	참고사항·관련 종
				햇빛	토양		
<5-<10년	없음	높음	높음	양지-반음지		3	여름철 휴면에 들어가기도 함
장수	제한적	높음	낮음	양지-반음지		3	첫서리에 무너짐
여러 해	제한적	높음	낮음	양지-반음지		3	
여러 해	적당	높음	낮음	양지	건조, 척박	4	늦은 계절 늘어지게 자랄 수 있음
장수	없음	높음	적당	양지-반음지		4	'호라티오Horatio' 교잡종은 키가 1미터에 붉은색 가을 단풍
여러 해	적당	높음	낮음	반음지-음지		4	여러 아시아 종들은 잎이 멋짐
<5년	없음	높음	낮음-적당	양지		3	멋진 가을 단풍
여러 해	제한적	높음	낮음	양지	건조, 척박	3	
여러 해	빠름	중간	낮음	반음지-음지		4	보통 여름철 휴면에 들어감
여러 해	적당-빠름	높음	낮음	양지		4	'해리 스미스Harry Smith'가 특히 좋음
여러 해	느림-적당	높음	낮음	반음지-음지		2	'리틀 칼로Little Carlow'가 특히 좋음
여러 해	느림-적당	높음	적당-높음	양지-음지		4	
여러 해	느림	높음	낮음	반음지-음지	건조	3	
여러 해	느림	높음	적당	양지-반음지		4	
여러 해	느림	높음	낮음	양지		3	가지가 갈라지며 꽃송이가 달리기 때문에 덤불형 습성이 있음

루이지애나쑥

눈개승마 '호라티오'

아스테르 코르디폴리우스 '리틀 칼로'

아스테르 라테리플로루스 '호리존탈리스'

	키	너비 m	제곱미터당 개수	잎 형태구성	꽃 개화기	구조적 흥미
아스테르 노베앙글리에 Aster novae-angliae	중간-큼	0.25~0.5	5	작음, 풍성함 **직립형**	청색, 보라색, 분홍색 **늦여름-가을**	3~9개월
아스테르 오블롱기폴리우스 '옥토버 스카이스' Aster oblongifolius 'October Skies'	중간	0.5~1.0	3~5	작음, 풍성함 **분지형**	청색 **늦여름-가을**	3~9개월
개미취 Aster tataricus	중간-큼	0.5~1.0	7	작음, 풍성함 **직립형**	보라색 **늦여름-가을**	3~9개월
아스테르 움벨라투스 Aster umbellatus	큼	0.25~0.5	7	작음, 풍성함 **직립형**	크림색 **늦여름-가을**	3~9개월
아스테르 헤르베이이 '트와일라이트' (아스테르 마크로필루스) Aster ×herveyi 'Twilight'(A. macrophyllus)	중간	0.5~1.0	7	작음, 풍성함 **직립형**	자줏빛을 띤 청색 **늦여름-가을**	9개월
아스테르 프리카르티이 Aster ×frikartii	중간	0.25~0.5	7	작음, 풍성함 **직립형, 떨기형**	자줏빛을 띤 청색 **늦여름-가을**	3~9개월
중국노루오줌 품종 Astilbe chinensis varieties	중간	0.25~0.5	7	우아한 느낌, 깊게 갈라짐 **넓은뿌리잎**	밝은 분홍색 **늦여름-가을**	9개월
개병풍 Astilboides tabularis	중간-큼	0.25~1.0	7	큼지막함, 둥근 모양 **넓은뿌리잎**	크림색 **초-한여름**	3~9개월
아스트란티아 마요르 Astrantia major	작음	0.25~0.5	11	어두운 색, 깊게 갈라짐 **떨기형, 돌출형**	크림색, 적색, 분홍색 **한-늦여름**	3~9개월
밥티시아 아우스트랄리스 Baptisia australis	중간	0.5~1.0	1	회색빛을 띰, 단정함 **분지형**	남색 **초여름**	9개월
밥티시아 알바(밥티시아 류칸타) Baptisia alba(B. leucantha)	중간	0.25~1.0	1	단정함, 나무 같은 습성 **분지형**	흰색 **초-한여름**	9개월
돌부채속 종·품종 Bergenia spp. and cvs.	아주 작음	0.25~0.5	9	둥근 모양, 광택 있음, 상록성 **넓은뿌리잎**	분홍색, 흰색 **봄**	3~9개월
볼토니아 아스테로이데스 Boltonia asteroides	큼	0.25~0.5	7	좁음, 회색빛을 띰 **직립형**	흰색 데이지 모양 **늦여름**	3~9개월
큰잎브루네라 Brunnera macrophylla	작음-중간	0.25~0.5	11	큼지막함, 거친 질감 **잎무더기형**	청색 **봄**	9개월
부프탈뭄 살리시폴리움 Buphtalmum salicifolium	작음	0.25~0.5	7	좁음 **떨기형**	노란색 데이지 모양 **초-늦여름**	3~9개월

고유수명	증식력	정착력	자연발아력	서식처		내한성 구역	참고사항·관련 종
				햇빛	토양		
여러 해	느림	높음	적당	양지		2	
여러 해	제한적	높음	낮음	양지		3	
장수	느림	높음	낮음	양지		4	'진다이Jindai'는 가을 단풍이 특히 멋짐
장수	적당	높음	높음	양지		3	
여러 해	적당	높음	낮음	양지-반음지		4	
<5-<10년	제한적	높음	낮음	양지		5	
여러 해	느림	높음	낮음	양지-반음지	적습	4	가을 단풍과 겨울철 씨송이가 매력적임
여러 해	적당	높음	낮음	양지-반음지	적습	5	
<10년-여러 해	느림-적당	높음	높음	양지-반음지	적습	5	활동성은 서식처에 크게 좌우됨. 더위를 싫어함
장수	느림	높음	낮음	양지	건조	3	
장수	느림	높음	낮음	양지	건조	5	가을 단풍이 멋진 조각상 같은 식물
여러 해	적당	높음	낮음	양지-음지		3	
여러 해	느림	중간	적당	양지-반음지	적습, 비옥	4	
여러 해	적당	높음	낮음	반음지-음지		3	무늬가 있는 품종이 여럿 있음
여러 해	느림	높음	낮음	양지	척박	4	

개미취 '진다이'

아스테르 헤르베이이 '트와일라이트'

밥티시아 알바(밥티시아 류칸타)

큰잎브루네라

	키	너비 m	제곱미터당 개수	잎 형태구성	꽃 개화기	구조적 흥미
칼라민타 네페타 네페타 *Calamintha nepeta* subsp. *nepeta*	작음	0.25~0.5	11	작은 잎 **떨기형**	연분홍색 **한여름-가을**	3~9개월
캄파눌라 글로메라타 *Campanula glomerata*	작음	0.25~1.0	11	어두운 색, 거친 느낌 **직립형, 떨기형**	보랏빛을 띤 청색 **초여름**	짧음
캄파눌라 락티플로라 *Campanula lactiflora*	큼	0.5~1.0	7	밝은 색, 거친 느낌 **직립형, 떨기형**	연청색 **한여름**	짧음
캄파눌라 페르시시폴리아 *Campanula persicifolia*	작음	0.25~0.5	9	길쭉함 **돌출형**	청보라색 **한여름**	짧음
캄파눌라 포스카르스키아나 *Campanula poscharskyana*	아주 작음	0.5~1.0	7	밝은 녹색 **분지형, 포복형**	보랏빛을 띤 청색 **초여름**	짧음
캄파눌라 트라켈리움 *Campanula trachelium*	중간	<0.25	9	어두운 색, 거친 느낌 **직립형**	보랏빛을 띤 청색 **한여름**	짧음
센타우레아 몬타나 원종·품종 *Centaurea montana* and cvs.	작음	0.5~1.0	7	회색빛을 띰 **떨기형**	청색, 분홍색 **초여름**	3~9개월
세팔라리아 기간테아 *Cephalaria gigantea*	큼	0.5~1.0	5~7	어두운 색, 거친 느낌 **돌출형**	연노란색 **한-늦여름**	짧음
세라토스티그마 플룸바기노이데스 *Ceratostigma plumbaginoides*	작음	0.25~0.5	11	작음, 가을 단풍 **분지형**	진정한 의미의 청색 **늦여름-가을**	짧음
케로필룸 히르수툼 '로세움' *Chaerophyllum hirsutum* 'Roseum'	중간-큼	0.25~0.5	5	아주 잘게 갈라짐 **잎무더기형**	분홍색 **초여름**	3~9개월
자라송이풀 *Chelone obliqua*	중간	0.25~0.5	9	어두운 색, 풍성함 **직립형**	분홍색 **늦여름-가을**	3~9개월
병조희풀, 클레마티스 인테그리폴리아 원종·교잡종 *Clematis heracleifolia, C. integrifolia* and hybrids	중간	0.5~1.0	3~5	깊게 갈라짐 **분지형**	청색, 작음 **한-늦여름**	3~9개월
키다리금계국 *Coreopsis tripteris*	큼	0.25~0.5	7	깊게 갈라짐, 우아한 느낌 **직립형**	노란색 데이지 모양 **한-늦여름**	3~9개월
솔잎금계국 *Coreopsis verticillata*	작음	<0.25	7	어두운 색, 고운 느낌 **떨기형**	노란색 데이지 모양 **한-늦여름**	3~9개월
꽃케일 *Crambe cordifolia*	중간	0.5~1.0	1~3	아주 큼, 어두운 색 **넓은뿌리잎**	흰색 **한여름**	3~9개월

고유수명	증식력	정착력	자연발아력	서식처		내한성 구역	참고사항·관련 종
				햇빛	토양		
여러 해	제한적	높음	적당	양지	건조, 척박	6	
여러 해	적당-빠름	높음	적당	양지-반음지	건조, 척박	3	그늘진 곳을 위한 좋은 지피식물
<10년-여러 해	느림	높음	적당-높음	양지-반음지	비옥	5	모든 초롱꽃속 종은 흰색·분홍색 변종이 있음
여러 해	적당	낮음	낮음	양지-반음지		3	
여러 해	빠름	높음	낮음	양지-반음지		3	
<10년-여러 해	느림	높음	적당	양지-반음지		3	
여러 해	느림-적당	높음	낮음	양지-반음지		3	식물이 번지는 정도는 영양계마다 다름
<10년	없음	높음	낮음-적당	양지		3	
여러 해	적당	높음	낮음	양지		5	일부 관련 종은 내한성이 아주 좋음
여러 해	제한적	높음	낮음	양지-반음지		6	
여러 해	적당	높음	낮음	양지-반음지	습윤	3	관련 종들처럼 흰색 품종이 멋짐
여러 해	없음	높음	낮음	양지		3	딸기나무 사이에서 번져 나가게 할 수 있음
여러 해	느림	높음	낮음	양지-반음지		3	
여러 해	느림	높음	낮음	양지-반음지	건조	3	
장수	제한적	높음	낮음	양지	건조	5	바닷가에서는 해안꽃케일 C. maritima이 좋음

케로필룸 히르수툼 '로세움'

병조희풀

클레마티스 인테그리폴리아

키다리금계국

식물 목록

	키	너비 m	제곱미터당 개수	잎 형태구성	꽃 개화기	구조적 흥미
애기범부채속 교잡종 Crocosmia hybrids	중간	0.25~0.5	9	위로 곧게 섬 **좁은잎**	노란색, 주황색 **늦여름-가을**	3~9개월
다르메라 펠타타 Darmera peltata	중간	0.25~1.0	9	큼지막함, 둥근 모양, 가을 단풍 **넓은뿌리잎**	연분홍색 **봄**	9개월
제비고깔속 교잡종 Delphinium hybrids	큼	0.25~0.5	9	연녹색, 가장자리 들쭉날쭉함 **직립형**	푸른 색조 **초-한여름**	짧음
캐나다된장풀 Desmodium canadense	중간	0.25~0.5	5	작은 쪽잎 **떨기형**	어두운 분홍색 **늦여름-가을**	3~9개월
디에라마속 종·품종 Dierama spp. and cvs.	중간-큼	0.25~1.0	9	회색빛을 띰, 뻣뻣함, 다발로 모여남 **좁은잎**	분홍색, 자주색, 흰색 **한-늦여름**	3~9개월
디기탈리스속 종 Digitalis spp.	중간-큼	<0.25~0.5	11	로제트 모양 **돌출형**	분홍색, 노란색, 갈색 **한-늦여름**	3~9개월
도로니쿰속 종·교잡종 Doronicum spp. and hybrids	작음-중간	0.25~0.5	9	싱그러운 녹색 **돌출형**	노란색 데이지 모양 **봄-초여름**	짧음
에키나세아속 종·품종 Echinacea spp. and cvs.	중간	0.25~0.5	9	큰 잎 **돌출형**	분홍색, 자주색, 일부 노란색 **한여름-가을**	9개월
절굿대속 종·품종 Echinops spp. and cvs.	중간-큼	0.5~1.0	7~9	엉겅퀴 같음 **돌출형**	청색 공 모양 **한-늦여름**	3~9개월
삼지구엽초속 종·품종 Epimedium spp. and cvs.	작음-중간	0.25~0.5	11	광택 있음, 반상록성 **넓은뿌리잎**	노란색, 흰색, 분홍색 **봄**	짧음
지중해에린지움 Eryngium bourgatii	작음	0.25~0.5	9	가시 있음, 회색 **잎무더기형**	회청색 **한여름**	9개월
에링기움 트리파르티툼 Eryngium ×tripartitum	중간	0.25~0.5	9	가시 있음, 회색 **잎무더기형, 분지형**	회청색 **한여름**	3~9개월
유카잎에린지움 Eryngium yuccifolium	큼	0.5~1.0	9	가시 있음, 띠 모양 **돌출형**	옅은 황백색 **한-늦여름**	3~9개월
점등골나물 원종·관련 종 Eupatorium maculatum and related spp.	큼-아주 큼	0.25~1.0	5~7	돌려남 **직립형**	자줏빛을 띤 분홍색 **늦여름-가을**	3~9개월
페르폴리아툼등골나물 Eupatorium perfoliatum	중간-큼	0.25~0.5	7	좁음, 독특함 **직립형**	흰색 **늦여름-가을**	3~9개월

고유수명	증식력	정착력	자연발아력	서식처		내한성 구역	참고사항·관련 종
				햇빛	토양		
장수	적당-빠름	높음	낮음	양지		5~8	많은 품종이 있지만 온화한 기후에 적합
장수	적당	높음	낮음	양지-반음지	습윤	5	붉은빛을 띤 가을 단풍
<10년	없음	높음	낮음	양지	비옥	3	
장수	제한적	높음	낮음	양지		3	
여러 해	제한적	높음	높음	양지	적습	7	겨울이 온화한 곳에서는 다양함
<5년	없음	높음	높음	양지-반음지	척박	7	종이 다양하고 수명도 가지각색임
여러 해	적당	중간	낮음	반음지-음지		5	
<5-<10년	없음	높음	낮음-적당	양지		3~5	수명이 다양함 에키나세아 팔리다 *E. pallida*가 가장 수명이 김
<10년	없음	높음	적당-높음	양지		3~5	
장수	느림-적당	높음	낮음	양지-반음지	건조	5	아시아 종은 햇빛과 건조한 토양에 잘 견디지 못함
여러 해	제한적	높음	낮음	양지	건조, 척박	5	
여러 해	제한적	높음	낮음	양지		5	
여러 해	제한적	높음	높음	양지		3	
장수	제한적-느림	높음	낮음-적당	양지	적습, 비옥	4	일부는 가을 단풍이 멋지고 겨울 실루엣이 조각상 같음
여러 해	느림	중간	낮음	양지-반음지	적습	3	그 밖의 여러 등골나물속 *Eupatorium* 종도 키워 볼 만함

꽃케일

에키나세아 '페이틀 어트랙션'

공절굿대

유카잎에린지움

	키	너비 m	제곱미터당 개수	잎 형태구성	꽃 개화기	구조적 흥미
서양등골나물 *Eupatorium rugosum*	중간	0.25~0.5	5	산뜻한 녹색 **떨기형, 직립형**	흰색 **늦여름-가을**	3~9개월
유포르비아 아미그달로이데스 *Euphorbia amygdaloides*	작음	0.25~0.5	11	녹색·적색 **직립형**	노란연두색 **봄-초여름**	3~9개월
유포르비아 카라시아스 *Euphorbia characias*	중간	0.5~1.0	5~7	회색빛을 띰, 떨기나무 같음, 상록성 **잎무더기형**	노란연두색 **봄**	3~9개월
유포르비아 시파리시아스 *Euphorbia cyparissias*	작음	0.5~1.0	9	회색, 고운 느낌 **분지형**	노란연두색 **초여름**	짧음
유포르비아 그리피티이 *Euphorbia griffithii*	중간	0.5~1.0	7	어두운 색, 좁음 **직립형**	적색·노란색 **초-한여름**	3~9개월
유포르비아 팔루스트리스 *Euphorbia palustris*	중간	0.5~1.0	3	좁음, 녹색, 가을 단풍 **떨기형**	노란연두색 **봄-초여름**	3~9개월
유포르비아 폴리크로마 *Euphorbia polychroma*	작음	0.25~1.0	7	산뜻한 녹색 **떨기형**	노란연두색 **봄-초여름**	3~9개월
유포르비아 스킬링기이 *Euphorbia schillingii*	중간	0.5~1.0	3	어두운 색, 잎맥 두드러짐 **떨기형, 직립형**	노란연두색 **한여름**	3~9개월
터리풀속 종·품종 *Filipendula* spp. and cvs.	큼	0.25~1.0	3~5	깃 모양, 큼지막함, 가을 단풍 **돌출형, 직립형**	분홍색에서 흰색 **한여름**	3~9개월
가우라 *Gaura lindheimeri*	중간	0.5~1.0	7	빳빳한 줄기 **분지형**	흰색 또는 분홍색 **한여름-가을**	짧음
버들용담·마키노용담 *Gentiana asclepiadea* and *G. makinoi*	작음	0.25~0.5	9	잎이 무성한 줄기 **떨기형**	청색 **한여름**	3~9개월
게라니움 노도숨 *Geranium nodosum*	작음	0.5~1.0	9	광택 있음, 세 갈래로 갈라짐 **잎무더기형**	분홍색 **늦봄-한여름**	짧음
게라니움 페움 *Geranium phaeum*	작음	0.5~1.0	9	가장자리 들쑥날쑥함 **잎무더기형**	분홍색, 밤색 **초여름**	짧음
게라니움 프라텐세 *Geranium pratense*	작음	0.25~0.5	9	가장자리 들쑥날쑥함 **잎무더기형**	청보라색 **초여름**	짧음
게라니움 프실로스테몬 *Geranium psilostemon*	중간	0.5~1.0	9	가장자리 들쑥날쑥함 **잎무더기형**	밝은 자주색 **한여름**	짧음

고유수명	증식력	정착력	자연발아력	서식처		내한성 구역	참고사항·관련 종
				햇빛	토양		
여러 해	느림	높음	낮음-적당	양지-반음지		3	일부 품종은 잎이 어두운 색
<10년	제한적-느림	높음	적당	반음지		7	
<10년	없음	높음	적당	양지-반음지	건조	8	
여러 해	빠름	중간	낮음	양지	건조, 척박	7	
여러 해	적당	높음	낮음	양지-반음지	적습, 비옥	7	게릴라처럼 번짐
여러 해	없음	높음	적당-높음	양지-반음지	적습, 비옥	7	
<10년	제한적	높음	낮음-적당	양지		7	
여러 해	느림	높음	낮음	양지	적습, 비옥	7	
여러 해	적당	높음	낮음-적당	양지	적습, 비옥	3~4	종마다 키가 아주 다양함
<5년	없음	높음	낮음	양지		5	
장수	없음	높음	낮음	반음지	적습	6	
여러 해	적당	높음	적당-높음	양지-음지	건조	5	
여러 해	적당	높음	적당-높음	양지-음지		4	품종 아주 많음
여러 해	제한적	높음	적당-높음	양지		4	
여러 해	느림	높음	적당	양지-반음지	적습	4	

유포르비아 그리피티이

유포르비아 스킬링기이

서양붉은터리풀 '베누스타'

게라니움 페움

	키	너비 m	제곱미터당 개수	잎 형태구성	꽃 개화기	구조적 흥미
피뿌리쥐손이 원종·품종 *Geranium sanguineum* and cvs.	작음	0.25~1.0	9	어두운 색, 가장자리 들쑥날쑥함 **잎무더기형**	다양한 색조의 분홍색 **초-한여름**	짧음
삼쥐손이 *Geranium soboliferum*	작음	0.25~0.5	9	가장자리 들쑥날쑥함, 가을 단풍 **잎무더기형**	밝은 자주색 **한-늦여름**	짧음
숲제라늄 *Geranium sylvaticum*	작음	<0.25	9	가장자리 들쑥날쑥함 **돌출형**	청색, 분홍색 **초여름**	짧음
게라니움 왈리키아눔 *Geranium wallichianum*	작음	0.5~1.0	9	가장자리 들쑥날쑥함 **잎무더기형, 포복형**	청보라색 **늦여름-가을**	짧음
우단쥐손이 *Geranium wlassovianum*	작음	0.25~0.5	9	가장자리 들쑥날쑥함, 가을 단풍 **잎무더기형**	자주색 **한여름-가을**	짧음
게라니움 옥소니아눔 품종 *Geranium* ×*oxonianum* cvs.	작음	0.5~1.0	9	가장자리 들쑥날쑥함, 넓음 **잎무더기형**	분홍빛 색조 **초여름·늦여름-가을**	짧음
길레니아 트리폴리아타 *Gillenia trifoliata*	중간	0.25~0.5	3~5	좁음, 덤불형 **분지형**	흰색, 적색 **초여름**	9개월
숙근안개초 *Gypsophila paniculata*	중간	0.25~0.5	3~5	작음, 뾰족함 **돌출형, 분지형**	흰색 **초여름**	3~9개월
헬레니움속 교잡종 *Helenium* hybrids	큼	0.25~1.0	9	싱그러운 녹색 **직립형**	노란색, 적색, 갈색 **늦여름-가을**	3~9개월
헬레보루스속 종·교잡종 *Helleborus* spp. and hybrids	작음	0.25~1.0	9	손바닥 모양, 상록성 **넓은뿌리잎**	다양하고 섬세한 색 **봄**	3~9개월
원추리속 종·교잡종 *Hemerocallis* spp. and hybrids	작음	0.25~1.0	9	무더기를 이룸, 휘어짐 **좁은잎**	주홍색, 분홍색 **한-늦여름**	3~9개월
휴케라속 종·품종 *Heuchera* spp. and cvs.	작음	0.25~0.5	11	가장자리 들쑥날쑥함, 보통 색이 돋보임 **넓은뿌리잎**	자잘함, 크림색 **봄-한여름**	3~9개월·짧음
털휴케라 *Heuchera villosa*	작음	0.25~0.5	9	가장자리 들쑥날쑥함, 녹색 **넓은뿌리잎**	자잘함, 크림색 **늦여름-가을**	3~9개월·짧음
휴케렐라속 품종 ×*Heucherella* cvs.	작음	0.25~0.5	11	가장자리 들쑥날쑥함, 얼룩이 있음 **넓은뿌리잎**	크림색, 적색 **봄-한여름**	3~9개월·짧음
비비추속 종·교잡종 *Hosta* spp. and hybrids	작음-중간	0.5~1.0	5~9	큼지막함, 심장 모양, 가을 단풍 **넓은뿌리잎**	흰색, 연보라색 **한여름**	3~9개월

고유수명	증식력	정착력	자연발아력	서식처 햇빛	서식처 토양	내한성 구역	참고사항·관련 종
여러 해	느림	높음	적당	양지-반음지	건조, 척박	4	
여러 해	없음	높음	높음	양지-반음지	적습	5	빨간 가을 단풍
여러 해	제한적	높음	높음	양지-반음지		4	
여러 해	없음	높음	낮음	반음지	적습	4	
여러 해	없음	높음	적당	양지-반음지		5	
여러 해	적당	높음	적당-높음	양지-음지		5	품종이 아주 다양하고 대체로 아주 왕성하게 자람
여러 해	없음	높음	낮음	양지-반음지		4	붉은빛을 띤 가을 단풍
여러 해	없음	높음	낮음	양지	건조, 척박	4	습한 땅에서는 수명이 짧음
여러 해	느림	중간	낮음	양지	적습, 비옥	3	
여러 해	제한적	높음	적당-높음	양지-음지	건조	4	독특한 줄기를 지닌 품종은 수명이 짧은 편
여러 해	느림	높음	낮음	양지		3~5	
여러 해	제한적	낮음-중간	낮음	양지-반음지		4	휴케라 미크란타 *H. micrantha*는 교잡종보다 더 믿을 만함
여러 해	제한적	높음	낮음	양지-반음지	적습	3	
여러 해	느림	높음	낮음	양지-반음지		4	
여러 해	느림-적당	높음	낮음	양지-반음지	적습, 비옥	3	선명한 노란색 가을 단풍, 품종이 아주 다양함

숲제라늄

길레니아 트리폴리아타

헬레니움 '루빈츠베르크'

이리스 풀바

	키	너비 m	제곱미터당 개수	잎 형태구성	꽃 개화기	구조적 흥미
목향 Inula helenium	큼	0.25~0.5	7	큼지막함 돌출형	노란색 데이지 모양 초-한여름	3~9개월
대왕금불초 Inula magnifica	큼- 아주 큼	0.5~>1.0	7	아주 큼 돌출형, 직립형	노란색 데이지 모양 한여름	9개월
이리스 풀바 Iris fulva	작음	0.5~1.0	11	줄처럼 좁음 좁은잎	구리색 초여름	3~9개월
시베리아붓꽃 Iris sibirica	중간	0.25~0.5	11	촘촘함, 곧게 서는 무더기 좁은잎	청보라색 초여름	9개월
가새쑥부쟁이 Kalimeris incisa	작음	0.25~1.0	7	풍성함, 작음 직립형	아주 연한 보라색 초여름-가을	9개월
일본나도승마 Kirengeshoma palmata	중간	0.25~0.5	9	단풍나무 같음 떨기형	밝고 옅은 노란색 늦여름-가을	3~9개월
크나우티아 마케도니카 Knautia macedonica	작음-중간	0.25~0.5	9	길쭉함 떨기형, 분지형	진홍빛을 띤 분홍색 초여름-가을	3~9개월
크니포피아속 종·품종 Kniphofia spp. and cvs.	중간-큼	0.25~1.0	7	인상적인 로제트 모양 좁은잎	노란색, 주황색 한여름-가을	3~9개월
라미움 마쿨라툼 Lamium maculatum	아주 작음	0.25~0.5	9	작음, 조밀함 분지형, 포복형	분홍색, 흰색 봄-초여름	짧음
꽃산새콩 Lathyrus vernus	아주 작음	0.25~0.5	9	작은 쪽잎 떨기형	분홍색, 흰색 봄	짧음
라바테라 카케미리아나 Lavatera cachemiriana	큼	0.25~0.5	1	가장자리 들쑥날쑥함, 털 있음 직립형	연분홍색 한-늦여름	3~9개월
리아트리스속 종 Liatris spp.	중간-큼	<0.25~0.5	11	좁음, 풍성함 직립형, 돌출형	분홍색 한-늦여름	3~9개월
리베르티아 그란디플로라 Libertia grandiflora	중간	0.25~0.5	9	어두운 잎, 무더기를 이룸 좁은잎	순백색 초-한여름	9개월
곰취속 종·품종 Ligularia spp. and cvs.	중간-큼	0.5~1.0	5~7	큼지막함, 무성함 돌출형	노란색 한여름-가을	3~9개월
넓은잎스타티스 Limonium platyphyllum(L. latifolium)	작음	0.25~0.5	7	큼지막함, 광택 있음 돌출형	자욱한 느낌의 연보라색 한-늦여름	6개월

고유수명	증식력	정착력	자연발아력	서식처		내한성 구역	참고사항·관련 종
				햇빛	토양		
여러 해	제한적	높음	낮음	양지		5	
여러 해	제한적	높음	낮음	양지		6	대단히 아름답지만 잘 쓰러질 수 있음
여러 해	적당	중간	낮음	양지	적습	5	
여러 해	느림	중간	적당	양지		4	
여러 해	제한적	높음	낮음	양지-반음지		4	다른 종들도 좋음
여러 해	느림	높음	낮음	반음지	적습	5	자리 잡는 데 오래 걸림
<5년	없음	높음	높음	양지	건조	4	
여러 해	제한적	높음	낮음	양지		6~7	종과 품종이 다양하고, 내한성도 가지각색임
여러 해	느림	중간	낮음	반음지		3	일부 품종은 잎에 무늬가 있음
여러 해	제한적	높음	낮음	반음지		4	
<10년	없음	높음	적당	양지		6	
여러 해	느림	높음	낮음	양지		4	해양성 기후에서는 겨울에 식물체가 썩기 쉬움
여러 해	제한적	높음	낮음	양지	적습	8	다른 종들은 해양성 기후에 적합
여러 해	느림-적당	높음	낮음	양지-반음지	적습	4~5	식물체 크기와 번지는 정도가 다양함
여러 해	없음	높음	낮음	양지	건조, 척박	3	

일본나도승마

크나우티아 마케도니카

꽃산새콩

라바테라 카케미리아나

	키	너비 m	제곱미터당 개수	잎 형태구성	꽃 개화기	구조적 흥미
맥문동속·맥문아재비속 종 *Liriope* and *Ophiopogon* spp.	아주 작음	<0.25~0.5	11	줄처럼 좁음, 상록성 **좁은잎**	연보라색 **늦여름-가을**	3~9개월
숫잔대속 종·품종 *Lobelia* spp. and cvs.	중간	<0.25	9	산뜻한 녹색 **돌출형, 직립형**	적색, 보라색, 분홍색 **한-늦여름**	짧음
루나리아 레디비바 *Lunaria rediviva*	중간	0.25~0.5	9	넓음, 녹색 **돌출형**	아주 연한 보라색 **봄-초여름**	9개월
큰까치수염 *Lysimachia clethroides*	중간	0.5~1.0	7	좁음 **돌출형, 직립형**	흰색 이삭 모양 **늦봄-한여름**	3~9개월
리시마키아 에페메룸 *Lysimachia ephemerum*	중간	<0.25~0.5	9	회색, 좁음 **돌출형**	흰색 이삭 모양 **여름**	3~9개월
부처꽃속 종 *Lythrum* spp.	중간-큼	0.25~0.5	9	작음, 좁음 **직립형, 분지형**	분홍색 **한-늦여름**	3~9개월
마클레아이아속 종 *Macleaya* spp.	큼-아주 큼	>1.0	5	회색빛을 띰, 넓음 **직립형**	성긴 형태의 꽃송이 **한-늦여름**	9개월
미국솜대 (솜대속) *Maianthemum racemosa(Smilacina)*	중간	0.25~0.5	9	어두운 잎, 우아한 느낌 **떨기형**	크림색 꽃송이 **봄**	짧음
갯지치속 종 *Mertensia* spp.	아주 작음	0.25~0.5	9~11	회색빛을 띰, 넓음 **잎무더기형**	연청색 **봄**	짧음
모나르다 브라드부리아나 *Monarda bradburiana*	중간	0.25~1.0	9	향기 남 **직립형**	연분홍색 **초여름**	9개월
모나르다속 교잡종 *Monarda hybrids*	중간-큼	0.25~1.0	9	향기 남 **직립형**	분홍색, 자주색, 적색 **한여름**	3~9개월
돌단풍 *Mukdenia rossii*	아주 작음	0.25~0.5	9	넓음, 가장자리 들쑥날쑥함 **넓은뿌리잎**	미미함	3~9개월
네페타 라세모사 원종·유사종 *Nepeta racemosa* and similar spp.	아주 작음-작음	0.5~1.0	5~7	회색, 향기 남 **분지형, 포복형**	청보라색 **초-늦여름**	짧음
네페타 시비리카 *Nepeta sibirica*	중간	0.5~1.0	5~7	좁음, 향기 남 **떨기형**	청색 **한-늦여름**	짧음
네페타 수브세실리스 *Nepeta subsessilis*	중간	0.25~0.5	9	작음, 향기 남 **떨기형**	연보라색 **한-늦여름**	짧음

고유수명	증식력	정착력	자연발아력	서식처		내한성 구역	참고사항·관련 종
				햇빛	토양		
여러 해	느림-적당	높음	낮음	반음지-음지		5	번지는 정도는 기후에 따라 차이가 남
<10년	제한적	중간	낮음-적당	양지	적습, 비옥	3~7	태청숫잔대 L. syphilitica는 자연발아가 왕성할 수 있음
여러 해	제한적	높음	적당	반음지		4	향이 아주 좋고 꼬투리가 매력적임
여러 해	적당-빠름	높음	낮음	양지-반음지		3	까치수염 L. barystachys은 비슷한 종이지만 더 잘 번짐
<10년	없음	높음	낮음	양지-반음지	적습	6	
여러 해	없음-제한적	높음	적당-높음	양지	습윤	3	리트룸 비르가툼 L. virgatum은 북미에서 침입종으로 분류됨
여러 해	적당-빠름	높음	낮음-적당	양지-반음지		3	마클레아이아 미크로카르파 M. microcarpa는 번지는 정도가 덜함
여러 해	느림	높음	낮음	반음지-음지		3	
여러 해	느림	높음	낮음-적당	반음지-음지		3	
여러 해	적당	낮음	적당	양지-반음지	건조, 척박	3	가을 단풍
여러 해	느림	아주 낮음	낮음	양지-반음지	척박	3	
여러 해	느림-적당	높음	낮음	반음지-음지		6	
여러 해	제한적	높음	적당	양지	건조, 척박	4	더 많은 개박하속 Nepeta 종들이 쓰이고 있음
여러 해	적당	중간	적당	양지-반음지	건조	3	더위를 싫어함
여러 해	제한적	높음	낮음	양지-반음지		4	

루나리아 레디비바

리시마키아 에페메룸

마클레아이아속 종

네페타 수브세실리스

	키	너비 m	제곱미터당 개수	잎 형태구성	꽃 개화기	구조적 흥미
낮달맞이꽃 Oenothera fruticosa	작음	0.25~0.5	9	좁음 **떨기형**	노란색, 큼지막함 **초-한여름**	3~9개월
오리가눔속 종·품종 Origanum spp. and cvs.	작음-중간	0.25~0.5	11	작음, 향기 남 **떨기형**	붉은빛을 띤 분홍색 **한-늦여름**	3~9개월
작약속 풀 종류·교잡종 Paeonia herbaceous spp. and hybrids	중간	0.25~1.0	3~5	큼지막함, 가장자리가 아주 들쑥날쑥함 **떨기형**	분홍색, 적색 **초여름**	3~9개월
오리엔탈양귀비 교잡종 Papaver orientale hybrids	중간	0.5~1.0	7	털 있음, 치아 모양 톱니 **잎무더기형**	주황색, 분홍색 **초여름**	짧음
파르테니움 인테그리폴리움 Parthenium integrifolium	중간	0.25~0.5	9	가장자리 톱니, 어두운 잎 **떨기형**	흰색 **초-한여름**	3~9개월
펜스테몬 디기탈리스 Penstemon digitalis	작음	0.25~0.5	9	어두운 색, 붉은빛을 띰 **돌출형**	흰색 **초여름**	3~9개월
페로브스키아 아트리플리시폴리아 품종 Perovskia atriplicifolia cvs.	중간	0.25~0.5	1~3	고운 느낌, 회색 **직립형**	보랏빛을 띤 자주색 **한여름**	9개월
페르시카리아 암플렉시카울리스 품종 Persicaria amplexicaulis cvs.	중간-큼	0.5~>1.0	3~5	큼지막함, 넓음 **분지형**	적색, 분홍색 **한여름-가을**	3~9개월
페르시카리아 비스토르타 Persicaria bistorta	작음	0.5~1.0	5	큼지막함, 넓음 **돌출형**	분홍색 **초여름**	짧음
터키세이지 Phlomis russeliana	중간	0.5~1.0	9	큼지막함, 넓음, 상록성 **돌출형**	부드러운 노란색 **초여름**	9개월
플로미스 사미아 Phlomis samia	중간	0.25~1.0	9	큼지막함, 넓음 **돌출형**	분홍색 **초여름**	9개월
뿌리속단 Phlomis tuberosa	큼	0.25~1.0	9	어두운 잎, 줄무늬 있음 **돌출형**	분홍색 **초여름**	9개월
풀협죽도, 플록스 마쿨라타 품종·교잡종 Phlox paniculata and P. maculata cvs. and hybrids	중간-큼	0.25~1.0	9	녹색 **직립형**	분홍색, 적색, 자주색 **한-늦여름**	3~9개월
플록스 디바리카타·플록스 스톨로니페라 품종 Phlox divaricata and P. stolonifera cvs.	아주 작음	0.25~1.0	11	작음, 풍성함 **분지형, 포복형**	청색, 분홍색 **봄-초여름**	짧음
참꽃고비 Polemonium caeruleum	중간	<0.25	9	연한 색, 깃 모양 **돌출형**	청색 **초여름**	짧음

고유수명	증식력	정착력	자연발아력	서식처		내한성 구역	참고사항·관련 종
				햇빛	토양		
<10년	없음	높음	적당-높음	양지	건조, 척박	4	다른 달맞이꽃속Oenothera 종들도 좋음
여러 해	제한적	높음	높음	양지-반음지	건조, 척박	5	
장수	제한적	높음	낮음	양지	비옥	3	
여러 해	제한적	높음	낮음	양지	건조	3	여름철 휴면에 들어감
여러 해	제한적	높음	낮음	양지	건조	4	
<10년	제한적-느림	높음	낮음	양지-반음지	건조	3	암적색 가을 단풍
여러 해	없음	높음	낮음	양지	건조, 척박	3	극단적인 기후에서 아주 잘 견딤
여러 해	적당	높음	적당	양지-반음지	적습, 비옥	4	덤불로 자라는 습성이 쓰임새가 좋음
여러 해	빠름	높음	낮음	양지-반음지	적습, 비옥	4	늦여름에 꽃이 다시 피기도 함
여러 해	적당	높음	적당	양지-반음지		4	대단히 가꾸기 쉬운 식물로 잡초를 억제함
여러 해	적당	높음	낮음	양지	건조	7	
여러 해	느림	높음	낮음-높음	양지	건조	5	
여러 해	느림	낮음-중간	낮음	양지-반음지	비옥	3~4	품종마다 활동성이 아주 다양함
여러 해	적당	중간	낮음	반음지		3~5	잘 자라기 위해서는 부식질이 풍부한 토양이 필요함
<5년	없음	높음	적당-높음	양지	적습	4	더위를 싫어함

페르시카리아 암플렉시카울리스

페르시카리아 비스토르타

풀협죽도

폴리고나툼 히브리둠

	키	너비 m	제곱미터당 개수	잎 형태구성	꽃 개화기	구조적 흥미
둥굴레속, 애기나리속 종·교잡종 Polygonatum and Disporum spp. and hybrids	중간	0.25~0.5	9	우아한 느낌 **직립형**	크림색 종 모양 **봄**	3~9개월
앵초속 - 키 큰 히말라야 계열 Primula - tall Himalayan types	중간	<0.25	11	로제트 모양 **돌출형**	분홍색, 노란색 **초여름**	짧음
풀모나리아속 종·품종 Pulmonaria spp. and cvs.	작음	0.25~0.5	11	털 있음, 넓음, 보통 얼룩 있음 **잎무더기형**	청색, 분홍색 **봄-초여름**	짧음
피크난테뭄속 종 Pycnanthemum spp.	중간	0.25~1.0	9	회색, 향기 남 **직립형**	흰색 포 **한-늦여름**	3~9개월
도깨비부채속 종·품종 Rodgersia spp. and cvs.	중간	0.5~1.0	9	아주 큼, 보통 구리색 **넓은뿌리잎**	흰색·분홍색 큰 꽃송이 **초-한여름**	9개월
풀기다루드베키아 Rudbeckia fulgida	작음	0.25~1.0	9	어두운 색, 넓음 **떨기형, 돌출형**	노란색 데이지 모양 **늦여름-가을**	3~9개월
삼잎국화 Rudbeckia laciniata(R. nitida)	큼-아주 큼	0.5~1.0	5	깊게 갈라짐 **돌출형**	노란색 데이지 모양 **늦여름-가을**	3~9개월
잔털루드베키아 Rudbeckia subtomentosa	중간	0.25~0.5	7	깊게 갈라짐 **돌출형**	노란색 데이지 모양 **늦여름-가을**	3~9개월
루엘리아 후밀리스 Ruellia humilis	작음	0.25~0.5	9	작음, 풍성함 **분지형**	펼쳐짐, 보라색 **초여름-가을**	3~9개월
살비아 아주레아 Salvia azurea	큼	0.5~1.0	9	회색빛을 띰 **돌출형**	청색 **늦여름-가을**	짧음
끈끈이세이지 Salvia glutinosa	작음-중간	0.5~1.0	9	넓은 잎 **떨기형**	연노란색 **초-한여름**	3~9개월
라일락샐비어 Salvia verticillata	작음	0.25~0.5	9	거친 질감 **떨기형**	보랏빛 색조 **한여름**	3~9개월·짧음
살비아 수페르바, 살비아 네모로사, 살비아 실베스트리스 Salvia ×superba, S. nemorosa, S. ×sylvestris	작음	0.25~0.5	9	무광 질감 **떨기형**	청색, 보라색, 분홍색 **초여름·늦여름**	짧음
오이풀속 종 Sanguisorba spp.	작음-큼	0.5~1.0	3~5	깃 모양, 아주 매력적임 **돌출형, 떨기형**	암적색, 흰색 **초여름-가을**	3~9개월
사포나리아 렘페르기이 '막스 프라이' Saponaria lempergii 'Max Frei'	작음	0.25~1.0	11	작음, 반상록성 **떨기형, 포복형**	연분홍색 **초-늦여름**	짧음

고유수명	증식력	정착력	자연발아력	서식처		내한성 구역	참고사항·관련 종
				햇빛	토양		
여러 해	느림	높음	낮음	반음지-음지	적습	3~5	일부 종은 여름철 휴면에 들어가기도 함
<5년-여러 해	없음-제한적	높음	적당-높음	양지-반음지	적습	3~6	프리물라 플로린데 P. florindae만이 믿을 만한데, 더위를 싫어함
여러 해	제한적-느림	높음	낮음	양지-반음지	적습	3~4	덥고 건조하면 여름철 휴면에 들어가기도 함
여러 해	느림-적당	높음	낮음	양지	건조	3~4	종마다 건조에 강한 정도가 다름
여러 해	적당	높음	낮음	양지-반음지	적습, 비옥	5	자리 잡는 데 오래 걸릴 수 있음
여러 해	적당	중간	낮음	양지-반음지		3	아주 풍성한 꽃
여러 해	적당	높음	적당	양지		3	
여러 해	느림	높음	낮음	양지		4	
여러 해	느림	높음	적당	양지-반음지	건조	4	
여러 해	제한적	높음	낮음	양지		6	늦게 꽃피는 식물로 아주 좋음
여러 해	느림	높음	높음	반음지	건조	6	건조하고 그늘진 곳에 적합
<10년	없음	높음	적당-높음	양지		6	
<10년	없음	높음	적당	양지	건조, 척박	6	건조한 석회질 토양에 중요한 식물
여러 해	제한적-적당	높음	적당	양지	적습	3~5	많은 식물이 뒤가 훤히 드러나는 꽃무리를 이루고 잎이 매력적임
여러 해	느림	높음	낮음	양지		7	

피크난테뭄 무티쿰

칠엽도깨비부채 품종

잔털루드베키아

루엘리아 후밀리스

	키	너비 m	제곱미터당 개수	잎 형태구성	꽃 개화기	구조적 흥미
스카비오사 카우카시카 *Scabiosa caucasica*	작음	0.25~0.5	9	회색빛을 띰, 가장자리 들쑥날쑥함 **떨기형**	연청색, 분홍색 **한여름**	짧음
잉카나골무꽃 *Scutellaria incana*	중간-큼	0.25~0.5	9	길쭉함 **직립형, 분지형**	청색 통 모양 **한-늦여름**	3~9개월
세둠 '버트럼 앤더슨' *Sedum* 'Bertram Anderson'	작음	0.25~0.5	11	회색, 둥근 모양 **떨기형, 포복형**	자줏빛을 띤 분홍색 **한-늦여름**	짧음
큰꿩의비름 · 자주꿩의비름 교잡종 *Sedum spectabile* and *S. telephium* hybrids	작음	0.5~1.0	9	다육성 **떨기형**	분홍색, 적색 **늦여름-가을**	9개월
셀리눔 왈리키아눔 *Selinum wallichianum*	중간	0.5~1.0	9	잘게 갈라짐 **돌출형**	흰색 우산 모양 **한여름**	3~9개월
시달세아속 종 · 품종 *Sidalcea* spp. and cvs.	중간	0.25~0.5	9	가장자리 들쑥날쑥함 **돌출형**	분홍색 **한여름**	짧음
실피움속 종 *Silphium* spp.	큼-아주 큼	0.5~1.0	1	큼지막함, 가죽 느낌 **돌출형**	노란색 데이지 모양 **늦여름-가을**	3~9개월
미역취속, 솔리다스테르속 종 · 교잡종 *Solidago* and ×*Solidaster* spp. and hybrids	중간-큼	0.25~1.0	7	작음, 풍성함 **직립형**	노란색 꽃송이 **늦여름-가을**	3~9개월
큰꽃석잠풀 *Stachys macrantha*	작음	0.25~0.5	9	넓음, 두툼함 **잎무더기형**	자줏빛을 띤 분홍색 **늦봄-초여름**	3~9개월
램스이어 *Stachys byzantina*	작음	0.5~1.0	11	은색, 털 있음 **잎무더기형**	미미함	짧음
스타키스 오피시날리스 원종 · 교잡종 *Stachys officinalis* and hybrids	작음	0.25~0.5	9	작음, 어두운 색 **돌출형**	진분홍색 **한여름**	9개월
컴프리 '루브룸' *Symphytum* 'Rubrum'	작음-중간	0.5~1.0	9	큼, 거친 느낌 **잎무더기형**	적색 **늦봄-초여름**	짧음
텔레키아 스페시오사 *Telekia speciosa*	큼	0.5~1.0	5~7	아주 큼 **돌출형**	노란색 데이지 모양 **초-늦여름**	3~9개월
텔리마 그란디플로라 *Tellima grandiflora*	작음	0.25~0.5	11	조밀함, 밝은 녹색 **잎무더기형**	연녹색 **늦봄**	짧음
꿩의다리 *Thalictrum aquilegiifolium*	중간-큼	0.25~0.5	9	섬세함, 아주 작은 쪽잎 **돌출형**	자줏빛을 띤 분홍색 **초여름**	3~9개월

고유수명	증식력	정착력	자연발아력	서식처		내한성 구역	참고사항·관련 종
				햇빛	토양		
<10년	없음	높음	적당	양지		4	
여러 해	느림	높음	낮음	양지	건조	5	회색 씨송이가 매력적임
여러 해	제한적	높음	낮음	양지	건조	5	
여러 해	없음	높음	낮음	양지	건조	4	여러 종류의 품종과 교잡종이 있음
<10년	없음	높음	적당	양지-반음지		8	
<10년	제한적	높음	낮음	양지		5	
장수	제한적	높음	적당	양지		3	실피움 라시니아툼 S. laciniatum은 잎이 깊게 갈라짐
여러 해	느림-빠름	중간-높음	적당	양지		3~5	꽃송이 형태와 번지는 정도가 아주 다양함
여러 해	느림	높음	낮음	양지-반음지		6	
여러 해	적당	높음	낮음	양지	건조	5	'빅 이어스Big Ears'가 특히 좋음
여러 해	제한적	높음	적당	양지-반음지		5	
여러 해	적당	높음	낮음	양지-반음지	비옥	5	그 밖의 여러 종은 드세게 번지는 편
<10년	없음	높음	적당	반음지		6	일부 품종은 잎이 자주색·구리색
여러 해	느림	높음	적당-높음	반음지-음지		6	건조하고 그늘진 곳에 좋음
여러 해	제한적	높음	적당-높음	양지-반음지	적습	4	모든 종이 서늘한 기후를 선호함

셀리눔 왈리키아눔

주름미역취

램스이어 '빅 이어스'

꿩의다리

	키	너비 m	제곱미터당 개수	잎 형태구성	꽃 개화기	구조적 흥미
탈릭트룸 플라붐 *Thalictrum flavum*	큼	0.25~0.5	7	회색빛을 띰 **돌출형**	연노란색 **초여름**	3~9개월
반들꿩의다리 *Thalictrum lucidum*	큼	0.25~0.5	7	반들거림, 쪽잎 **돌출형**	크림색 **초여름**	3~9개월
탈릭트룸 푸베센스(탈릭트룸 폴리가뭄) *Thalictrum pubescens(T. polygamum)*	큼-아주 큼	0.25~0.5	9	섬세함, 아주 작은 쪽잎 **돌출형**	크림색 **초여름**	3~9개월
중국금꿩의다리, 금꿩의다리 원종 · 교잡종 *Thalictrum delavayi and Thalictrum rochebrunnianum and hybrids*	큼-아주 큼	0.25~0.5	9	섬세함, 아주 작은 쪽잎 **돌출형**	자줏빛을 띤 분홍색 **한여름**	3~9개월
갯활량나물속 종 *Thermopsis spp.*	중간	0.25~1.0	5~7	쪽잎 **직립형, 돌출형**	노란색 루피너스 같은 꽃 **초여름**	3~9개월
헐떡이풀속 종 · 품종 *Tiarella spp. and cvs.*	작음	<0.25~0.5	11	매력적인 얼룩 **잎무더기형**	크림색 이삭 모양 **봄**	짧음
뻐꾹나리속 종 · 품종 *Tricyrtis spp. and cvs.*	작음-중간	<0.25~0.5	9	우아한 느낌 **직립형**	반점 있음 **늦여름-가을**	짧음
트리폴리움 파노니쿰 *Trifolium pannonicum*	작음	0.25~0.5	9	토끼풀 같음 **잎무더기형**	크림색 **초-한여름**	3~9개월
붉은새깃토끼풀 *Trifolium rubens*	작음	0.25~0.5	9	토끼풀 같음 **잎무더기형**	분홍빛을 띤 적색 **초-한여름**	3~9개월
금매화속 종 · 품종 *Trollius spp. and cvs.*	작음-중간	0.25~0.5	9	어두운 색, 가장자리 들쑥날쑥함 **돌출형**	노란색 **봄-초여름**	짧음
여로속 종 *Veratrum spp.*	중간-큼	0.25~0.5	7	주름이 짐, 대단히 매력적임 **돌출형**	녹색 또는 갈색 **여름**	3~9개월
우단담배풀속 종 *Verbascum spp.*	큼-아주 큼	0.25~0.5		로제트 모양 **돌출형**	대부분 노란색 **초-한여름**	9개월
나래가막사리 *Verbesina alternifolia*	아주 큼	0.5~1.0	7	작음, 풍성함 **직립형**	노란색, 작음 **늦여름-가을**	3~9개월
베르노니아속 종 *Vernonia spp.*	아주 큼	0.25~1.0	7	어두운 색, 좁음 **직립형**	진보라색 **가을**	3~9개월
베로니카 아우스트리아카 원종 · 품종 *Veronica austriaca and cvs.*	작음	0.25~0.5	11	어두운 색, 작은 잎 **직립형**	진청색 **초여름**	짧음

고유수명	증식력	정착력	자연발아력	서식처		내한성 구역	참고사항·관련 종
				햇빛	토양		
여러 해	제한적	높음	적당	양지	적습	5	
여러 해	느림	높음	적당-높음	양지	적습	4	
여러 해	제한적	높음	적당	양지	적습	4	
여러 해	제한적	높음	낮음	양지-반음지	적습	5	쓸 수 있는 교잡종 종류가 늘고 있음
여러 해	제한적	높음	낮음	양지		2~4	일부 종은 드세게 번지기도 함
여러 해	느림-적당	높음	낮음	반음지-음지	적습	4	많은 신품종
여러 해	느림-적당	높음	낮음	반음지-음지	적습	4~6	많은 신품종
여러 해	없음	높음	낮음-적당	양지		5	
여러 해	없음	높음	적당	양지		6	
여러 해	없음	높음	낮음	양지	적습	5~6	
장수	제한적	높음	낮음	양지-반음지	적습, 비옥	5~6	
<5년	없음	높음	높음	양지	건조, 척박	4~5	규모가 아주 큰 식물속 모아서 심지 않음
장수	느림	높음	낮음	양지	적습	4	제한적인 관상가치
장수	느림	높음	낮음	양지	적습, 비옥	4	
여러 해	느림	높음	낮음	양지	건조	4	다양한 품종

금꿩의다리

훼리매화헐떡이풀

참여로

나래가막사리

	키	너비 m	제곱미터당 개수	잎 형태구성	꽃 개화기	구조적 흥미	
긴산꼬리풀 원종·품종 Veronica longifolia and cvs.	중간	0.25~0.5	9	작음, 풍성함 **직립형, 분지형**	청색, 분홍색 **한-늦여름**	3~9개월	
이삭꼬리풀 Veronica spicata	작음	0.25~0.5	9	회색빛을 띰 **직립형, 떨기형**	청색, 분홍색 **봄-초여름**	3~9개월	
냉초속 종·품종 Veronicastrum spp. and cvs.	큼	0.25~0.5	7	좁음 **돌출형, 직립형**	청색, 분홍색 **초-한여름**	9개월	
지지아 아우레아 Zizia aurea	작음	<0.25	9	깊게 갈라짐, 산뜻한 녹색 **돌출형**	노란연두색 **봄-초여름**	3~9개월	

새풀류 GRASSES

	키	너비 m	제곱미터당 개수	잎 형태구성	꽃 개화기	구조적 흥미	
안드로포곤 게라르디이 Andropogon gerardii	아주 큼	0.5~1.0	5	위로 곧게 섬 **무더기형**	독특함 **늦여름**	3~9개월	
아네만텔레 레소니아나 Anemanthele lessoniana	작음	0.5~1.0	5	올리브색에서 구리색 **총생형**	분산된 느낌의 꽃송이 **늦여름-가을**	3~9개월	
보우텔로우아 쿠르티펜둘라 Bouteloua curtipendula	중간	0.25~1.0	9	위로 곧게 섬 **총생형**	좁은 꽃송이 **초-늦여름**	3~9개월	
중방울새풀 Briza media	작음	<0.25	9	회색빛을 띰, 느슨함 **총생형**	나부끼는 꽃송이 **초여름**	짧음	
바늘새풀 '칼 푀르스터' Calamagrostis ×acutiflora 'Karl Foerster'	큼	0.5~1.0	1~3	아주 곧게 섬 **무더기형**	솜털 같은 원뿔 모양 꽃송이 **초여름-겨울**	9개월	
칼라마그로스티스 브라키트리카 Calamagrostis brachytricha	중간	0.25~1.0	5	성긴 형태를 이룸 **총생형**	솜털 같은 원뿔 모양 꽃송이 **늦여름-겨울**	3~9개월	
야자사초 Carex muskingumensis	작음	0.25~0.5	7	녹색, '층층이 단을 이룸' **무더기형**	미미함	9개월	
카렉스 브로모이데스 Carex bromoides	작음	0.25~0.5	11	고운 느낌 **무더기형**	미미함	짧음	
카렉스 딥사세아·그 밖의 뉴질랜드 종 Carex dipsacea and other New Zealand spp.	작음	0.25~0.5	9	돋보이는 색, 상록성 **총생형**	미미함	9개월	
카렉스 플라카 Carex flacca	작음	0.25~0.5	11	빳빳함, 상록성 **매트형**	미미함	짧음	

고유수명	증식력	정착력	자연발아력	서식처		내한성 구역	참고사항·관련 종
				햇빛	토양		
여러 해	느림	높음	적당	양지	적습	4	다양한 품종
여러 해	느림	높음	적당	양지	건조	3~4	다양한 품종
여러 해	느림	높음	적당	양지		3	품종이 다양해지고 있고 가을 단풍이 멋짐
여러 해	느림	높음	적당	양지		3	지지아 압테라 Z. aptera와 비슷함

버지니아냉초

고유수명	증식력	정착력	자연발아력	서식처		내한성 구역	참고사항·관련 종
				햇빛	토양		
장수	느림	높음	적당	양지		3	
<10년	없음	높음	높음	양지-반음지		8	
여러 해	적당	높음	낮음	양지		4	보우텔로우아 그라실리스 B. gracilis도 지피식물로 좋음
여러 해	제한적	높음	적당-높음	양지		4	
여러 해	적당	높음	낮음	양지		5	
여러 해	없음	높음	적당-높음	양지		4	
장수	느림	높음	낮음	양지-반음지		4	독특한 습성
여러 해	제한적-느림	높음	낮음	양지-반음지	적습	2	
<10년-여러 해	없음	높음	적당-높음	양지		6	
여러 해	적당	높음	낮음	양지-반음지		4	염분에 노출된 모래땅에 적합

중방울새풀

바늘새풀 '칼 푀르스터'

꽃그령

식물 목록

	키	너비 m	제곱미터당 개수	잎 형태구성	꽃 개화기	구조적 흥미
카렉스 펜실바니카 Carex pensylvanica	작음	0.25~0.5	11	고운 느낌, 상록성 **매트형**	미미함	짧음
낚시귀리 Chasmanthium latifolium	중간	0.25~0.5	7	넓음 **무더기형**	귀리 같은 원뿔 모양 꽃송이 **늦여름-가을**	3~9개월
좀새풀 Deschampsia cespitosa	중간	0.25~1.0	5	어두운 색, 광택 있음 **총생형**	분산된 느낌의 꽃송이 **한여름-겨울**	9개월
병솔개밀 Elymus hystrix(Hystrix patula)	중간	0.25~0.5	7~9	느슨한 형태로 곧게 섬 **무더기형**	성긴 형태의 꽃송이 **한-늦여름**	3~9개월
꽃그령 Eragrostis spectabilis	작음	0.25~0.5	9	적당한 너비, 가을 단풍 **총생형**	분산된 느낌의 꽃송이 **늦여름**	6개월
페스투카 마이레이 Festuca mairei	작음	0.25~0.5	1	빳빳함 **총생형**	좁음, 빳빳함 **한여름-겨울**	9개월
풍지초 Hakonechloa macra	작음	0.25~0.5	9	'빗질한' 모습, 가을 단풍 **무더기형-매트형**	미미함	3~9개월
도랭이피 Koeleria macrantha	작음	0.25~0.5	9	밝은 녹색 **무더기형**	밝은 색 **늦봄-초여름**	3~9개월
꿩의밥속 종·품종 Luzula spp. and cvs.	아주 작음-작음	0.25~0.5	9	넓음, 상록성 **매트형**	크림색, 갈색 **초여름**	짧음
참억새 품종·관련 종 Miscanthus sinensis cvs. and related spp.	중간-아주 큼	0.5~1.0	1	넓음, 주맥은 보통 은색 **무더기형**	은빛을 띤 적색 **늦여름-겨울**	3~9개월
몰리니아 세룰레아 품종 Molinia caerulea cvs.	중간	0.25~0.5	5~7	좁음, 가을 단풍 **총생형**	고운 느낌, 분산된 느낌 **가을-초겨울**	3~9개월
몰리니아 세룰레아 아룬디나세아 Molinia caerulea subsp. arundinacea	큼-아주 큼	0.5~1.0	1	좁음, 가을 단풍 **총생형**	고운 느낌, 분산된 느낌 **가을-초겨울**	3~9개월
가는잎나래새 Nassella tenuissima(Stipa tenuissima)	작음	<0.25	9	아주 고운 느낌 **총생형**	고운 느낌, 부드러운 느낌 **한여름-겨울**	9개월
큰개기장 원종·품종 Panicum virgatum and cvs.	중간-큼	0.5~1.0	5	넓음, 가을 단풍 **무더기형**	고운 느낌, 분산된 느낌 **가을-겨울**	3~9개월
수크령 Pennisetum alopecuroides	중간	0.5~1.0	1~3	좁음, 가을 단풍 **무더기형**	솜털 같은 꽃송이 **늦여름-초겨울**	3~9개월

고유수명	증식력	정착력	자연발아력	서식처		내한성 구역	참고사항·관련 종
				햇빛	토양		
여러 해	적당	높음	낮음	반음지		4	
여러 해	제한적	높음	낮음	양지-반음지		3	
<10년	없음	높음	높음	양지-반음지	척박	4	
여러 해	느림	높음	낮음	양지-반음지		3	
<5-10년	없음	높음	적당	양지		5	가을 단풍
여러 해	없음	높음	낮음	양지		5	자라는 속도 느림
여러 해	느림-적당	높음	낮음	반음지	적습	5	연노란색 가을 단풍
<5-10년	없음	높음	적당	양지		4	
여러 해	적당	높음	낮음	반음지-음지		6	건조하고 그늘진 곳에 대체로 좋음
여러 해	느림	높음	낮음-높음	양지		5	일부 품종은 심하게 번질 수 있음
여러 해	없음	높음	낮음	양지-반음지		4	선명한 노란색 가을 단풍
여러 해	없음	높음	낮음	양지-반음지		4	선명한 노란색 가을 단풍
<5년	없음	높음	높음	양지		7	
여러 해	느림	높음	적당	양지		4	일부 품종은 암적색 가을 단풍
여러 해	느림	높음	적당	양지		6	가을 단풍

능수참새그령

페스투카 마이레이

풍지초

페니세툼 비리데센스

	키	너비 m	제곱미터당 개수	잎 형태구성	꽃 개화기	구조적 흥미
오리엔탈레수크령 *Pennisetum orientale*	중간-큼	0.5~1.0	3~5	좁음 무더기형	솜털 같은 꽃송이 **늦여름-초겨울**	3~9개월
스키자키리움 스코파리움 *Schizachyrium scoparium*	작음-중간	0.25~1.0	5~7	좁음, 가을 단풍 **총생형**	시각적 효과가 낮음	3~9개월
세슬레리아속 종 *Sesleria spp.*	작음	0.25~0.5	9	조밀함, 청록색 **매트형**	미미함	9개월
소르가스트룸 누탄스 *Sorghastrum nutans*	큼	0.25~0.5	5~7	보통 회색빛을 띰 **무더기형**	갈색 **늦여름-겨울**	3~9개월
큰기름새 *Spodiopogon sibiricus*	중간-큼	0.25~0.5	5~7	넓음, 어두운 색 **무더기형**	갈색 **늦여름-겨울**	3~9개월
스포로볼루스 헤테롤레피스 *Sporobolus heterolepis*	중간	0.25~1.0	9	고운 느낌 **총생형**	고운 느낌, 분산된 느낌 **늦여름-겨울**	3~9개월
스티파 바르바타, 스티파 풀케리마 *Stipa barbata, S. pulcherrima*	중간	0.25~0.5	9	고운 느낌 **총생형**	이례적으로 길쭉함 **초여름**	3~9개월
스티파 칼라마그로스티스(나래새속) *Stipa calamagrostis(Achnatherum)*	중간	0.5~1.0	9	고운 느낌 **총생형**	부드러운 꽃송이 **초여름-가을**	3~9개월
큰나래새 *Stipa gigantea*	큼	0.5~1.0	1	고운 느낌, 상록성 **총생형**	아주 성긴 형태 **한여름-가을**	3~9개월

고사리류 FERNS

	키	너비 m	제곱미터당 개수	잎 형태구성	꽃 개화기	구조적 흥미
공작고사리 *Adiantum pedatum*	작음	0.25-0.5	11	섬세함, 미세한 쪽잎		짧음
개고사리 '메탈리쿰' *Athyrium niponicum 'Metallicum'*	작음	0.25-0.5	9-11	얼룩 뚜렷함		짧음
관중속 종 *Dryopteris spp.*	작음-중간	0.25-0.5	7-9	낙엽성, 일부 종은 반상록성		3-9개월
왕관고비 *Osmunda regalis*	중간	0.5-1.0	5-7	큼지막함, 거대함, 깊게 갈라짐		9개월
폴리스티쿰 세티페룸 원종·품종 *Polystichum setiferum and cvs.*	작음	0.25-0.5	7	아주 잘게 갈라짐, 상록성		9개월

고유수명	증식력	정착력	자연발아력	서식처 햇빛	서식처 토양	내한성 구역	참고사항·관련 종
여러 해	느림	높음	적당	양지		5~6	가장 좋은 품종으로 '톨 테일스Tall Tails'를 손꼽을 수 있음
<5-10년	제한적	높음	적당-높음	양지		3	쓰러질 수는 있지만 잎이 아름답고 가을 단풍이 멋짐
여러 해	적당	높음	낮음	양지	척박	4	세슬레리아 아우툼날리스 S. autumnalis는 잎이 뚜렷한 연두색
장수	느림-적당	높음	적당	양지		3	'수 블루Sioux Blue'가 특히 좋음
여러 해	제한적-느림	높음	낮음	양지-반음지		4	서늘한 기후에서 가장 좋음
장수	제한적-느림	높음	적당	양지	건조	3	서늘한 기후에서는 자리 잡는 데 오래 걸릴 수 있음
여러 해	없음	높음	낮음	양지	건조	5	시각적으로 아주 가벼운 느낌
여러 해	없음-제한적	높음	낮음	양지	건조	5	비옥한 토양에서는 쓰러짐
장수	없음	높음	낮음	양지	건조	5	뒤가 훤히 드러나는 꽃송이로 잘 알려진 식물
여러 해	적당	높음	적당	음지	적습	3	
여러 해	느림-적당	높음	낮음	음지		3	
여러 해	제한적	높음	낮음	양지-음지		4-5	잎의 질감과 크기가 아주 다양함
장수	제한적	높음	낮음	양지-반음지	적습	3	일부 비슷한 종들이 더러 있음
장수	제한적	높음	낮음	양지-음지		6	건조에 아주 강한 식물 중 하나

큰기름새

큰나래새

공작고사리

폴리스티쿰 세티페룸 '헤렌하우젠'

식물명

식물명이 계속 변화하거나 너무 긴 이름으로 바뀌는 것은 정원사, 조경가, 식물학자더 정확히 말하자면 분류학자들을 성가시게 한다. 과학적 엄밀성은 중요하지만 때로는 타협할 필요가 있다. 이 책에서는 식물명과 관련하여 가장 권위 있다고 널리 인정받는 영국왕립원예협회의 체계를 따랐다. 하지만 혼란을 피하기 위해 아래의 내용을 읽어 보기를 바란다.

그림이나 표에 분류학적으로 정확한 식물명을 쓰기에는 너무 길기도 하고 보통 사람들에게 어렵게 느껴질 수 있다. 따라서 이 책에서는 아래처럼 줄여서 기재했다:

- 바늘새풀 '칼 포르스터'*Calamagrostis acutiflora* 'Karl Foerster'는 *Calamagros* 'Karl Foerster'로도 표기했다.
- 몰리니아 '에디트 두추스'*Molinia* 'Edith Dudszus', 몰리니아 '하이데브라우트'*M.* 'Heidebraut', 몰리니아 '모어헥세'*M.* 'Moorhexe'는 전부 몰리니아 세룰레아 세룰레아*Molinia caerulea* subsp. *caerulea*의 품종이다.
- 몰리니아 '트랜스패어런트'*Molinia* 'Transparent'는 몰리니아 세룰레아 아룬디나세아 '트랜스패어런트'*M. caerulea* subsp. *arundinacea* 'Transparent'다. 아룬디나세아 계열은 키가 매우 크다.

분류학자들은 식물 분류체계를 계속 정리해 나가는 과정이나 새로운 지식이 도입되었을 때 식물명을 변경한다. 정원이나 조경 분야 사람들이 변경된 식물명을 받아들이기까지는 시간이 너무 오래 걸리고 어쩌면 아무런 변화가 없을지도 모른다. 여기에서는 일부 논란이 있거나 변경된 식물명에 관해 밝히고자 한다.

아코노고논 '요하니스볼케'*Aconogonon* 'Johanniswolke'는 영어권에서 대왕여뀌*Persicaria polymorpha*라고 부르는 식물이다. 아코노고논이라는 속명은 분류학자의 체계를 따랐다. 한스 지몬Hans Simon의 육묘장에서 만들어진 교잡종이기 때문에 그가 제안한 품종명세례자 요한의 승천을 가리킨다을 사용하는 것이 더 적합해 보인다. 독일에서는 아코노고논 '요하니스볼케'라고 부른다.

아스페룰라 오도라타*Asperula odorata*는 선갈퀴*Galium odoratum*다.

아스테르속*Aster*은 최근 DNA를 기반으로 한 조사 결과를 바탕으로 재분류되었다. 식물학계 밖의 사람들에게는 새로운 식물명이 생소하게 느껴질 수 있기 때문에 이 책에서는 이전 식물명을 사용했다. 새롭게 제시된 식물명은 미국농무부와 미주리식물원Missouri Botanic Garden의 분류체계를 따랐다:

아스테르 코르디폴리우스*Aster cordifolius*는 현재 심피오트리쿰 코르디폴리움*Symphyotrichum cordifolium*이다.

아스테르 디바리카투스*Aster divaricatus*는 현재 유리비아 디바리카투스*Eurybia divaricatus*다.

아스테르 에리코이데스*Aster ericoides*는 현재 심피오트리쿰 에리코이데스*Symphyotrichum ericoides*다.

아스테르 레비스*Aster laevis*는 현재 심피오트리쿰 레베*Symphyotrichum laeve*다.

아스테르 라테리플로루스 '호리존탈리스'*Aster lateriflorus* 'Horizontalis'는 현재 심피오트리쿰 라테리플로룸 '호리존탈리스'*Symphyotrichum lateriflorum* 'Horizontalis'다.

아스테르 노베앙글리에*Aster novae-angliae*는 현재 심피오트리쿰 노베앙글리에*Symphyotrichum novae-angliae*다.

아스테르 오블롱기폴리우스 '옥토버 스카이스'*Aster oblongifolius* 'October Skies'는 현재 심피오트리쿰 오블롱기폴리움 '옥토버 스카이스'*Symphyotrichum oblongifolium* 'October Skies'다.

아스테르 움벨라투스*Aster umbellatus*는 현재 델링게리아 움벨라타*Doellingeria umbellata*다.

아스테르 헤르베이이 '트와일라이트'*Aster* ×*herveyi* 'Twilight'아스테르 마크로필루스*A. macrophyllus*는 현재 유리비아 헤르베이이 '트와일라이트'*Eurybia* ×*herveyi* 'Twilight', 유리비아 마크로필라*E. macrophylla*다.

까실쑥부쟁이*Aster ageratoides*, 아스테르 프리카르티이*Aster* ×*frikartii*, 개미취*Aster tataricus*는 이전과 동일하다.

밥티시아 알바 마크로필라Baptisia alba subsp. macrophylla는 밥티시아 류칸타Baptisia leucantha로 부르기도 한다.

승마속Cimicifuga은 노루삼속Actaea의 부분으로 포함시켰는데, 아마 정원사들은 납득이 잘 안 될 것이다! 또한 아직 모든 곳에서 받아들여지지도 않았다.

DNA 분석으로 등골나물속Eupatorium도 재분류되었다:

유파토리움 루고숨Eupatorium rugosum은 현재 서양등골나물Ageratina altissima로 분류된다.

점등골나물Eupatorium maculatum은 현재 유파토리아델푸스 마쿨라투스Eupatoriadelphus maculatus로 분류된다.

리모니움 라티폴리움Limonium latifolium은 현재 넓은잎스타티스L. platyphyllum로 분류된다.

세둠속Sedum 중에서 더 크게 자라는 식물은 현재 꿩의비름속Hylotelephium으로 간주된다.

작고 솜털 같은 새풀인 가는잎나래새Stipa tenuissima는 혼란을 피하기 위해 현재는 나셀라 테누이시마Nassella tenuissima로 분류된다.

식물명에 관심이 있는 사람들은 아래의 홈페이지를 참고하면 큰 도움이 될 것이다서로 일치하지 않기도 한다:

영국에서 재배되는 식물을 알고 싶다면 다음 사이트를 참조하라:
apps.rhs.org.uk/rhsplantfinder

미국 자생식물이나 귀화식물을 알고 싶다면 다음 사이트를 참조하라:
plants.usda.gov/java

더 읽을거리

이 책은 아우돌프와 내가 이전에 썼던 《식물로 디자인하기Designing with Plants》(Timber Press, 1999)와 《식재디자인: 시간과 공간의 정원Planting Design: Gardens in Time and Space》(Timber Press, 2005)을 토대로 집필했다. 또한 내가 글을 쓴 책, 《경관 속 경관Landscapes in Landscapes》(Monacelli Press/Thames & Hudson, 2011)도 참고했다.

이 책에서 언급한 나이절 더닛과 제임스 히치모는 조경·환경 관리 분야 사람들이 주요 독자인 《역동적 경관: 자연형 도시 식재의 디자인·생태·관리The Dynamic Landscape: Design, Ecology and Management of Naturalistic Urban Planning》(Spon Press, 2004)라는 책을 썼다. 두 사람은 모두 흥미로운 개인용 연구 사이트를 운영하고 있다.
www.nigeldunnett.com
www.sheffield.ac.uk/landscape/people/academic/james-hitchmough

로이 디블릭은 《로이 디블릭의 여러해살이풀 소정원: 알면 가꾸기 쉬운 접근법Roy Diblik's Small Perennial Gardens: The Know Maintenance Approach》(American Nurseryman Pub. Co., 2008)과 《알면 가꾸기 쉬운 여러해살이풀 정원The Know Maintenance Perennial Garden》(Timber Press, 2014)이라는 책을 썼다.

이렇게 말하면 영국인들이 서운하게 생각할 수 있지

만, 식재디자인에 관한 글을 많이 쓰고 진정한 하나의 분야로 끌어올린 사람들은 바로 독일 전문가들이다. 볼프강 보르하르트Wolfgang Borchardt가 쓴 《식재 구성: 식물적용학 기법Pflanzenkompositionen: Die Kunst der Pflanzenverwendung》(Ulmer Verlag, 1998)은 이 분야에서 고전으로 여겨지는 책으로 식재 구조에 관한 많은 부분의 내용을 뒷받침한다. 주제식물과 단독식물 등으로 구분하는 방식도 원래 보르하르트가 제안했던 것이다. 하지만 이러한 주제를 더욱 자세히 설명한 이들이 있다. 군락 형태로 식재하는 아이디어에 관해 더 근본적이고 온전히 다른 책으로는 리하르트 한젠과 프리드리히 슈탈이 집필한 《여러해살이풀과 정원서식처Perennials and their Garden Habitats》(Cambridge University Press, 1993)를 손꼽을 수 있다. 식재디자인을 주제로 한 가장 최근에 출간된 권위 있는 교과서로는 노르베르트 퀸 교수의 《새로운 여러해살이풀 적용법Neue Staudenverwendung》(Ulmer Verlag, 2011)이 있다.

식물 활동성에 관한 내용은 내가 쓴 미간행 박사학위 논문 〈생태적 관점에서 본 관상용 초본식생의 활동성에 관한 연구: 생산적 환경에서 경쟁 양상을 중심으로An Investigation into the Performance of Species in Ecologically Based Ornamental Herbaceous Vegetation, with Particular Reference to Competition in Productive Environments〉(University of Sheffield, 2009)와 그 후속 연구인 〈전문가 설문조사에 기반한 관상용 초본식물의 장기 활동성 평가Evaluating the Long-term Performance of Ornamental Herbaceous Plants using a Questionnaire-based Practitioner Survey〉(2010)를 인용했다. 후속 연구는 유럽연합에서 지역정책협력 프로그램으로 자금 지원을 받았던 '장소를 이롭게 만들기-공공과 개인의 오픈스페이스Interreg IVb Making Places Profitable – Public and Private Open Spaces, MP4'의 일환으로 진행했던 것이다미출간. 이 자료들의 간략한 연구 결과들은 나의 개인 홈페이지에 있고, 식물 활동성에 관한 그 밖의 연구들과 자료도 올려 두었다.
www.noelkingsbury.com

1장에서 언급한 벅스 프로젝트도시정원의 생물다양성 BUGS project, Biodiversity in Urban Gardens에 관한 내용은 www.bugs.group.shef.ac.uk에서 찾아볼 수 있다.

맺음말에서 언급한 책은 스티븐 부디안스키의 《자연의 보호자: 자연관리의 새로운 과학Nature's Keepers: The New Science of Nature Management》(Free Press, 1995)와 에마 매리스의 《활기찬 정원: 야생 이후 세계의 자연 구하기Rambunctious Garden: Saving Nature in a Post-Wild World》(Bloomsbury, 2011)다.

내게 여러해살이풀을 주제로 한 책을 써 달라는 요청이 여러 번 있었다. 다른 동료들의 도움에 힘입어 나만의 글을 쓸 때까지는 그레이엄 라이스Graham Rice가 엮은 《영국왕립원예협회 여러해살이풀 백과사전Royal Horticultural Society's Encyclopedia of Perennials》(Dorling Kindersely, 2006)을 가장 종합적인 책으로 여겨 왔다. 하지만 전문가를 대상으로 한 책이라 쓰임새가 제한적이다. 온라인에서 정보를 찾기 원한다면 미주리식물원 홈페이지가 가장 좋다.
www.missouribotanicalgarden.org/gardensgardening/your-garden/plant-finder.aspx

사진 출처

아래 언급한 사람들의 사진을 제외한 모든 사진과 식재도면은 피트 아우돌프가 제공했다.

실라 브래디Sheila Brady : 238

이머전 체케츠Imogen Checketts : 048~049

릭 다크Rick Darke : 020~021

로이 디블릭Roy Diblik : 210, 219(위)

나이절 더닛Nigel Dunnett : 014, 018(아래)

조애나 포셋Joanna Fawcett : 094~095, 098

예 항Ye Hang : 134~139 그림

발터 헤르프스트Walter Herfst : 046, 050~051, 073(아래), 117

제임스 히치모James Hitchmough : 239, 241

앤드리아 존스Andrea Jones·가든 익스포져스Garden Exposures: 028~029, 062~063, 235, 244, 250~251

노엘 킹스버리Noel Kingsbury : 033, 078, 145(위), 196, 197, 212(위), 234

하이너 루츠 독일연방조경가협회·독일공작연맹 공인 조경사Heiner Luz Landschftsarchitekt BDLA DWB : 232~233

필립 오텐도퍼Philip Ottendorfer : 205

댄 피어슨Dan Pearson : 216~217

페트라 펠츠Petra Pelz : 236~237

쥘리아마데아 플뤼리엘Julie-Amadéa Pluriel : 200, 240 그림

아말리아 로브레도Amalia Robredo : 024

카시안 슈미트Cassian Schmidt, 베티나 야우크스테터Bettina Jaugstetter : 022~023, 036~037, 164~165, 166~167, 168~169, 212(아래), 220~221, 222, 224~225, 230, 246~247

찾아보기(가나다순)

ㄱ

가로수 street trees 017, 046

가을 식물조합 autumn plant combinations 162, 181, 184

개척종 pioneer species 189, 194

갱신벌채 regeneration cutting 087

거트루드 지킬 Gertrude Jekyll 034, 035, 085, 096

게릴라식으로 번져 나가는 식물 guerrilla spreaders 198, 199

겨울 식물조합 winter plant combinations 172, 185

경쟁식물 competitors 188

계절별 주제식물 seasonal theme plants 143, 230~231

고경초본식생 tall-herb flora 137, 162, 163, 212

교란지식물 ruderals 188~189, 194, 205

구조 structure 133~139

    빛 조건 lighting conditions 149~150

    식물 조합하기 combining plants 144~145

    조화와 대비 harmony and contrast 148~149

구조식물 structural plants 052, 086, 133, 144, 145, 176, 222, 223, 226, 245

    70퍼센트 규칙 70 per cent rule 144

규모 scale 065

그늘 진주 혼합체 Shade Pearl mix 223

그룹식재 group planting 090~093

    반복 repetition 096, 101

    혼합그룹 mixed groups 090

글레이셜파크(일리노이주) Glacial Park(Illinois) 033

기후변화 climate change 069~071

ㄴ

나무류 woody plants 040, 052, 086~087, 159

나이절 더닛 Nigel Dunnett 015, 018, 046, 056, 238, 243

내건성 식재 drought-tolerant planting 138

낸터킷(매사추세츠주) Nantucket(Massachusetts) 080, 116

노엘 킹스버리 Noel Kingsbury 212, 234, 235, 245

눈 snow 185

뉴욕식물원 New York Botanical Garden 238

뉴욕 하이라인 New York High Line 017, 025~026, 032, 033, 056, 057, 061, 068, 073, 077, 079, 085, 087, 106, 111, 122, 124, 126~131, 148, 153, 160

뉴질랜드 New Zealand 079

ㄷ

다양성 diversity 032, 043, 046, 068, 069, 072

다카노 후미아키 Takano Fumiaki 215

단명식물 ephemerals 190

단일경작 monoculture 033~035, 052

닫힌양분순환 closed nutrient cycle 107

댄 피어슨 Dan Pearson 213~217

도시경관디자인 urban landscape design 015

도시정원의 생물다양성(벅스) Biodiversity in Urban Gardens(BUGS) 081, 290

도입종 introduced species 069, 079, 081

도카치 천년의 숲 Tokachi Millennium Forest 214~217

독일여러해살이풀육묘협회 Bund deutscher Staudengärtner, BdS 222, 227, 229

돌출형(위로 솟아오른) 식물 emergents 135~136, 172, 173, 239

동반식물 companion plants 085, 133, 222, 223, 226, 230

두해살이풀 biennials 023, 043, 069, 135, 157, 190, 195, 203~204

드나들 수 있는 프레리 walk-in prairie 163

드라켄즈버그 남아프리카 군락 Drakensberg South African community 241, 242

드림파크(엔셰핑) Dream Park(Enköping) 061, 093

디자인된 자생성 designed spontaneity 042, 211

디자인 맥락 design contexts 047

디프린 퍼넌트(펨브록셔주) Dyffryn Fernant(Pembrokeshire) 078

땅속식물 geophytes 151, 222

떨기나무 shrubs - 나무류 woody plants 참조

띠무리 drifts 034~035, 052, 085, 090, 096~101, 135

ㄹ

로런스 존스턴 Lawrence Johnstone 041

로이 디블릭 Roy Diblik 024, 218~219

뢰버호프트(로테르담) Leuvehoofd(Rotterdam) 101, 117, 118~119

루리가든(시카고) Lurie Garden(Chicago) 016, 028~029, 061, 065, 079, 109, 151, 178, 218

리듬 rhythm 034, 090, 092, 101, 121, 142, 166, 172

리머파크(뮌헨) Riemer Park(Munich) 231~233

리하르트 한젠 Richard Hansen 034, 085~086, 290

릭 다크 Rick Darke 020~021

ㅁ

마저리 피시 Margery Fish 042, 245

막시밀리안파크(함) Maximilianpark(Hamm) 104~105

먹이사슬 food web 079, 081

멀칭 mulching 046, 084, 204, 215, 227, 242

모더니즘 Modernism 034, 041, 248

모듈식재 modular planting 038~040, 213~215, 218

몬트펠리어 코티지 Montpelier Cottage 196, 197, 245, 251

무어게이트 크로프츠(로더럼) Moorgate Crofts(Rotherham) 015

무작위식재 randomized planting 038~040, 213~234

물관리 water management 017

미소서식처 microhabitats 039

미술공예운동 Arts and Crafts movement 041, 052

민 라위스 Mien Ruys 041, 248

밀도 density 051, 056, 084, 126, 129, 242, 243, 248~249, 254

밀집대형으로 번져 나가는 식물 phalanx spreaders 198

ㅂ

바탕식재 matrix planting 059, 084~085, 090, 092, 097, 103, 106, 107~120, 124, 126, 129

    반복식물 with repeating plants 112~115

    블록식재 with block planting 115~117

    자연주의 naturalism 107, 109~110

반떨기나무 subshrubs 037, 149, 159, 189

반복 repetition 038~040, 085, 088, 090, 092

    반복식물 repeating plants 101~106, 111~114

    블록식재 block planting 096

    식물 조합 plant combinations 142

    조화와 대비 harmony and contrast 148~149

발터 콜프 Walter Kolb 213

배수체계 drainage schemes 017, 018

버려진 땅(유휴지) wasteland habitats 017, 025, 031

베니스 비엔날레 식재 Venice Biennale planting 052

베르네파크(보트로프) Berne Park(Bottrop) 035

베른부르거 여러해살이풀 혼합체 자생꽃 스텝 Bernburger Native Perennial Flowering Steppe 223, 228

베른부르거 여러해살이풀 혼합체 꽃 그늘 Bernburger Staudenmix Flowering Shade 226, 228

베리코트(햄프셔주) Bury Court(Hampshire) 059, 060, 108

베스 채토 Beth Chatto 061, 088

베스테르카더(로테르담) Westerkade(Rotterdam) 046, 073, 102~103

베티나 야우크스테터 Bettina Jaugstetter 225, 230

벡스힐온시 산책로 Bexhill-on-Sea Promenade 234, 235

병해 disease 072

보색 complementary colors 148, 175

보전 conservation 029, 034, 078, 079

복잡성 complexity 032, 065, 142

복제성 식물과 비복제성 식물 clonal and non-clonal plants 191, 194, 198, 199, 200, 208

볼프강 외메 Wolfgang Oehme 085

볼프람 키르허 Wolfram Kircher 213, 223

봄 spring 151~152

    여러해살이풀 화단 perennial borders 174

    축축한 땅 damp areas 174

    봄의 식물조합 plant combinations 174~175

분산식물 scatter plants 090~093, 121

    반복 repetition 092~093

불놓기 burning 249

블록식재 block planting 032~035, 052~053, 069, 085~086, 090, 163, 166~167

    구조적 요소 제공 providing structure 052~053

    띠무리 drifts 034, 085, 090, 097, 099, 100, 101

    바탕식재 with matrix planting 115~117

    반복 repetition 096

    색 color 148

비타 색빌웨스트 Vita Sackville-West 041

빅토리아풍 화단 계획 Victorian bedding scheme 088

빌리 랑게 Willy Lange 245

빗물정원 rain garden 017, 047, 068, 243

빛 light 149

ㅅ

새풀 grasses 016, 031, 033, 035, 044~045, 052~053, 060~061, 148

 관상용 ornamental 052, 149

 매트형 mat 110, 139, 157

 바탕식물로 사용하는 as matrix plants 059, 084, 088, 092, 097, 106, 107~110

 반복식재 repeat planting 148~149

 블록식재 block planting 052~053, 056

 자생식재계획 native planting schemes 080

 잔디형 turf 139

 총생형 cespitose 107, 109, 139, 200, 209

 형태구성 architecture 139

샌드빅 툴스(워릭셔주) Sandvik Tools(Warwickshire) 018

생물다양성 biodiversity 015, 019, 029, 034, 047, 053, 056, 068~069, 079~081, 086, 213, 239, 252

생물여과 biofiltration 017, 068

생울타리 hedge 041, 043, 053, 057, 061, 064, 086, 087

생태적으로 적합한 식재 ecologically appropriate planting 057, 079, 249, 252

서펀타인갤러리 식재 Serpentine Gallery planting 051

설리번아치가든(시카고) Sullivan Arch Garden(Chicago) 211, 219

세드릭 모리스 Cedric Morris 088

셰르홀멘파크(스톡홀롬) Skärholmen Park(Stockholm) 179

셰필드학파 Sheffield School 015, 238~239, 249

소림 woodland 032, 056, 150, 153~155

 층위 구성 layering 121

 한해살이풀과 두해살이풀, 한해살이와 두해살이 annuals and biennials 157

수로 swale 017, 018, 047

수명 longevity 187~197

스캠프스턴홀(요크셔주) Scampston Hall(Yorkshire) 061, 063

스텝식물 steppe species 023, 071, 223, 238

스트레스내성식물 stress-tolerators 188, 189

스티븐 부디안스키 Stephen Budiansky 249, 252, 290

시그니처 식재 signature planting 057, 060, 061

시싱허스트 Sissinghurst 041

시에스알CSR 모델 CSR model 188, 189, 194

식물 그룹 만들기 plant grouping 084, 085

식물 조합하기 combining plants 038, 133, 142

식물 형태구성 plant architecture 133~139

식물군락 plant communities 016, 017, 039

 자연환경 natural environments 084

찾아보기

집합규칙 assembly rules 213

식물애호가의 정원 plantsmen's garden 092

식물의 배치 방법 setting plants out 131

실라 브래디 Sheila Brady 238

씨송이 seedheads 047~049, 056, 068, 073, 172, 178

ㅇ

아말리아 로브레도 Amalia Robredo 024

악셀 하인리히 Axel Heinrich 222

안야 아우돌프 Anja Oudolf 018, 061, 245

'알면 가꾸기 쉬운' 체계 'Know Maintenance' system 218

알뿌리식물 bulbs 042, 101, 151~152

암스텔베인 Amstelveen 057

야생생물 wildlife 015, 031, 034, 068, 079, 080, 081, 238, 239

야생생물 친화적인 방식 wildlife-friendly practices 015, 034, 079, 080, 238~239

야생식물 wild plants 025, 033, 088, 213, 215

야생화 초지 wildflower meadows 021, 031, 032

에마 매리스 Emma Marris 252, 290

여러해살이풀 perennials 015, 016, 069, 187

    무더기를 이루며 자라는 clump-forming 107~111

    봄에 꽃이 피는 spring-flowering 151~152, 157~158, 174

    봄화단 spring border 174

    상록성 evergreen 158

    생활사 life cycle 046

    소림 woodland 153, 154, 155

    수명이 짧은 short-lived 195

    여름휴면형 summer dormant 152~153

    유지관리 management 042~043

    장기 활동성 long-term performance 190~209

    정착력이 있는 persistent 208

    증식력이 있는(번져 나가는) spreading 198~199

    지속가능성과 자원 sustainability and resources 072

    형태와 구조 shapes and structure 133~149

여름 summer 158~162

    새풀 grass 175~180

    씨송이 seedheads 178

    여름의 식물조합 plant combination 175~180

    잎과 잎무리 foliage 179

역동적 식재 dynamic planting 042, 043, 046, 069, 072

역사적 식재 historical planting 057

영국왕립원예협회 위슬리가든 RHS Garden, Wisley 060, 099, 101, 239

영국제도 British Isles 079

오아서 Oase 034

오염 pollution 068, 072

    물관리 water management 017

    생물여과 biofiltration 017

옥상정원 green roofs 014~017, 024, 028~029, 068, 226, 243

올림픽파크(런던) Olympic Park(London) 018, 241~243

왜림작업 coppicing 087

외떡잎식물 monocotyledons 134

외래종 exotics 079~081, 215, 252

우르스 발저 Urs Walser 238

유전적 다양성 genetic diversity 069, 072, 240

유지관리 maintenance 015, 019, 034, 035, 053, 090, 242, 248

은빛 여름 혼합체 Silver Summer mix 213, 219, 222, 225, 227

익투스호프(로테르담) Ichtushof(Rotterdam) 112, 113, 156

인디언 서머 혼합체 Indian Summer mix 221, 227, 229

인 화합물 phosphorus compounds 017

1회결실성 식물 monocarpic plants 192~193

잎·잎무리 foliage 179, 240

ㅈ

자생식물 native plants 024, 034, 056, 069, 077, 079, 080, 081, 145, 239

자생식물과 외래식물 native and exotic plants 081

자생식생 spontaneous vegetation 017, 021, 026, 252

자생식재 native planting 061

자생종 native species 017, 018, 024, 025, 029, 053, 056, 057, 068, 073, 079~081, 134, 218, 239, 241, 243, 245, 252

자연발아 하는 식물 self-seeding plants 069, 072, 203~207

자연수영장 natural swimming pool 017

자연주의 naturalism 041, 042, 148

    바탕식재 matrix planting 107, 109

    반복 repetition 085, 088

    분산식물 scatter plants 090

    색 color 143~144

    양식화된 stylized 085

    잡초 weeds 039

    초원 grassland 032~033, 109~110

    향상된 자연 enhanced nature 056~057, 249, 252

자연환경 natural environments 083, 084

    밀도 density 248, 249

    정원식재 비교 garden planting compared 083~084, 088

    집합규칙 assembly rules 213

    층위 구성 layering 121

자원 resources 072~073, 078~079

잡초 weeds 039, 101, 107, 136, 188, 199, 227, 238, 239, 242, 248

장소맞춤형 식재 site-specific planting 038, 039

정원서식처 Lebensbereich 034

정적인 식재 static planting 042~043, 046

정착력이 있는 식물 persistent plants 200~203

정형식재 formal planting 052, 053

    신정형 neo-formality 054

찾아보기

정형정원 요소 formal garden feature 041

제임스 밴스위든 James van Sweden 085

제임스 히치모 James Hitchmough 039, 046, 056, 107, 213, 238~243, 248~250

존 필립 그라임 J. Philip Grime 188

주제식물 theme plants 230

중점식물 primary plants 088

    그룹 groups 090, 092, 096

    띠무리 drifts 085, 090, 096~101

지속가능성 sustainability 015, 068~081, 188

지속가능한 도시배수체계 sustainable urban drainage schemes(SUDS) 017

지역의 다양성 regional diversity 019

지피식물 ground cover 056, 081, 085, 087, 107, 128, 133, 139, 157, 158, 222

질감 texture 124, 143~145

질소 화합물 nitrogen compounds 017

집합규칙 assembly rules 213

ㅊ

채움식물 filler plants 133, 136, 137, 144

초원 grassland 032, 033

    층위 구성 layering 121

초지 meadows 021, 031, 032, 045, 080, 083~084, 088, 109, 117, 124, 136, 137, 138, 176, 189, 213, 231

바탕 새풀 matrix grasses 097

야생화 혼합체 wildflower mixes 213

정원식재 비교 garden planting compared 083~084

집합규칙 assembly rules 213

층위 구성 layering 121

초지정원(도카치 천년의 숲) Meadow Garden 214~217

초화화단 herbaceous borders 162

침수(홍수) flooding 017, 061, 098, 194

ㅋ

카리나 호그 Karina Hogg 024

카시안 슈미트 Cassian Schmidt 107

카운티코크가든 County Cork garden 061, 110

칼 푀르스터 Karl Foerster 088

캐리 퍼니스(피츠버그) Carrie Furnace(Pittsburgh) 021

코티지정원 cottage garden 042, 157, 190, 197, 198, 245

ㅌ

타감작용 allelopathy 109

토피어리 topiary 041, 057

톰 스튜어트스미스 Tom Stuart-Smith 057

통합식재체계 Integrated Planting system 039, 219

투명성 transparency 172

트렌텀(스태퍼드셔주) Trentham(Staffordshire) 092~093, 095~098

ㅍ

파종으로 진행하는 식재 seed-derived planting 239, 240, 249

판페헐가든 van Veggel garden 101, 104, 114

페트라 펠츠 Petra Pelz 237, 238

펜스소프 정원(펜스소프 자연보호구역 내 정원) Pensthorpe Nature Reserve 030~031, 040, 089, 093, 141, 191

포장 paving 038, 204

포터스필즈파크(런던) Potters Fields Park(London) 082~083, 100

풀베기 mowing 053, 249

프레리 아침 혼합체 Prairie Morning mix 212, 227

프레리 초원 prairie grassland 029, 032, 033, 039, 083, 084, 106

    정원식재 비교 garden planting compared 083~084

    집합규칙 assembly rules 213

    층위 구성 layering 121

프레리 혼합체 prairie mixes 053, 212, 213

프리드리히 슈탈 Friedrich Stahl 085, 290

피트 아우돌프 Piet Oudolf 016, 017, 018, 019, 025, 026, 040, 053, 090, 245, 248, 252

    구조식물 structural plants 086

    그룹식재 group planting 089, 093

ㅎ

하이너 루츠 Heiner Luz 230~232

한시적 식재 temporary plantings 051, 052

한해살이풀 annuals 052, 157, 166, 187~188, 189, 190, 191, 194, 195

해럴드 니컬슨 Harold Nicolson 041

헤르만스호프(바인하임) Hermannshof(Weinheim) 023, 037, 164, 166, 169, 212, 229, 247

호베르투 부를리 마르스 Roberto Burle Marx 034, 081, 085, 248

혼합 intermingling 032, 038~040, 056~057, 219, 247

혼합식재체계 Mixed Planting system 039, 133, 215, 219, 222, 226, 227, 229, 230, 242

    혼합체 목록 mixes listed 227~229

혼합씨앗 seed mixes 039, 052, 238~239

혼합화단 mixed borders 086, 088

    띠무리 drifts 096, 100

회복력 resilience 069, 072

후멜로 Hummelo 016, 040, 043, 045, 056, 059, 061, 064, 074, 091, 145, 147, 158, 170, 173~178, 180, 181, 184, 185, 207, 248

휘발성유기화합물 Volatile Organic Compound(VOC) 017

히드코트 Hidcote 041

식재디자인 - 새로운 정원을 꿈꾸며
Planting - A New Perspective

글 피트 아우돌프Piet Oudolf, 노엘 킹스버리Noel Kingsbury
번역 오세훈
1판 1쇄 펴낸날 2021년 9월 10일
1판 3쇄 펴낸날 2023년 4월 20일
펴낸이 전은정
펴낸곳 목수책방
출판신고 제25100-2013-000021호
대표전화 070-8151-4255
팩시밀리 0303-3440-7277
이메일 moonlittree@naver.com
블로그 post.naver.com/moonlittree
페이스북 moksubooks
인스타그램 moksubooks
디자인 문석용
제작 야진북스

ISBN 97911-88806-23-2 (03520)
가격 35,000원

Planting: A New Perspective by Piet Oudolf and Noel Kingsbury
Copyright © 2013 by Piet Oudolf and Noel Kingsbury
All rights are reserved

Korean Copyright © 2021 by Moksu Publishing Company
Published by arrangement with Timber Press, Portland, Oregon, USA
Through Bestun Korea Agency, Korea
All rights reserved

이 책의 한국어 판권은 베스툰 코리아 에이전시를 통하여
저작권자인 Timber Press와 계약한 목수책방에 있습니다.
저작권법에 의해 한국 내에서 보호를 받는 저작물이므로
어떠한 형태로든 무단 전재와 무단 복제를 금합니다.

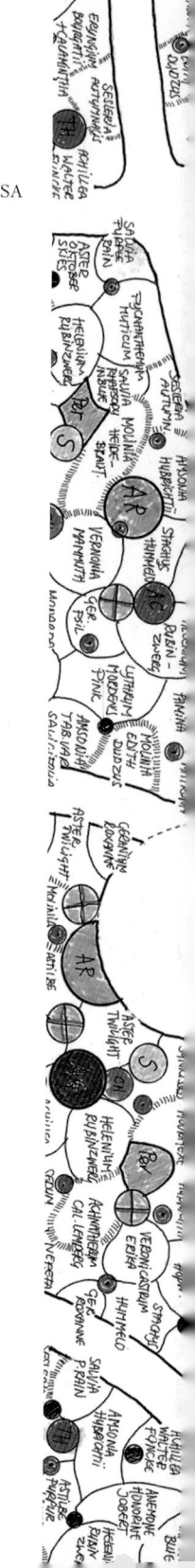